通信原理

（第 3 版）

孙小红 刘 松 钱国梁 秦 娟 吕联荣 ◎ 编著

人民邮电出版社

北京

图书在版编目（CIP）数据

通信原理 / 孙小红等编著. -- 3版. -- 北京：人民邮电出版社，2024.2
ISBN 978-7-115-62635-6

Ⅰ. ①通… Ⅱ. ①孙… Ⅲ. ①通信原理 Ⅳ. ①TN911

中国国家版本馆CIP数据核字(2023)第171794号

内 容 提 要

本书讲述通信系统的基础理论、工作原理及系统分析方法。全书共8章，以模拟、数字通信系统的一般模型为主线，内容涵盖系统中的各个模块，具体包括绪论、模拟通信系统、模拟信号的数字传输系统、数字信号的基带传输系统、数字信号的频带传输系统、通信系统中的差错控制编码技术、通信系统中的同步、通信系统中的信道复用，每章最后均有系统仿真相关内容或习题。本书集系统性、理论性、应用性于一体，注重内容层次的衔接与递进，突出通信系统的原理与技术思路，理论分析与工程实际紧密结合，内容全面，条理清晰，重点突出，例题丰富，便于教学与自学。

本书可作为高职高专院校、应用型本科院校的通信、电子、信息工程相关专业的教材，也可供相关工程技术人员参考。

◆ 编　著　孙小红　刘　松　钱国梁　秦　娟　吕联荣
　责任编辑　王海月
　责任印制　马振武

◆ 人民邮电出版社出版发行　北京市丰台区成寿寺路11号
　邮编　100164　电子邮件　315@ptpress.com.cn
　网址　https://www.ptpress.com.cn
　三河市祥达印刷包装有限公司印刷

◆ 开本：775×1092　1/16
　印张：13.75　　　　　　　　　2024年2月第3版
　字数：352千字　　　　　　　　2024年2月河北第1次印刷

定价：59.90元

读者服务热线：(010)81055493　印装质量热线：(010)81055316
反盗版热线：(010)81055315
广告经营许可证：京东市监广登字 20170147 号

前　言

目前，电子信息技术发展迅速，以 5G、物联网、移动互联网等为代表的新一代信息技术的发展突飞猛进，电子信息行业企业对人才的需求量巨大。为了满足市场需求，目前工科类高职高专院校大多开设有通信、电子、信息类专业，其中通信原理是通信、电子、信息大类各专业一门重要的专业核心课程，该课程不仅能够为后续专业技术课程提供必要的通信系统全程全网的基础知识和理论依据，还能够为提高学生的专业素质和毕业后的继续学习、更新知识做储备，从而为电子信息领域输送所需人才。

本书共分为 8 章。第 1 章为绪论，从系统出发，介绍通信系统的通用模型、性能指标、信道与噪声、SystemView 仿真软件等；第 2 章为模拟通信系统，介绍模拟通信系统调制解调器的工作原理，以及各种调制系统的性能；第 3 章为模拟信号的数字传输系统，介绍 PCM（脉冲编码调制）系统、ΔM（增量调制）系统等模拟信号数字化的方法；第 4 章为数字信号的基带传输系统，介绍数字信号通过码型变换直接传输，并利用模型的方法分析和设计数字通信系统；第 5 章为数字信号的频带传输系统，阐述了基本的数字调制技术，并引入现代通信系统采用的调制技术；第 6 章为通信系统中的差错控制编码技术，介绍利用纠、检错编码技术实现可靠通信的方法；第 7 章为通信系统中的同步，介绍正确接收通信信号必须建立的几种同步的原理和性能；第 8 章为通信系统中的信道复用，介绍频分、时分、码分等有效传输信号的复用和多址技术。每章都以通信系统的通用模型的框图为线索，在理论知识的基础上，加入一些实用的典型通信系统，使抽象的内容具有真实性和实用性。此外，第 1 至 7 章都加入了 SystemView 软件仿真相关内容，在验证知识的同时体现知识与技能的统一。本书强调理论与实践的结合，实现了通信基本概念、通信系统、通信技术的应用、仿真验证理论相统一，尽量避免烦琐的数学推导；叙述上力求概念清楚、重点突出、深入浅出、通俗易懂；内容与形式上体现科学性、先进性、系统性与实用性的统一。

本书编写分工如下。第 1 章、第 4 章由孙小红编写，第 2 章、第 7 章由秦娟编写，第 3 章由刘松编写，第 5 章、第 6 章由钱国梁编写，第 8 章由吕联荣编写。由于编者知识水平有限，书中难免存在错误和欠妥之处，恳请读者提出宝贵意见。

为了满足教师线上线下的混合教学需求，本书提供免费的数字化资源，包括教学 PPT、习题答案，读者可扫描下方二维码获取。

作　者

目 录

第1章 绪论 1
- 1.1 通信的概念 1
  - 1.1.1 通信的基本概念 1
  - 1.1.2 消息、信息与信号 1
- 1.2 通信系统模型 2
  - 1.2.1 通信系统一般模型 2
  - 1.2.2 模拟通信系统模型 3
  - 1.2.3 数字通信系统模型 3
- 1.3 通信系统的分类及通信方式 5
  - 1.3.1 通信系统的分类 5
  - 1.3.2 通信方式 5
- 1.4 信息及其度量 7
- 1.5 通信系统的主要性能指标 8
  - 1.5.1 一般通信系统的主要性能指标 8
  - 1.5.2 模拟通信系统的性能指标 9
  - 1.5.3 数字通信系统的性能指标 9
- 1.6 信道与噪声 11
  - 1.6.1 信道及其数学模型 11
  - 1.6.2 信道噪声 13
  - 1.6.3 信道容量 15
- 1.7 通信技术的发展历史及趋势 16
  - 1.7.1 通信技术的发展历史 16
  - 1.7.2 通信技术的发展趋势 16
- 1.8 SystemView 通信系统仿真软件简介 17
  - 1.8.1 SystemView 仿真软件特点 18
  - 1.8.2 SystemView 系统视窗 19
  - 1.8.3 SystemView 图符 21
  - 1.8.4 系统定时操作 27
  - 1.8.5 分析窗操作 28
  - 1.8.6 利用 SystemView 进行通信系统仿真的基本步骤 30
- 习题 30

第2章 模拟通信系统 32
- 2.1 概述 32
  - 2.1.1 调制的概念 32
  - 2.1.2 调制的分类 32
- 2.2 幅度调制系统 33
  - 2.2.1 标准幅度调制（AM）系统 33
  - 2.2.2 抑制载波双边带（DSB）调制系统 35
  - 2.2.3 单边带（SSB）调制系统 37
  - 2.2.4 残留边带（VSB）调制系统 39
- 2.3 频率调制系统 40
  - 2.3.1 角度调制的基本概念 40
  - 2.3.2 窄带调频（NBFM） 42
  - 2.3.3 宽带调频（WBFM） 44
  - 2.3.4 调频信号的产生与解调 46
- 2.4 模拟调制系统的抗噪声性能 47
  - 2.4.1 各种调幅系统相干解调的抗噪声性能 48
  - 2.4.2 调幅系统非相干解调的抗噪声性能 51

2.4.3 调频系统的抗噪声性能 51
2.5 典型模拟通信系统 54
　　2.5.1 无线广播系统 54
　　2.5.2 模拟无线电视系统 55
2.6 利用 SystemView 仿真软件仿真模拟通信系统 55
　　2.6.1 AM 模拟通信系统仿真 55
　　2.6.2 WBFM 模拟通信系统仿真 58
习题 60

第 3 章 模拟信号的数字传输系统 62
3.1 概述 62
3.2 脉冲编码调制（PCM）...... 63
　　3.2.1 PCM 通信系统 63
　　3.2.2 抽样 64
　　3.2.3 量化 68
　　3.2.4 编码与解码 73
　　3.2.5 PCM 系统的噪声性能 77
　　3.2.6 PCM 编解码器芯片 78
3.3 增量调制（ΔM）...... 79
　　3.3.1 增量调制的基本原理 79
　　3.3.2 量化噪声和过载噪声 80
　　3.3.3 增量调制系统的抗噪声性能 82
　　3.3.4 PCM 和 ΔM 的性能比较 82
3.4 其他脉冲数字调制系统 83
　　3.4.1 总和增量调制（Δ-ΣM）...... 83
　　3.4.2 数字压扩自适应增量调制 85
　　3.4.3 差分脉冲编码调制（DPCM）...... 86
3.5 典型模拟信号的数字传输系统 86
　　3.5.1 脉冲编码调制（PCM）技术在电话通信系统中的应用 86
　　3.5.2 自适应差分脉冲编码调制（ADPCM）在话音信号编码中的应用 88
3.6 通信系统仿真 89
　　3.6.1 抽样定理 PAM 仿真 89
　　3.6.2 PCM 仿真 92
习题 94

第 4 章 数字信号的基带传输系统 97
4.1 概述 97
4.2 数字基带信号的常用码型 97
　　4.2.1 数字基带信号编码规则 97
　　4.2.2 数字基带信号常用码型 98
4.3 数字基带信号的频谱分析 101
　　4.3.1 二进制随机脉冲序列的功率谱密度 102
　　4.3.2 几种典型二进制随机脉冲序列功率谱密度分析 102
4.4 数字基带信号传输系统 104
　　4.4.1 数字基带信号传输系统模型 104
　　4.4.2 基带传输中的码间串扰 105
　　4.4.3 无码间串扰的基带传输系统 106
4.5 数字基带传输系统的抗噪声性能 110
4.6 眼图与均衡 112
　　4.6.1 基带传输系统测量工具——眼图 112
　　4.6.2 时域均衡技术 113
4.7 典型数字基带传输系统 116
　　4.7.1 数字基带传输系统在电力系统中的应用 116
　　4.7.2 数字基带传输系统在电话

　　　　传输系统中的应用 117
4.8　通信系统仿真 118
　　4.8.1　基带传输系统仿真 118
　　4.8.2　眼图及仿真 121
习题 123

第 5 章　数字信号的频带传输系统 125
5.1　概述 125
5.2　二进制数字调制原理 126
　　5.2.1　二进制幅移键控（2ASK）
　　　　　系统 126
　　5.2.2　二进制频移键控（2FSK）
　　　　　系统 127
　　5.2.3　二进制相移键控（2PSK
　　　　　和 2DPSK）系统 129
　　5.2.4　二进制数字调制信号的
　　　　　频谱特性 132
　　5.2.5　二进制数字调制系统的
　　　　　抗噪声性能 134
　　5.2.6　二进制数字调制系统的
　　　　　性能比较 135
5.3　多进制数字调制系统 135
　　5.3.1　多进制幅移键控
　　　　　（MASK） 135
　　5.3.2　多进制频移键控
　　　　　（MFSK） 137
　　5.3.3　多进制相移键控
　　　　　（MPSK） 137
　　5.3.4　多进制数字调制系统的
　　　　　抗噪声性能 141
5.4　现代数字调制技术 141
　　5.4.1　正交幅度调制
　　　　　（QAM） 142
　　5.4.2　偏移四相相移键控
　　　　　（OQPSK） 143
　　5.4.3　π/4-QPSK 144

　　5.4.4　最小频移键控
　　　　　（MSK） 145
　　5.4.5　其他恒包络调制 148
　　5.4.6　扩展频谱通信 151
5.5　典型数字频带传输系统 153
　　5.5.1　数字频带传输系统在数字
　　　　　电视传输系统中的
　　　　　应用 153
　　5.5.2　数字频带传输系统在
　　　　　5G 移动通信系统中的
　　　　　应用 155
5.6　通信系统仿真 156
　　5.6.1　二进制幅移键控（2ASK）
　　　　　系统仿真 156
　　5.6.2　二进制频移键控（2FSK）
　　　　　系统仿真 158
习题 160

第 6 章　通信系统中的差错控制编码
　　　　　技术 162
6.1　纠错编码原理和方法 162
　　6.1.1　差错控制方法 162
　　6.1.2　差错控制编码的基本
　　　　　概念 163
6.2　常用的几种简单信道编码 164
　　6.2.1　奇偶监督码 165
　　6.2.2　二维奇偶监督码 165
　　6.2.3　恒比码 165
　　6.2.4　正反码 166
6.3　线性分组码 167
　　6.3.1　监督矩阵 H 和生成
　　　　　矩阵 G 167
　　6.3.2　错误图样 E 和校正子 S ... 169
　　6.3.3　汉明码 170
6.4　其他几种纠错编码 171
　　6.4.1　循环码 171

6.4.2　卷积码 171
　　6.4.3　交织编码 172
6.5　差错控制编码技术在通信系统中的应用举例 172
　　6.5.1　国际标准书号（ISBN）中的差错控制编码技术 172
　　6.5.2　5G 移动通信系统中的差错控制编码技术 173
6.6　通信系统仿真 175
　　（7,4）线性分组码的编译码仿真 175
习题 179

第 7 章　通信系统中的同步 181
7.1　概述 181
7.2　载波同步 182
　　7.2.1　插入导频法 182
　　7.2.2　非线性变换——滤波法 183
　　7.2.3　同相正交法（科斯塔斯环） 184
7.3　位同步 185
　　7.3.1　插入导频法 185
　　7.3.2　自同步法 187
7.4　帧同步 189
　　7.4.1　起止式同步法 190
　　7.4.2　集中插入同步法 190
　　7.4.3　分散插入同步法 194
7.5　网同步 196
7.6　同步技术应用 198
7.7　载波同步系统仿真 199
习题 201

第 8 章　通信系统中的信道复用 203
8.1　多路复用技术 203
8.2　频分复用 203
　　8.2.1　频分复用原理 203
　　8.2.2　复合调制 204
　　8.2.3　正交频分复用 205
8.3　时分复用 206
　　8.3.1　时分复用原理 206
　　8.3.2　时分复用所需的信道带宽 207
　　8.3.3　统计时分复用与波分复用 208
8.4　码分复用 208
8.5　其他复用技术 209
　　8.5.1　空分复用 209
　　8.5.2　极化复用 209
8.6　多址技术 210
　　8.6.1　FDMA 210
　　8.6.2　TDMA 210
　　8.6.3　CDMA 211
习题 211

参考文献 212

第1章 绪 论

1.1 通信的概念

广义上,通信就是将信息由一地传递到另一地。在当今信息化高速发展的时代,信息无处不在,通信已成为人们生活、工作、学习等方面不可或缺的组成部分。信息作为一种资源,只有经过广泛的传播、交流与共享,才能产生利用价值和社会效益,而通信作为传输信息的手段,得益于传感技术、微电子技术、计算机技术、互联网等的发展,逐步向着数字化、智能化、高速化、宽带化、综合化、个人化方向迈进。

1.1.1 通信的基本概念

在人类社会,为满足生产和生活等诸多方面的需要,人们在日常生活、思想感情交流以及知识的获取等方面都离不开信息的传递。古代的烽火台、金鼓、旌旗,当今的书信、电报、电话等都是传递信息的方式。

原始的通信方式延续了几千年,但是传输距离有限,并且速度慢、准确性差。随着人类社会文明、科学技术的发展,通信所传递的信息形式越来越多,不仅有符号、声音,还包括图像和文本等。实现信息的传递可采用各种各样的通信方式,在诸多通信方式中,利用"电"来传递信息的通信方式——电通信,能使信息在任意通信距离实现既迅速、有效,又准确、可靠的传递,打破了通信双方的时间和距离限制。语音通话、传真、视频通话、电视、广播、雷达、遥测、遥控等均属于"电"通信方式。本书所讲的通信即为"电"通信,简称通信。

1.1.2 消息、信息与信号

消息是指接收者未知的,待传输、交换、存储的内容,消息可以以语音、文字、图像、符号等多媒体形式出现。按照消息随时间变化的特性,消息可分为两大类:连续消息和离散消息。连续消息是指消息的状态随时间变化是连续的或不可数的,如语言、图像、温度等;离散消息是指消息的状态随时间变化是离散的或有限的,如文字、符号、数据等。

信息是消息中所包含的有效内容。消息是信息的物理表现形式,信息是消息的内涵。例如,我们在广播中收听到的天气预报,语音是天气预报的表现形式,而天气情况是语音的内涵。在现今高度发展的信息化社会中,信息是最宝贵的资源之一,有效、可靠地传输信息并实现交流与共享,是信息领域研究的主要课题。

信号通常是指电信号,是消息传输的载体。为了将声音、图形、数据等各种信息通过线路进行传输,必须首先将其变为电压、电流等电信号,即将消息载荷在电信号的某个参量上,如正弦波的振幅、频率或相位。由于消息分为连续消息和离散消息两大类，所以信号也相应分为两大类：模拟信号与数字信号。

模拟信号是指载荷消息的信号参量取值是连续的，如电话机送出的语音信号，其电压瞬时值是随时间连续变化的。如图1-1所示。

数字信号是指载荷消息的信号参量只有有限个取值，如电报机、计算机输出的信号。典型的数字信号是二进制数字信号，只有两种取值，如图1-2所示。

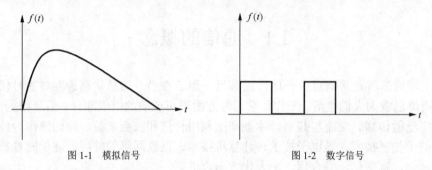

图1-1 模拟信号　　　　　　图1-2 数字信号

消息转变为电信号是通过各种传感器实现的，话筒是声音传感器，可以将语音转变为音频信号；摄像机的核心是图像传感器，可以将光学成像转变为视频信号。音频信号是指在频率域的分布范围内可以被人听见的信号，视频信号是指在频率域的分布范围内的可见信号，信号在频率范围的分布情况也是信号所具有的重要特性之一。

综上所述，消息、信息与信号三者之间既有联系又有所不同。
（1）消息是信息的物理形式。
（2）信息是消息的有效内容。
（3）信号是消息的传输载体。

1.2 通信系统模型

1.2.1 通信系统一般模型

通信的目的就是传输信息，这是由通信系统来实现的，通信系统是指完成信息传输过程的全部设备和传输媒介。一般通信系统模型如图1-3所示，它可将信息从发送端传送到接收端。

图1-3 一般通信系统模型

发送端包括信源和发送设备。

信源的作用是把各种消息转换成原始电信号，如前所述，根据消息种类的不同，信源可以分为模拟信源和数字信源。模拟信源输出连续的模拟信号，如语音、图像信号，数字信源输出离散的数字信号，如符号、数据等，模拟信号经过数字化处理后也可以变为数字信号。

发送设备的作用是产生适合于在信道中传输的信号，使发送信号的特性和信道特性相匹配，其具有抗信道干扰的能力、足够的功率，可以实现远距离的传输。发送设备对信号的变换可以涵盖很多内容，如放大、滤波、编码、调制等。

信道是指信号的传输媒介，将来自发送设备的信号送到接收设备。根据传输媒介的不同，信道可以分为有线信道和无线信道，有线信道的媒介是电缆、光缆等，无线信道的媒介就是自由空间。信道即是传输信号的通路，同时也会对信号产生干扰和噪声。图 1-3 中的噪声源是信道中的噪声，以及分散在通信系统其他各处噪声的集中表示。

在接收端，接收设备的功能与发送设备的功能相反，其可将信号放大和反变换，从接收信号中恢复出相应的原始电信号。接收设备的反变换与发送设备的变换相对应，也可以有多种，如译码、解调等。

受信者（或信宿）是信息的接收端，其作用是将原始电信号复原转换成相应的消息，如语音、图像等。

上述通信系统的模型表示了通信系统的基本组成，可根据所研究的对象及所涉及问题的不同，选择不同形式的通信系统模型。本书就是围绕与通信系统模型有关的通信原理及基本理论进行讨论的。

1.2.2 模拟通信系统模型

如前所述，信号有模拟信号和数字信号之分，按信道中传输信号的特征是模拟信号还是数字信号，相应地把通信系统分为模拟通信系统和数字通信系统。

模拟通信系统就是利用模拟信号来传递信息的通信系统，其模型如图 1-4 所示。其中包含两种重要的变换：第一种是在发送端将连续消息变换成原始电信号，或在接收端进行相反的变换，它们由信源或受信者完成。经这种变换中的原始电信号具有较低的频谱分量，如语音信号的频率范围为 300～3400Hz（音频信号），图像信号的频率范围为 0～6MHz（视频信号），这些从零频（或者很低频率）开始，未经调制的信号通常称为基带信号，不宜直接通过无线信道进行远距离传输，因此在模拟通信系统中常常需要进行第二种变换，即在发送端将原始电信号转换成高频信号使其频带适合在信道中传输，在接收端进行相反的变换，这个过程也称为调制或解调，由调制器或解调器完成，经过调制的信号称已调信号。已调信号携带需要传输的信号信息，频谱通常具有带通形式，因此已调信号也被称为带通（或频带）信号。

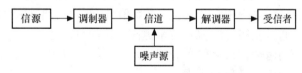

图 1-4 模拟通信系统模型

除了上述两个变换外，模拟通信系统中可能还包括滤波、放大等环节。本书重点介绍两种变换及反变换，对其他部分则进行简要介绍。

1.2.3 数字通信系统模型

数字通信系统是利用数字信号来传递信息的通信系统，其模型如图 1-5 所示。数字通信系统涉及的问题很多，其中主要有信源编码和译码、信道编码和译码、加密和解密、同步等。

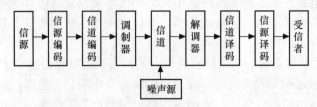

图 1-5 数字通信系统模型

图 1-5 中，编码和译码组成一对正反变换，编码包括信源编码和信道编码。

信源编码的主要任务是提高数字信号传输的有效性，包括模/数（A/D）转换和数据压缩。若从信源传来的信号是模拟信号，则先要进行模/数转换，信源编码的输出就是数字信息码；数据压缩是通过压缩编码技术来降低码元速率。信源译码是信源编码的逆过程。

信道编码的主要任务是提高数字信号传输的可靠性。数字通信在信道传输过程中混入的噪声或干扰会造成数字信号传输错误，需通过差错控制编码技术来实现差错控制，以提高系统的可靠性。信道译码是信道编码的逆过程。

调制器与解调器构成一对正反变换，其作用与模拟通信系统中的调制与解调作用相似，不同的是这里调制与解调的是数字信号。数字通信系统中，调制器前和解调器后的信号也是基带信号，信道中传输的调制后的信号为已调信号。

在需要实现保密通信的场合，为了保证信息的安全，人为地将被传输的数字序列扰乱，即加上密码，这种处理过程称为加密。在接收端利用与发送端相反的处理过程对接收到的数字序列进行解密，恢复原来的信息。加密可在信源编码之后加入。

在数字通信中，需要保证接收端数字信号与发送端数字信号有一致的节拍，否则就会使收发步调不一致，从而造成数据混乱，使传输出错。这个环节称为同步。图 1-5 中应包含同步环节，但由于数字通信中有多种同步方式，且每种方式所在的位置又不是固定的，故图中没有示出。

上述所列数字通信的有些环节（如编码与译码、调制与解调）并不是必需的，可根据不同的条件和要求决定是否采用。没有调制与解调环节，直接传输基带信号的数字通信系统称为数字基带传输系统。

目前，无论是模拟通信还是数字通信，都是已经获得广泛应用的通信方式。综合模拟通信和数字通信的各自特点，数字通信与模拟通信相比有以下优点。

（1）数字传输的抗噪声（抗干扰）能力强，数字信号传输中可通过中继再生消除噪声积累。

（2）数字通信可以通过差错控制编码技术提高通信的可靠性。

（3）数字通信便于利用现代数字信号处理技术对数字信息进行处理。

（4）数字信息易于加密，且保密性强。

（5）数字通信可以传递各种消息，使通信系统灵活性好、通用性强。

（6）数字通信采用数字集成电路，数字集成电路体积小、重量轻、可靠性高、调整调试方便。

但是，数字通信与模拟通信相比较为突出的缺点是其信号占有的频带宽，如一路模拟电话仅占 4kHz 带宽，而一路数字电话要占 20～64kHz 的带宽；同时编码、同步、加密技术的采用增加了数字通信系统设备的复杂性。随着高效数据压缩技术和光纤传输媒质的使用，带宽问题得到解决；微电子、计算机等技术的广泛应用也使数字设备的复杂性大大降低，数字通信将逐步取代模拟通信。

1.3 通信系统的分类及通信方式

1.3.1 通信系统的分类

通信系统有多种分类方法，下面介绍常见的 5 种通信系统的分类方法。

1. 按通信业务类型分类

根据通信业务类型的不同，通信系统可分为电报通信系统、电话通信系统、数据通信系统、图像通信系统等。由于电话通信网最为普及，因而除电话通信外的其他一些通信业务也常通过公共电话通信网进行传输，如电报通信和远距离计算机通信（数据通信）都可通过电话信道传输。

2. 按调制方式分类

按照信道中传输的信号是否经过调制，可将通信系统分为基带传输系统和频带传输系统。基带传输是将未经调制的信号直接传输，如远距离音频电话、有线广播等；频带传输是将基带信号经调制后送入信道传输。

3. 按信号特征分类

按照信道中传输的是模拟信号还是数字信号，可相应地把通信系统分为模拟通信系统和数字通信系统两类。模拟通信系统传输的是模拟信号，数字通信系统则传输数字信号。

4. 按传输媒介分类

按传输媒介，通信系统分为有线通信系统和无线通信系统。有线通信系统以传输缆线作为传输媒介，传输媒介包括电缆、光缆等；无线通信系统利用无线电波在自由空间传播信息，包括微波通信、卫星通信等。

5. 按信号复用方式分类

按信号复用方式，通信系统又可分为频分复用（FDM）、时分复用（TDM）和码分复用（CDM）等系统。频分复用是用频谱搬移的方法使不同信号占据不同的频率范围；时分复用是用抽样或脉冲调制方法使不同信号占据不同的时间区间；码分复用则是用互相正交的码型来区分多路信号。

传统的模拟通信中大都采用频分复用，如广播、电视通信。随着数字通信的发展，时分复用通信系统得到了广泛的应用。码分复用在现代通信系统中也获得了广泛应用，如卫星通信系统、移动通信系统和光纤通信系统等。

1.3.2 通信方式

通信系统中有多种通信方式，可按不同的方法进行划分。

1. 按传输的方向与时间关系划分

对于点对点的通信，按传输的方向与时间关系，可分为单工通信、半双工通信及全双工通信 3 种方式。

单工通信是指消息只能单方向传输的工作方式，如图 1-6（a）所示。通信双方中一方只能发送，另一方只能接收，例如广播、电视、遥测等都是单工通信方式。

半双工通信是指通信的双方都能收发信息,但各方不能同时进行发送和接收的通信方式,如图 1-6(b)所示。例如,无线电对讲机和普通无线电收发报机等都利用半双工通信方式。

全双工通信是指通信的双方都可同时收发信息的通信方式,如图 1-6(c)所示。例如,普通电话、计算机通信网络等采用的就是全双工通信方式。

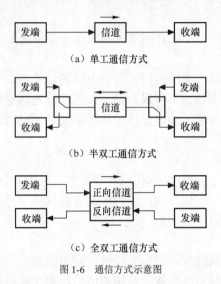

图 1-6 通信方式示意图

2. 按数字信号码元传送方式划分

在数字通信中按数字信号码元传送方式不同,通信方式可被划分为串行传输和并行传输两种。

串行传输是将数字信号码元序列按时间顺序一个接一个地在信道中传输,如图 1-7(a)所示,如计算机网络通信。

并行传输是将数字信号码元序列分割成两路或两路以上的数字信号码元序列同时在信道中传输,如图 1-7(b)所示。例如,计算机和打印机之间的数据传输。

串行传输方式只需一条通路,线路成本低,适合长距离的通信;而并行传输方式需要多条通路,线路成本高,传输速度快,适合短距离的通信。

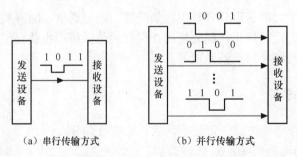

图 1-7 串行和并行传输方式

3. 按照网络结构划分

通信系统按照网络结构不同划分为专线通信和网通信两类。点对点的通信是专线通信;多点间的通信属于网通信。网通信的基础仍是点对点的通信。

1.4 信息及其度量

通信系统中传输的具体对象是消息，但是通信的目的在于传递信息。"消息"和"信息"是两个不同的概念。不同形式的消息可以包含相同的信息，例如分别用语音和文字发送的天气预报所含信息内容是相同的。传输信息的多少是用"信息量"来衡量的。

信息量与消息的种类、含义及重要程度无关，它仅与消息中包含的不确定性有关。也就是说，消息中所含信息量与消息发生的概率密切相关。一件事情发生概率越小，越使人感到意外和惊奇，则此消息所含的信息量越大。例如，一方告诉另一方一件非常不可能发生的事件（如夏季某天下雪）消息包含的信息量比可能发生的事件（如夏季某天下雨）消息包含的信息量大。如果消息发生的概率接近于 0（不可能事件），则它的信息量趋向于无穷大；如果消息发生的概率为 1（必然事件），则此消息所含的信息量为 0。消息所含的信息量可用消息发生的概率倒数的对数来表示。在信息论中，消息所含的信息量 I 与消息 x 出现的概率 $P(x)$ 的关系用式（1.1）表示，可写为

$$I = \log_\alpha \frac{1}{P(x)} = -\log_\alpha P(x) \tag{1.1}$$

式（1.1）中，对数的底 α 决定了信息量的单位。若对数的底 α 为 2，则 I 的单位为比特（bit）；若对数的底 α 为 e，则 I 的单位为奈特（nit）；若对数的底 α 为 10，则 I 的单位为哈特莱（Hartley）。通常广泛使用的信息量单位是比特（底 α 为 2），以比特为单位时，式（1.1）可写为

$$I = \log_2 \frac{1}{P(x)} = -\log_2 P(x) \tag{1.2}$$

在通信系统中，当传送 M 个等概率的消息之一时，每个消息出现的概率为 $1/M$，任一消息所含的信息量为

$$I = -\log_2 \frac{1}{M} = \log_2 M \tag{1.3}$$

若 $M = 2^K$，则式（1.3）可写为式（1.4）

$$I = \log_2 2^K = K \tag{1.4}$$

对于二进制数字通信系统（$M = 2$），如果二进制信号 0 和 1 的出现概率相等，则每个二进制信号都有 1 比特（1bit）的信息量。同理，传送等概率的四进制信号（$M = 4$），每个进制的信息量为 2 比特（2bit），一个进制需要用 2 个二进制编码表示。

上述是等概率条件下的信息量，下面讨论非等概率条件下的信息量。设信源中包含有 M 个消息符号，每个消息 x_i 出现的概率为 $P(x_i)$，即

$$\begin{bmatrix} x_1, & x_2, & \cdots, & x_M \\ P(x_1), & P(x_2), & \cdots, & P(x_M) \end{bmatrix}, \text{且有} \sum_{i=1}^{M} P(x_i) = 1 \tag{1.5}$$

$x_1, x_2, \ldots, x_M$ 所包含的信息量分别为 $-\log_2 P(x_1), -\log_2 P(x_2), \cdots, -\log_2 P(x_M)$。于是，每个符号所包含的信息量的统计平均值，即平均信息量为

$$H(x) = P(x_1)[-\log_2 P(x_1)] + P(x_2)[-\log_2 P(x_2)] + \cdots + P(x_M)[-\log_2 P(x_M)]$$
$$= -\sum_{i=1}^{M} P(x_i)[\log_2 P(x_i)] \tag{1.6}$$

由于式（1.6）中的 $H(x)$ 与热力学中熵的定义式相类似，故在信息论中又称它为信源的熵，其单位为比特/符号。

例 1.1 一信源由 4 个符号 0、1、2、3 组成，它们出现的概率分别为 3/8、1/4、1/4、1/8，且每个符号的出现都是独立的。若消息序列长为 57 个符号，其中 0 出现 23 次，1 出现 14 次，2 出现 13 次，3 出现 7 次，试求消息序列所包含的信息量和平均信息量。

解：方法 1：

消息序列的平均信息量

$$H(x) = -\sum_{i=1}^{M} P(x_i)[\log_2 P(x_i)]$$
$$= -\frac{3}{8}\log_2 \frac{3}{8} - \frac{1}{4}\log_2 \frac{1}{4} - \frac{1}{4}\log_2 \frac{1}{4} - \frac{1}{8}\log_2 \frac{1}{8} \approx 1.906 \text{比特/符号}$$

此条消息的信息量为

$$I = 57 \times 1.906 \approx 108.64 \text{bit}$$

方法 2：

由于消息序列中出现符号 x_i 的信息量为 $-M_i \log_2 P(x_i)$，M_i 和 $P(x_i)$ 分别为消息序列中符号 x_i 出现的次数和概率，消息序列所包含的信息量为每个符号出现信息量的和，即

$$I = -\sum_{i=1}^{M} M_i [\log_2 P(x_i)] = -23\log_2 \frac{3}{8} - 14\log_2 \frac{1}{4} - 13\log_2 \frac{1}{4} - 7\log_2 \frac{1}{8}$$
$$\approx 32.55 + 28 + 26 + 21 \approx 107.55 \text{bit}$$

每个符号的数学平均信息量为

$$\bar{I} = \frac{I}{\text{符号数}} = \frac{107.55}{57} \approx 1.887 \text{bit}$$

以上两种计算结果略有差别的原因在于，它们平均处理方法不同。后一种按数学平均的方法，造成结果存在误差。这种误差将随着消息序列符号数的增加而减小。而且，当消息序列较长时，用熵的概念计算更为方便。

上述介绍的离散消息的分析方法也可用于对连续消息的分析。抽样定理告诉我们，一个频带有限的连续信号，可用每秒一定数目的离散抽样值代替。这就是说一个连续消息经抽样后会成为离散消息。这样我们就可以利用分析离散消息的方法来处理连续消息。

1.5 通信系统的主要性能指标

1.5.1 一般通信系统的主要性能指标

设计和评价一个通信系统，往往要涉及许多性能指标，如系统的有效性、可靠性、适应性、经济性、标准性及使用维护方便性等。这些指标可从各个方面反映通信系统的性能，但

从信息传输方面考虑，通信的有效性和可靠性是通信系统中最主要的性能指标。有效性主要是指消息传输的"速度"问题，而可靠性主要是指消息传输的"质量"问题。由香农（Shannon）定理可知，系统的带宽能够决定信号的极限传输速度。信号在传输过程中的噪声干扰和信道特性不理想使信号产生畸变，造成接收信号与发送信号间出现差异，影响了通信质量。有效性和可靠性的要求是相互矛盾而又相互联系的。提高有效性会降低可靠性，反之亦然。因此在设计通信系统时，对二者应统筹考虑。

1.5.2 模拟通信系统的性能指标

在模拟通信系统中，有效性是用消息传输速度（单位时间内传输的信息量）或者有效传输频带来衡量的。同样的消息采用不同的调制方式，则需要不同的频带宽度。频带宽度越窄，则有效性越好，如传输一路模拟电话，单边带信号只需要 4kHz 带宽，而标准调幅需要 8kHz 的带宽，因此在一定频带内用单边带信号传输的路数比标准调幅信号多一倍，显然，单边带系统的有效性比标准调幅系统要好。

模拟通信系统的可靠性用接收机输出端的信噪比（输出信号平均功率与噪声平均功率的比值）来衡量，如通常电话要求信噪比为 20~40dB，电视则要求信噪比在 40dB 以上。输出信噪比越高，通信质量越好，它除了与信号功率和噪声功率的大小有关外，还与信号的调制方式有关，如调频信号的抗噪声性能（输出信噪比/输入信噪比）比调幅信号好，但调频信号所需传输频带要宽于调幅信号。

1.5.3 数字通信系统的性能指标

在数字通信系统中，常常用相同的时间间隔去表示一个 M 进制信号，每个间隔的信号都是一个码元，而这个间隔就是码元宽度。M 进制通信系统的每个 M 进制信号都是一个 M 进制码元，每个码元都有 M 种可能的符号可采用。二进制通信系统中的每个二进制信号都是二进制码元 0 或 1。下面讨论数字通信系统的有效性和可靠性问题。

1. **数字通信系统的有效性**

数字通信系统的有效性可用码元速率、信息速率及系统的频带利用率这 3 个性能指标来描述。

（1）码元速率 R_B

码元速率 R_B 又称码元传输速率或传码率。它被定义为每秒传送的码元数目，单位为"波特"（Baud），常用符号"B"表示。

（2）信息速率 R_b

信息速率 R_b 又称信息传输速率或传信率。它被定义为每秒传输的信息量，单位为"比特/秒"，记为 bit/s。

由于每位二进制数都包含有 1bit 的信息量，因此信息速率也就是每秒传输的二进制码元数。对于二进制码元的传输，码元速率与信息速率相等，即 $R_B=R_b$；而对于 M 进制码元的传输来说，由于每一位 M 进制码元可用 $\log_2 M$（$M=2^K$，K 为每位 M 进制码元所用二进制码元表示的位数）个二进制码元表示，传输一个 M 进制码元相当于传输了 $\log_2 M=K$ 个二进制码元，因此信息速率与码元速率的关系是

$$R_b = R_B \log_2 M \text{（bit/s）} \tag{1.7}$$

对于不同进制通信系统来说，码元速率高的通信系统，其信息速率不一定高。因此在对它们

的传输速度进行比较时，不能直接比较码元速率，需将码元速率换算成信息速率后再进行比较。

（3）系统的频带利用率

在比较两个通信系统的有效性时，仅从传输速率上看是不够的，还应考察系统所使用频带的大小。这是因为香农定理指出通信系统的频带影响传输信息的能力。衡量系统效率的另一个指标是系统的频带利用率。通信系统的频带利用率定义为单位频带上的码元或信息传输速率，单位为 Baud/Hz 或 bit/(s·Hz)，即

$$\eta = \frac{R_B}{B}(\text{Baud/Hz}) \tag{1.8}$$

或

$$\eta_b = \frac{R_b}{B}\left[\text{bit}/(\text{s}\cdot\text{Hz})\right] \tag{1.9}$$

不同的调制方式具有不同的频带利用率，如二进制振幅调制系统频带利用率为 1/2。系统的频带利用率越高，其有效性越好。

2. 数字通信系统的可靠性

由于在数字通信系统中（尤其是信道中）存在干扰，接收到的数字码元可能会发生错误，而使通信的可靠性受到影响。数字通信系统的可靠性指标主要用误码率 P_e 或误信率 P_b 衡量。

（1）误码率 P_e

误码率是指通信过程中，系统传错码元的数目与所传输的总码元数目之比，也就是传错码元的概率，即

$$P_e = \frac{\text{传错码元的数目}}{\text{传输的总码元数目}} \tag{1.10}$$

（2）误信率 P_b

误信率又称误比特率，是指错误接收的信息量（传错比特的数目）与传输的总信息量（传输的总比特数）的比，即

$$P_b = \frac{\text{传错比特的数目}}{\text{传输的总比特数目}} \tag{1.11}$$

显然，在二进制通信系统中有 $P_e = P_b$。

通信系统中存在误码是不可避免的。不同的应用场合对误码率的要求也不一样，如数字电话通信中误码率在 $10^{-3} \sim 10^{-6}$ 即可满足正常通话的要求；而计算机通信对可靠性要求更高，误码率更小。为减小误码率，可采取减少干扰、改进调制方式和解调方法、采用差错控制措施等方案。

例 1.2 假设一数字传输系统传输二进制码元速率为 1200Baud，试求该系统的信息传输速率，若该系统改为八进制码元传送，码元速率仍为 1200Baud，此时信息传输速率又是多少？

解：若为二进制码元，即 $M=2$ $\because R_B = 1200\text{Baud}$

$$\therefore R_b = R_B \times \log_2 M = R_B \times \log_2 2 = R_B = 1200\text{bit/s}$$

若为八进制码元，即 $M=8$ $\because R_B = 1200\text{Baud}$

$$\therefore R_b = R_B \times \log_2 M = R_B \times \log_2 8 = 1200 \times 3 = 3600\text{bit/s}$$

例 1.3 某数字通信系统在 125μs 内可传输 256 个码元，且发现该数字传输系统 4s 内有 5 个码元产生误码，试问误码率为多少？

解：由已知，码元速率 $R_B = \dfrac{\text{码元数量}}{\text{传码时间}} = \dfrac{256}{125 \times 10^{-6}} = 2.048 \times 10^6 \text{Baud}$

4s 传输的总码元数=2.048×10^6×4=8.192×10^6 码元

∴误码率 $P_e = \dfrac{传错码元的数目}{传输的总码元数目} = \dfrac{5}{8.192×10^6} = 0.61×10^{-6}$

1.6 信道与噪声

1.6.1 信道及其数学模型

信道是信号的传输媒介。信道可以分为两类：有线信道和无线信道。有线信道包括明线、对称电缆、同轴电缆及光纤、光缆等；无线信道包括地波传播、短波电离层反射、超短波或微波视距中继、人造卫星中继，以及各种散射信道等。

从消息传输的角度来看，受到关注的主要是信号的发射、传输、接收和噪声问题。因此，信道的范围还可以扩大，除传输媒质外，还可以包括有关的变换装置（如发送设备、接收设备、馈线与天线、调制器、解调器等）。这种扩大范围的信道称为广义信道，而仅含传输媒质的信道称为狭义信道。在讨论通信的一般原理时，通常采用广义信道。不过，狭义信道是广义信道的十分重要的组成部分，通信效果的好坏，在很大程度上依赖于狭义信道的特性，因此，在研究各种通信系统信道的一般特性时，"传输媒介"仍是讨论的重点。

广义信道是从信号传输的观点出发，针对所研究的问题来划分信道的。按照它所包含的功能不同，可以分为调制信道与编码信道。

模拟通信系统中主要研究调制与解调的基本原理，传输信道可以用调制信道来定义。调制信道的范围为从调制器的输出端到解调器的输入端，如图 1-8 所示。从调制解调的角度来看，调制器的作用是产生已调信号，解调器的作用是从已调信号中恢复出调制信号。调制信道中包含的所有部件和传输媒质仅仅实现了把已调信号由调制器输出端传输到解调器输入端，因此可以把它看作是传输已调信号的一个整体，称为调制信道。可见，通过定义调制信道，方便了对调制解调问题的研究。

在数字通信系统中，如果只需要研究编码和译码的问题，为了突出研究重点，同样可以定义一个编码信道。编码信道的范围是编码器输出端至译码器输入端，如图 1-8 所示。从编码和译码角度来看，编码器是把信源所产生的消息信号转换为数字信号；译码器则是把数字信号恢复成原来的消息信号；而编码器输出端至译码器输入端之间的所有部件仅仅起到了传输数字信号的作用，所以可以将其看作传输数字信号的一个整体，称为编码信道。

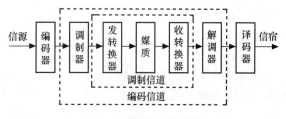

图 1-8 调制信道与编码信道

1. 调制信道模型

如前所述，调制信道模型用于传输已调信号，它的输入端和输出端分别与调制器输出端和解调器输入端相连接，因此它最后可以被视为一个二对端的网络。经过大量的考察后可知，这个网络是时变线性网络，如图1-9所示，我们将这个网络称作调制信道模型。

图1-9 调制信道模型

假设信道输入的已调信号为$e_i(t)$，信道输出信号为$e_o(t)$，它们之间的关系为

$$e_o(t) = k(t)e_i(t) + n(t) \quad (1.12)$$

其中，$k(t)$、$n(t)$为干扰，$k(t)$为乘性干扰，$n(t)$为加性干扰，它们是通信系统中的两种主要干扰。通过分析这两种干扰，就可以确定信道对信号的影响程度。

式中$k(t)$是依赖于网络的特性，$n(t)$是不依赖于网络的特性。$k(t)$和$n(t)$的存在对输入信号$e_i(t)$来说都是干扰。由于$k(t)$与$e_i(t)$是相乘的关系，而$n(t)$与$e_i(t)$是相互独立的，所以称$k(t)$为乘性干扰，$n(t)$为加性干扰。了解了$k(t)$与$n(t)$的特性，信道对信号的具体影响就清晰了。

乘性干扰$k(t)$一般是一个复杂的函数，是时间t的函数，它可能包括各种线性畸变、非线性畸变等，这是由于网络的延迟特性和损耗特性随时间在随机变化。但是，大量观察表明，有些信道的$k(t)$基本不随时间变化，也就是说，信道对信号的影响是固定的或变化极为缓慢。而另一些信道则不然，它们的$k(t)$是随机快速变化的。这样，在分析研究乘性干扰$k(t)$时，在相对的意义上可把信道分为两大类：一类称为恒参信道，即它们的$k(t)$可看成随时间不变化或基本不变化；另一类则称为随参信道，即它们的$k(t)$是随机快速变化的。根据统计的结果，恒参信道是大量的，例如有线信道，无线信道中的中、长波信道和卫星信道等。对于恒参信道来说，信道模型就可以简化为非时变的线性网络。随参信道的参数随时间变化，所以它的特性比恒参信道要复杂，对传输信号的影响也较为严重。影响信道特性的主要因素来自传输媒介，如电离层的反射和散射、对流层的散射等。

2. 编码信道模型

编码信道模型的输入和输出是数字序列，例如，在二进制信道中是"0"和"1"的序列，故编码信道对信号的影响是使传输的数字序列发生变化，即序列中的数字发生错码。所以，可以用转移概率来描述编码信道的特性。在二进制系统中，错误概率就是"0"转移为"1"的概率和"1"转移为"0"的概率，依次可以画出一个二进制编码信道的简单模型，如图1-10所示。图中，$P(0/0)$和$P(1/1)$是正确转移概率；$P(1/0)$是发送为"0"而接收为"1"的概率，$P(0/1)$是发送为"1"而接收为"0"的概率，$P(1/0)$和$P(0/1)$是错误传输概率。实际编码信道转移概率的数值需要由大量的实验统计数据分析得出。对于二进制系统，因为只有"0"和"1"两种符号，所以由概率论的原理可知

$$P(0/0) + P(1/0) = 1 \quad (1.13)$$
$$P(1/1) + P(0/1) = 1 \quad (1.14)$$

编码信道中产生误码以及转移概率的大小主要是与调制信道有关。

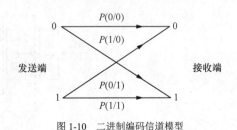

图1-10 二进制编码信道模型

1.6.2 信道噪声

我们将信道中存在的不需要的电信号称为噪声。通信系统中的噪声是叠加在信号之上的，没有传输信号时通信系统中也有噪声，噪声永远存在于通信系统中。噪声可以看成是信道中的一种干扰，即加性干扰。噪声对信号的传输是有害的，噪声使模拟信号失真，使数字信号发生错码，并限制着信号的传输速率。

信道中加性噪声的来源一般有 3 个方面：人为噪声、自然噪声、内部噪声。人为噪声是人类活动造成的，例如，邻台干扰和工业干扰等；自然噪声是自然界存在的各种电磁波源，如雷电、磁暴、太阳黑子，以及宇宙噪声等造成的；内部噪声是系统设备本身产生的各种噪声，例如，在电阻一类的导体中自由电子的热运动（常称为热噪声）、真空管中电子的起伏发射和半导体中载流子的起伏变化（常称为散弹噪声）及电源噪声等。

上面噪声中某些类型的噪声是确知的，如电源噪声、自激振荡、各种内部的谐波干扰等。虽然消除这些噪声不一定很容易，但至少在原理上可消除或基本消除。另一些噪声则往往不能准确预测其波形，这种不能预测的噪声统称为随机噪声。常见的随机噪声可以分为单频噪声、脉冲噪声和起伏噪声 3 类。单频噪声和脉冲噪声可以通过相关措施和技术消除与减轻，但是起伏噪声无论在时域还是频域都普遍存在且难以消除，如热噪声、散弹噪声和宇宙噪声。

1. 高斯白噪声

作为通信系统内主要噪声来源的热噪声和散弹噪声，都可以被看成是无数独立的微小电流脉冲的叠加，所以它们是服从高斯分布的，因而是高斯过程，通常就把它们叫作高斯噪声。

若噪声 $n(t)$ 的功率谱密度 $P_\xi(\omega)$ 在 ($-\infty$, $+\infty$) 的整个频率范围内都是均匀分布的，就像白光的频谱在可见光的频谱范围内均匀分布，则这种噪声被称为白噪声，它是一个理想的宽带随机过程。式（1.15）中 n_0 为常数，单位是 W/Hz。

显然，白噪声的自相关函数为

$$\begin{cases} P_\xi(\omega) = \dfrac{n_0}{2}, & \text{双边带功率谱} \\ P_\xi(\omega) = n_0, & \text{单边带功率谱} \end{cases} \tag{1.15}$$

$$R(\tau) = \frac{n_0}{2}\delta(\tau) \tag{1.16}$$

这说明，白噪声只有在 $\tau = 0$ 时才相关，而它在任意两个时刻上的随机变量都是互不相关的。图 1-11 展示了白噪声的双边带功率谱密度及其自相关函数的图形。

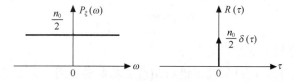

图 1-11 白噪声的双边带功率谱密度和自相关函数

如果白噪声又是高斯分布的，我们就称之为高斯白噪声。由式（1.16）可以看出，高斯白噪声在任意两个不同时刻上的取值不仅是互不相关的，而且是统计独立的。

2. 窄带高斯噪声

在实际的通信系统中，许多电路都可以等效为一个窄带网络。窄带网络的带宽 W 远远小于其中心频率 ω_0。当高斯白噪声通过窄带网络时，其输出噪声只能集中在中心频率 ω_0 附近的带宽 W 内，这种噪声称为窄带高斯噪声，窄带噪声的功率谱及波形示意如图 1-12 所示。

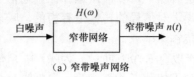

（a）窄带噪声网络

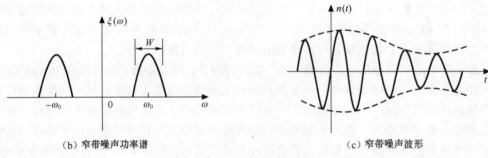

（b）窄带噪声功率谱 　　　　　　　　　　（c）窄带噪声波形

图 1-12 窄带噪声的功率谱及波形示意

如果用示波器观察窄带噪声的波形，可以发现它是一个振幅和相位都在缓慢变化、频率近似等于 ω_0 的正弦波，波形如图 1-12（c）所示。因此我们把窄带噪声写成如下形式。

$$n(t) = R(t)\cos[\omega_0 t + \varphi(t)] \tag{1.17}$$

其中，$R(t)$ 和 $\varphi(t)$ 分别表示随机包络和相位，它们都是随机过程，且变化与 $\cos\omega_0 t$ 相比要缓慢得多。将上式展开可得

$$\begin{aligned} n(t) &= R(t)\cos\omega_0 t\cos[\varphi(t)] - R(t)\sin\omega_0 t\sin[\varphi(t)] \\ &= n_c(t)\cos\omega_0 t - n_s(t)\sin\omega_0 t \end{aligned} \tag{1.18}$$

其中，

$$n_c(t) = R(t)\cos[\varphi(t)] \tag{1.19}$$

$$n_s(t) = R(t)\sin[\varphi(t)] \tag{1.20}$$

$n_c(t)$ 与载波 $\cos\omega_0 t$ 同相，称为 $n(t)$ 的同相分量，$n_s(t)$ 与载波 $\cos\omega_0 t$ 相差 $\pi/2$，故称为 $n(t)$ 的正交分量，窄带噪声的包络和相位可分别表示为

$$R(t) = \sqrt{n_c^2(t) + n_s^2(t)} \tag{1.21}$$

$$R(t) = \arctan\frac{n_s(t)}{n_c(t)} \tag{1.22}$$

$n_c(t)$ 和 $n_s(t)$ 在性质上都是低通型噪声。

窄带高斯噪声 $n_c(t)$ 和 $n_s(t)$ 的功率谱与 $n(t)$ 的功率谱之间有如下关系。

$$P_{nc}(\omega) = P_{ns}(\omega) = \begin{cases} P_n(\omega-\omega_0) + P_n(\omega+\omega_0), & |\omega| \leq \dfrac{W}{2} \\ 0, & \text{其他} \end{cases} \tag{1.23}$$

1.6.3 信道容量

信息是通过信道传输的,如果信道受到加性高斯白噪声的干扰,传输信号的功率和带宽也会受到限制。对于这个问题,香农(Shannon)在信息论中已经给出了回答,这就是著名的信道容量公式,又称香农公式。

$$C = B\log_2\left(1+\frac{S}{N}\right) \tag{1.24}$$

其中,C——信道容量,是指信道可能传输的最大信息速率,单位为 bit/s,它是信道能够达到的最大传输能力。

B——信道带宽。

S——信号的平均功率。

N——白噪声的平均功率。

S/N——信噪比。

香农公式主要讨论了信道容量、带宽和信噪比之间的关系,是信息传输中非常重要的公式,也是目前通信系统设计和性能分析的理论基础。

由香农公式可得到如下结论。

(1)当给定带宽 B、信噪比 S/N 时,信道的极限传输能力(信道容量)C 即确定。如果信道实际的传输信息速率 $R \leqslant C$,此时能做到无差错传输(差错率可任意小)。如果 $R > C$,那么无差错传输在理论上是不可能的。

(2)当信道容量 C 一定时,信道带宽 B 和信噪比(质量)S/N 之间可以互换。也就是说,要使信道保持一定的容量,可以通过调整带宽 B 和信噪比 S/N 的关系来实现。

(3)增加信道带宽 B 并不能无限制地增大信道容量。当信道噪声为高斯白噪声时,随着带宽 B 的增加,噪声功率 $N = n_0 B$(n_0 为单边噪声功率谱密度)也增大,在极限情况下

$$\lim_{B \to \infty} C = 1.44 \frac{S}{n_0} \tag{1.25}$$

可见,即使信道带宽无限大,信道容量仍然是有限的。

(4)当信道容量 C 是信道传输的极限速率时,由于 $C = \frac{I}{T}$,I 为信息量,T 为传输时间。根据香农公式

$$C = \frac{I}{T} = B\log_2\left(1+\frac{S}{N}\right) \tag{1.26}$$

于是有

$$I = BT\log_2\left(1+\frac{S}{N}\right) \tag{1.27}$$

由式(1.27)可见,在给定 C 和 S/N 的情况下,带宽 B 与时间 T 也可以互换。

通常,把实现了极限信息速率传输(达到信道容量值)且能做到任意小差错率的通信系统称为理想通信系统。但是,香农定理只证明了理想系统的"存在性",却没有指出这种通信系统的实现方法。因此,理想通信系统通常只能作为实际系统的理论界限。另外,上述讨论都是在信道噪声为高斯白噪声的前提下进行的,对于存在其他类型噪声的情况,需要对香农公式加以修正。

例 1.4 已知彩色电视图像由 $5×10^5$ 个像素组成,设每个像素有 64 种彩色度,每种彩色度有 16 个亮度等级;所有彩色度和亮度等级的组合机会均等,并统计独立。(1)试计算每秒传送 100 个画面所需的信道容量;(2)如果接收机信噪比为 30dB,传送彩色图像所需信道带宽为多少。

解:

由于每个像素独立地以等概率取 64 种彩色度、16 个亮度等级,故每个像素的信息量为
$$\log_2(64×16) = 10\text{bit}$$
一幅图像的信息量为 $10×5×10^5 = 5×10^6\text{bit}$

信息速率为 $R=100×5×10^6=5×10^8\text{bit/s}$

因为 R 必须小于或等于 C,所以信道容量 $C \geq R = 5×10^8 \text{bit/s}$

已知 S/N =30dB,即 S/N=1000,代入香农公式得

$$B = \frac{C}{\log_2\left[1+\frac{S}{N}\right]} = \frac{C}{3.21\lg\left[1+\frac{S}{N}\right]} = \frac{5×10^8}{3.21\lg(1001)} \approx 50\text{MHz}$$

1.7 通信技术的发展历史及趋势

1.7.1 通信技术的发展历史

自从有了人类社会,各种通信方式逐渐出现并发展起来。按照通信交流方式与技术的不同,可以将通信的发展划分为 4 个历史阶段。第一阶段是语言通信,人们通过人力、畜力,以及烽火台等原始通信手段传递消息;第二阶段是邮政通信;第三阶段是电气通信,具有代表性的通信方式是电话、电报和广播等;第四阶段是信息时代,这个阶段产生巨大进步的不仅是信息的传递方式,还包括对信息的存储、处理和加工,其主要代表为计算机网络和信息高速公路等。

真正有实用意义的现代通信起源于 19 世纪 30 年代。1835 年,莫尔斯电码出现;1837 年,莫尔斯电磁式电报机出现;1866 年,利用大西洋海底电缆实现了越洋电报通信;1876 年,贝尔发明了电话机,开始了有线电报、电话通信,消息传递既迅速又准确。

19 世纪末出现了无线电报;20 世纪初电子管的出现使无线电话成为可能。20 世纪 60 年代以来,随着晶体管、集成电路的出现和应用,无线电通信迅速发展,无线电话、广播、电视和传真通信相继出现并发展起来。

进入 20 世纪 80 年代,人造卫星的发射,电子计算机、大规模集成电路和光导纤维等现代化科学技术成果的问世和应用,特别是数字通信技术的飞速发展,进一步促进了微波通信、卫星通信、光纤通信、移动通信和计算机通信等各种现代通信系统的竞相发展,不断满足人们在各个方面对通信越来越高的要求。

1.7.2 通信技术的发展趋势

随着传感技术、微电子技术、计算机技术等的发展,作为信息社会重要信息基础设施的

电信网，也发生了一系列重大的变化，而且这种变化还将持续下去。这些积极的变化主要表现在以下几方面。传输网方面，SDH（同步数字体系）城域网、WDM 骨干网得到建设和发展。业务网方面，公用交换电话网络（PSTN）向 NGN（下一代网络）发展；移动数字通信网，4G 技术已取得长足的发展，5G 网络也早已登场；CATV（公共天线电视）和卫星网迅速发展；互联网快速发展。支撑网方面，No.7 信令网进一步完善；智能网、数字同步网、电信管理网的建设进入快速发展阶段。接入网方面，光纤接入网引入并迅速发展；电缆、HDSL（高比特率数字用户线）、ADSL（非对称数字用户线）等接入网建设并广泛应用。No.7 信令网的逐步建立和发展，使程控数字交换机的网络管理功能逐渐完善，电信管理网逐步建立和发展，并正在促使世界上长途交换网的拓扑结构发生改变。

总之，电信网发展的总趋势是数字化、综合化、智能化、宽带化和个人化。

（1）数字化：在电话通信网中，随着程控数字交换机完全取代模拟交换机、No.7 信令网的建立和传输系统的完全数字化，数字化的过程完全集中到所谓的"最后一公里"，即端局交换机至用户话机的那一段。这一段的完全数字化不是一朝一夕之事，它有赖于终端设备的完全数字化和用户环路等部分的数字化。

（2）综合化：不仅表现在业务的综合化方面（语音、数据、图像等语音与非语音的综合），还表现在传输承载网、业务网、交换网和支撑网（包括同步网、信令网、智能网和管理网）的一体化以及终端的综合化等方面。

（3）智能化：严格地说，智能化就是利用计算机技术实现各种功能的自动化。在电信网中，智能化主要体现在智能业务的生成与应用，智能网络控制（流量控制、拥塞控制），网络的智能测试和故障诊断、重组，智能终端的应用方面。

（4）宽带化：信息时代的电信网络应当是大带宽、高智能、可交换的网络。没有宽带通信网就不可能有宽带业务，而宽带通信网的建设涉及宽带交换、宽带传输系统、宽带接入网及宽带数字终端等各个方面。

（5）个人化：个人化的目的在于实现任何人在任何时间、任何地点均能与世界上的任何人进行任何种类业务的通信，个人化是实现自由通信的最终目标。

1.8　SystemView 通信系统仿真软件简介

在通信系统中，借助于仿真软件可以对各种模拟、数字通信系统及调制解调、编码译码等内容进行验证，SystemView 就是一个容易上手、操作简单、结果明晰的仿真软件。

SystemView 是一个用于现代工程与科学系统设计及仿真的动态系统分析平台。从滤波器设计、信号处理、完整通信系统的设计与仿真，到一般的系统数学模型建立等，SystemView 在友好且功能齐全的窗口环境下，为用户提供了一个精密的嵌入式分析工具。利用 SystemView 仿真软件，可以搭建各种模拟、数字通信系统，通过分析窗观测时域、频域特性，从而对不同的通信系统传输特性进行验证。

SystemView 是美国 ELANIX 公司推出的，基于 Windows 环境下运行的用于系统仿真分析的可视化软件工具，它使用功能模块（Token）描述程序。利用 SystemView，可以构造各种复杂的模拟、数字、数模混合系统和各种多速率系统，因此，它可用于各种线性或非线性控制系统的设计和仿真。用户在进行系统设计时，只需从 SystemView 配置的图标库中调出有关图标并进行参数设置，完成图标间的连线，然后运行仿真操作，就能以时域波形、眼图、功率谱等形式给出系统的仿真分析结果。

1.8.1 SystemView 仿真软件特点

SystemView 是一种强有力的基于个人计算机的动态通信系统仿真工具软件，已达到在不具备先进仪器的条件下也能完成复杂的通信系统设计与仿真的目的，其主要特点如下。

1. 仿真大量的应用系统

能在 DSP（数字信号处理）、通信和控制系统应用中构造复杂的模拟、数字、混合和多速率系统，拥有大量可选择的库，允许用户有选择地增加通信、逻辑、DSP 和射频/模拟功能模块，特别适合无线电话［GSM（全球移动通信系统）、CDMA、FDMA、TDMA］、无绳电话和调制解调器，以及卫星通信系统［GPS（全球定位系统）、DVBS（遥感卫星数据接收处理系统）、LEOS（近地轨道系统）］等的设计；能够仿真（C3x、C4x 等）DSP 结构；可进行各种系统时域/频域分析和频谱分析；对射频/模拟电路（混合器、放大器、RLC 电路和运放电路）进行理论分析和失真分析。

2. 快速方便的动态系统设计与仿真

使用熟悉的 Windows 界面和功能键（单击、双击鼠标的左右键），SystemView 可以快速建立和修改系统，并在对话框内快速访问和调整参数，实时修改，实时显示。只需简单地用鼠标单击图符即可创建连续线性系统、DSP 滤波器，并输入/输出基于真实系统模型的仿真数据；不用写一行代码即可建立用户习惯的子系统（MetaSystem）库。SystemView 图标库包括几百种信源、接收端、操作符和功能块，提供从 DSP、通信、信号处理、自动控制到构造通用数学模型等的应用。信源和接收端图标允许在 SystemView 内部生成和分析信号，并提供可外部处理的各种文件格式和输入/输出数据接口。

3. 在报告中方便地加入 SystemView 的结论

SystemView 通过 Notes（注解）很容易在屏幕上描述系统；生成的 SystemView 系统和输出的波形图可以很方便地使用复制（Copy）和粘贴（Paste）命令插入微软 word 等文字处理器。

4. 提供基于组织结构图方式的设计

通过利用 SystemView 中的图符和 MetaSystem（子系统）对象的无限制分层结构功能，SystemView 能很容易地建立复杂的系统。首先可以定义一些简单的功能组，然后通过对这些简单功能组的连接来实现一个大系统。这样，单一的图符就可以代表一个复杂系统。MetaSystem 的连接使用也与系统提供的其他图符同样简单，只要单击一下鼠标，就会出现一个特定的窗口显示出复杂的 MetaSystem。

5. 多速率系统和并行系统

SystemView 允许合并多种数据采样率系统，以简化 FIR（有限冲激响应）滤波器的执行。这种特性尤其适合于同时具有低频和高频部分的通信系统的设计与仿真，有利于提高整个系统的仿真速度，而在局部又不会降低仿真的精度，同时还可降低对计算机硬件配置的要求。

6. 完备的滤波器和线性系统设计

SystemView 包含一个功能强大的、很容易使用的图形模板设计模拟和数字以及离散和连续时间系统的环境，还包含大量的 FIR/IIR（无限冲激响应）滤波类型和 FFT（快速傅里叶变换）类型，并提供易于用 DSP 实现滤波器或线性系统的参数。

7. 先进的信号分析和数据块处理

SystemView 提供的分析窗口是一个能够提供详细检查系统波形的交互式可视环境。分析窗口还提供一个能对仿真生成数据进行先进的块处理操作的接收计算器。接收计算器的块处理功能十分强大，内容也相当广泛，完全满足通常所需的分析要求，包括应用 DSP 窗口、自动关联、平均值、复杂的 FFT、常量窗口、卷积、余弦、交叉关联、习惯显示、十进制、微分、除窗口、眼图模式、功能比例尺、柱状图、积分、对数、求模、相位、最大最小值及平均值、乘波形、乘窗口、非、覆盖图、覆盖统计、自相关、功率谱、分布图、正弦余弦、平滑（移动平均）、谱密度、平方、平方根、窗口相减、波形求和、窗口求和、正切余切、层叠、窗口幂、窗口常数等。SystemView 还提供了一个真实而灵活的窗口，用于检查系统波形。内部数据的图形放大、缩小、滚动、谱分析、标尺及滤波等都通过单击鼠标实现。

8. 可扩展性强

SystemView 允许用户插入自己用 C/C++编写的用户代码库，插入的用户代码库自动集成到 SystemView 中，如同系统内建的库。

9. 完善的自我诊断功能

SystemView 能自动执行系统连接检查，通知用户连接出错并通过显示指出出错的图符。这个特点对用户系统的诊断十分有效。

1.8.2 SystemView 系统视窗

下面介绍 SystemView 的界面和模块。

进入 SystemView 后，屏幕上首先出现该软件的系统视窗，如图 1-13 所示，各部分名称及功能如下。

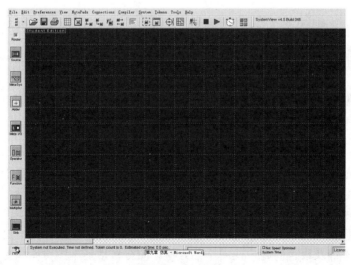

图 1-13 系统视窗

1. 主菜单功能

系统视窗的最上边一行为主菜单栏，包括文件（File）、编辑（Edit）、参数优选（Preferences）、视窗观察（View）、便笺（NotePads）、连接（Connections）、编译器（Compiler）、系统（System）、

图符（Tokens）、工具（Tools）和帮助（Help）共 11 项功能菜单，如图 1-14 所示。执行菜单命令操作简单，例如，用户需要保存文件，可单击"File"菜单，出现一个下拉菜单，单击其中的"Save System"选项即可。

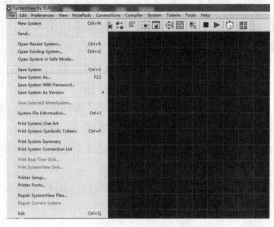

图 1-14 系统视窗主菜单栏

2. 快捷功能按键

在主菜单栏下，SystemView 为用户提供了 16 个图 1-15 所示的常用快捷功能按键。各按键功能如下。

图 1-15 快捷功能按键

3. 系统图符

系统视窗最左侧竖排为图符。图符是构建系统的基本单元模块，相当于系统组成框图中的一个子框图，用户在屏幕上看到的仅仅是代表某一数字模型的图形标识（图符），图符的传递特性由该图符所具有的仿真数字模型决定。创建一个仿真系统的基本操作是：按照需要调出相应的图符，将图符用带有传输方向的连线连接起来。这样一来，用户进行的系统输入完全是图形操作，不涉及语言问题，使用十分方便。图符包括基本图符库和专业图符库。

基本图符库由 8 个基本图符选择按钮组成，包括信源库（Source）、子系统库（Meta Sys）、加法器（Adder）、输入/输出（Meta I/O）、操作库（Operator）、函数库（Function）、乘法器（Multiplier）和信宿库（Sink），如图 1-16 所示。在 8 个按钮中，除"加法器"和"乘法器"按钮可直接双击使用外，其他按钮双击后会出现相应的对话框，应进一步设置图符的操作参数。

图 1-16　系统基本图符按钮

单击图符选择区最上面的主库开关按钮 ，可进行基本图符库和专业图符库切换。专业图符库包括用户代码库（Custom）、通信库（Comm）、DSP 库（DSP）、逻辑库（Logic）、射频模拟库（Rf/Analog）等按钮，如图 1-17 所示。

图 1-17　系统专业图符按钮

SystemView 的图符除了有基本图符库、专业图符库之外，还有拓展图符库，基本图符库与专业图符库之间通过库选择按钮进行切换，而扩展图符库则要通过自定义通过动态链接库来加载。

1.8.3　SystemView 图符

下面将介绍基本图符库和专业图符库的组成及选择的操作方法。

1. 信源库（Source）

（1）信源库组成

信源库中包括各种产生用户系统输入信号的图标，是每个系统中都必不可少的组成部分，有 4 个选项，如图 1-18 所示。

① 周期性信号（Periodic）：该选项中的图标可以生成产生各种周期性信号的信源，如周期性的正弦信号、矩形脉冲、锯齿波信号等。

② 噪声级伪随机信号（Noise/PN）：该选项中的图标可以生成产生各种噪声或伪随机信号的信源，如高斯噪声、热噪声、伪随机 PN 序列等。

③ 非周期信号（Aperiodic）：该选项中的图标可以生成产生各种非周期性信号的信源，

如脉冲信号、阶跃信号等,并允许用户自定义某些特性的信源。

④ 加载外部信号(Import):通过该选项中的图标可以加载存放在外部数据文件中的数据,作为系统的信源。

(2)信源库选择操作

创建系统的首要工作就是按照系统设计方案从图符中调用图符,作为仿真系统的基本单元模块。可用鼠标左键双击图符选择区内的选择按钮。现以创建一个 PN 码信源为例,设该图符的参数为 2 电平双极性、1V 幅度、100Hz 码时钟频率,操作步骤如下。

① 双击"信源库"按钮,并再次双击移出的"信源库图符",出现 Source Library(信源库)选择设置对话框。系统将信源库内各个图符进行分类,通过"Periodic"(周期)、"Noise/PN"(噪声/PN 码)和"Aperiodic"(非周期)等开关按钮进行分类选择和调用。

② 选择"Noise/PN"选项,如图 1-19 所示,单击"PN Seq"图符,再次单击对话框中的参数"Parameters"按钮,在出现的参数设置对话框中分别设置:幅度(Amplitude)=1、直流偏置(Offset)=0、频率(Rate)=100Hz、初相(Phase)=0、电平数(No. Levels)=2,如图 1-20 所示。

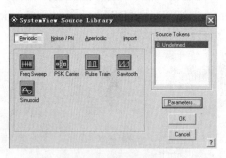

图 1-18 信源库对话框

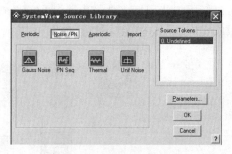

图 1-19 信源选择设置对话框

③ 分别单击参数设置和源库对话框的按钮 OK,从而完成该图符的设置。

2. 子系统库(Meta Sys)

子系统库代表了一组图标。这些图标在用户仿真中作为一个完整的子系统、函数,以及过程使用。用户可以把某些完成特定功能的图标组成一个子系统并保存起来,在另外的系统里直接调用,子系统可以嵌套调用。

3. 加法器(Adder)

该组中只有一个加法器图符,其功能是完成几个输入信号的加法运算。

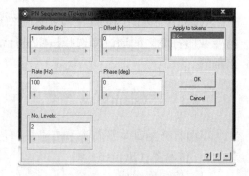

图 1-20 信源参数设置

4. 输入/输出(Meta I/O)

该组中包含两个图标,用于设置子系统与系统其他部分连接时的输入/输出端口。

5. 操作库(Operator)

(1)操作库组成

操作库中的每一个选项图标都相当于一个算子,把输入的数据作为运算自变量进行某种运算或变换,分为 6 组,如图 1-21 所示。

① 滤波器/系统（Filters/Systems）：该组中的图标相当于一个线性/非线性系统，其中最重要的图标就是线性系统/滤波器（linear Sys Filters）图标。

② 采样/保持器（Sample/Hold）：该组中的图标实现与信号的各种采样器相对应的恢复保持器。

③ 逻辑运算（Logic）：该组中的图标完成常用的逻辑运算。

④ 积分/微分（Integral/Diff）：该组中的图标完成近似的微积分运算。

⑤ 延时器（Delays）：该组中的图标将输入信号按要求进行延时。

⑥ 增益（Gain/Scale）：该组中的图标对输入信号进行放大、取整/取小数等运算。

（2）选择设置操作库

双击图符选择区内的"操作库"图符按钮，并再次双击移出的"操作库"图符，出现操作库（Operator Library）选择对话框。

操作库中的各类图符可通过 6 个分类选项选用。如逻辑运算（Logic）图符主要包括比较器（Compare）、脉冲（Pulse）、开关（Switch）电路、保持（Hold）块和各类门（Xor、And、Nand、Or、Not）电路等图标，双击各图标可对其参数进行设置。

6．函数库（Function）

（1）函数库组成

该库中的每一个图标都对应一种函数运算，将输入的信号作为自变量，分为 6 组，如图 1-22 所示。

图 1-21　操作库选择对话框

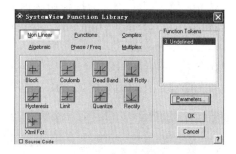

图 1-22　函数库选择对话框

① 非线性函数（Non Linear）：该组中的图标进行各种非线性函数运算，如限幅、量化、整流等相应运算。

② 函数（Functions）：该组中的图标进行各种函数运算，如三角函数、对数函数等。

③ 复数运算函数（Complex）：该组中的图标进行各种复数运算，如复数相加、相乘等，以及复数极坐标与非极坐标之间的转换运算。

④ 代数函数（Algebraic）：该组中的图标进行各种代数运算，如幂函数、指数函数、多项式函数运算等。

⑤ 相位/频率（Phase/Freq）：该组中包括两个图标，完成对输入信号相位或频率的调制。

⑥ 合成/提取（Multiplex）：该组中包括两个图标，分别完成对输入信号的合成或提取运算。

（2）选择设置函数库

双击图符选择区内的"函数库"图符按钮，并再次双击移出的"函数库"图符，出现函数库（Function Library）选择对话框，双击其图标可设置其参数，方法与前述其他图符参数设置方法类似。

7. 乘法器（Multiplier）

该组中只有一个乘法器图标，其功能是完成几个输入信号的乘法运算。

8. 信宿库（Sink）

（1）信宿库组成

信宿库也称为观察窗库，包括各种信号接收器图标，用来实现信号收集、显示、分析、数据处理以及输出等功能，它是用户观察系统运行结果的窗口，也是每个系统中不可或缺的一部分，分为 4 组，如图 1-23 所示。

① 分析（Analysis）：该组中的信号接收器可以对所接收的信号进行观察及简单的分析，如求平均值等。

② 数字（Numeric）：该组中的信号接收器可以在屏幕上直接给出关于所接收信号的一些数字特征，如数字列表、统计值等。

③ 图形（Graphic）：该组中的信号接收器可以在屏幕上直接绘出所接收信号的波形。

④ 输出（Export）：该组中的信号接收器可以将所接收信号各点的采样值按要求格式输出指定的数据文件，以方便其他系统对运行结果进行处理。

（2）选择设置观察窗库

当需要对系统中各测试点或某一图符输出进行观察时，通常应放置一个信宿（Sink）图符，一般将其设置为"Analysis"属性。Analysis 块的作用相当于示波器或频谱仪等仪器，它是最常见的分析型图符之一。Analysis 块的创建操作如下。

① 双击系统窗左边图符选择按钮区内的"信宿"图符按钮，并再次双击移出的"信宿"块，出现信宿定义（Sink Definition）对话框，如图 1-24 所示。

② 单击"Analysis"选项。

③ 选中"Analysis"图符。

④ 单击信宿定义对话框内的 OK 按钮完成信宿选择。

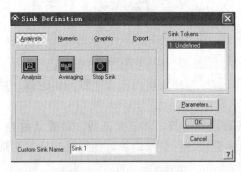

图 1-23　观察窗设置对话框

图 1-24　设置信宿图符按钮

9. 用户代码库（Custom）

SystemView 支持用户自己定义图标功能。以 C 或者 C++语言编写的源代码通过编译生成 32 位的 Windows 动态连接文件，可在 Windows NT3.51 或者 Windows 95 以上的版本的操作系统中运行。

10. 通信库（Comm）

（1）通信库组成

SystemView 的通信库中包含了在设计和仿真中可能用到的各种模块。它使在一台个人计算机上仿真一个完整的通信系统成为可能。该库中包含各种纠错编码/解码器、基带信号脉冲成型器、调制器/解调器、各种信道模型,以及数据恢复等模块。将通信库中的图标与基本图符库及其他专业图符库中的各图标相配合使用,就可以构成现代通信中各种完整的通信系统模型。通信库中的图标共分为 6 种,如图 1-25 所示。

① 编码/解码器(Encode/Decode):该组中的图标可以完成一般的信源/信道编码,以及对应的解码,如分组码、格雷码、卷积码等。

② 滤波器/数据(Filters/Data):该组中的图标可以完成通信系统中常用的信号滤波,并可产生规定格式的伪码。

③ 处理器(Processors):该组中的图标可以完成通信系统中一般的信号处理,如误码率计算、波形成型、位同步、交织等。

④ 调制器(Modulators):该组中的图标可以完成通信系统中各种常用的调制,如双边带调制、正交调制、脉冲调制等。

⑤ 解调器(Demodulators):该组中的图标可以完成各种解调,如脉冲解调、正交解调等。

⑥ 信道模型(Channel Models):该组中的图标可以仿真各种实际的信道,如多径信道、衰减信道等。

(2)选择设置通信库

在系统窗下,单击图符选择区内上端的开关按钮 Main,图符选择区内图符内容将改变,双击其中的图符按钮"Comm",再次双击移出的"Comm"图符,出现 SystemView 通信库选择设置对话框,如图 1-25 所示。通信库中包括通信系统中经常涉及的 BCH、RS、Golay、Viterbi 纠错码编码/译码器、不同种类的信道模型、调制解调器、分频器、锁相环、Costas 环、误比特率分析等功能图符。

11. DSP 库(DSP)

SystemView 的 DSP 库中包含了在设计和仿真现代数字信号处理系统中可能用到的各种模块。该库中的图标支持常用的 DSP 芯片所支持的 D4x 标准或是 IEEE 标准等多种信号格式,还可以在浮点操作下指定指数和尾数的长度。DSP 库中的图标系统与基本库、专业库中的图标相配合使用,即可构成现代数字信号处理系统中的各种处理模型。DSP 库中的图标共分为 5 种,如图 1-26 所示。

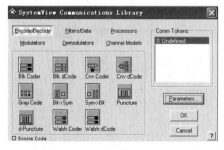
图 1-25 通信库选择设置对话框

图 1-26 DSP 库设置对话框

(1)代数运算组(Arithmetic):该组中的图标完成数字信号的各种简单代数运算,如加法、乘法等。

(2)输入/输出组(Input/Output):该组中的图标完成数字信号处理中系统的图标与其他图标相连时所需的格式转换。

（3）位逻辑组（Bit Logic）：该组中的图标将输入的数字信号进行按位的逻辑运算，如与、或、异或等。

（4）信号处理组（Signal Process）：该组中的图标完成一般的数字信号变换，如卷积、快速傅里叶变换、离散正弦/余弦变换等。

（5）操作组（Operators）：该组中的图标完成对数字信号的其他处理。

12. 逻辑库（Logic）

（1）逻辑库组成

SystemView 的逻辑库中包含了在设计和仿真数字信号处理系统中可能用到的各种模块。逻辑库中的图标与基本库以及其他库中的各图标相配合，即可构成数字信号处理系统中的各种处理模型。逻辑库中的图标共分为 6 种，如图 1-27 所示。

① 电路缓存（Gates/Buffers）：该组中包含 74 系列的常用门电路与缓存器，如与门、非门、施密特触发器等。

② 触发器（FF/Latch/Reg）：该组中包含常用的各种触发器，如 D 触发器、JK 触发器等。

③ 计数器（Counters）：该组中包含几种常用的计数器，如 4 位计数器、12 位计数器。

④ 复用/解复用器（Mux/Demux）：该组中包括两个图标，分别为多路数据复用器和与之对应的解复用器。

⑤ 混合信号处理器（Mixed Signal）：该组中的图标用于完成逻辑库图标与其他图标相连时可能用到的信号转换，如 A/D、D/A 转换等。

⑥ 其他电路（Devices/Parts）：该组中的图标完成其他功能，如 8 位比较器等。

（2）选择设置逻辑库

在系统窗下，双击图符选择区内的"Logic"图符按钮，再次双击移出的"Logic"图符，出现逻辑库（Logic Library）选择设置对话框。通过 6 个选项设置可分门别类地选择库内各种逻辑门、触发器和其他逻辑部件。

13. 射频模拟库（RFAnalog）

SystemView 的射频模拟库中包含在设计、仿真高频或模拟电路系统中可能用到的各种模块。将射频模拟库中的图标与基本库、其他库中的图标相配合，即可构成高频或模拟电路系统中的各种处理模型。该库中图标共分为 6 种，如图 1-28 所示。

图 1-27 逻辑库设置对话框

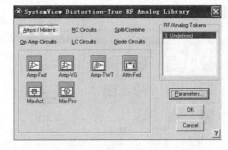

图 1-28 射频模拟库设置对话框

（1）放大器与混合器（Amps/Mixers）：该组中包含一些模拟电路中常用的放大器电路，如固定增益放大器、可变增益放大器等。

（2）RC 电路（RC Circuits）：该组中包括常用的 RC 电路，如各种 RC 滤波器、RC 微分器等。

（3）功率分配/合成电路（Splite/Combine）：该组中的图标可完成将输入信号按比例分配为几路信号或将几路输入信号合成为一路信号的操作。

（4）运算放大器（Op Amp Circuits）：该组中包括各种常用的运算放大器，如运放锁相环、运放反相器等。

（5）LC 电路（LC Circuits）：该组中包括常用的 LC 电路，如各种 LC 滤波器等。

（6）二极管电路（Diode Circuits）：该组中包括几种常用的二极管电路，如阳极接入二极管、阴极接入二极管、齐纳二极管等。

1.8.4　系统定时操作

在 SystemView 系统窗中完成系统创建输入操作（包括调出图符、设计参数、连线等）后，应对输入系统的仿真运行参数进行设置，因为计算机只能采用数值计算方式。起始点和终止点究竟为何值、究竟需要计算多少个离散样值，必须将这些信息告知计算机。事实上，各类系统或电路仿真工具几乎都有这一关键的操作步骤，SystemView 也不例外。如果参数设置不合理，仿真运行后的结果往往不能令人满意，甚至根本得不到预期的结果。因此，在创建仿真系统前就需要设置系统定时参数。

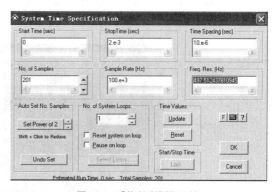

在系统窗中完成设计输入操作后，单击"系统定时"快捷功能按钮，此时将出现系统定时设置对话框，如图 1-29 所示。用户需要设置几个参数框内的参数，包括以下几条。

图 1-29　系统定时设置对话框

1. 起始时间（Start Time）和终止时间（Stop Time）

SystemView 基本上对仿真运行时间没有限制，只是要求起始时间小于终止时间。一般起始时间设为 0，单位是 s，终止时间设置应考虑到便于观察波形。

2. 采样间隔（Time Spacing）、采样率（Sample Rate）和采样数目（No. of Samples）

采样间隔、采样率和采样数目是相关参数，它们之间的关系为：

采样间隔与采样率互为倒数；

$$采样数目 =（终止时间-起始时间）\times 采样率 + 1$$

SystemView 将根据上面的关系式自动调整各参数的取值，起始时间和终止时间给定后，采样间隔、采样数目和采样率这些参数一般只需要设置一个，改变采样数目和采样率中的任意一个参数，另一个将由系统自动调整，采样数目只能是自然数。

3. 频率分辨率（Freq. Res）

当利用 SystemView 进行 FFT 分析时，需根据时间序列得到频率分辨率，系统将根据下列关系式计算频率分辨率。

$$频率分辨率 = 采样率 / 采样数目$$

4. 自动标尺（Auto Set No.Samples）

系统进行 FFT 运算时，若用户给出的数据点数不是 2 的整次幂，则单击自动标尺后系统将自动进行速度优化。

5. 系统循环次数（No. of System Loops）

在栏内输入循环次数，对于"Reset system on loop"项前的复选框，若不选中，每次运行的参数都将被保存；若选中，每次运行的参数不被保存，经多次循环运算即可得到统计平均结果。应当注意的是，无论是设置或修改参数，结束操作前必须单击一次"OK"按钮，确认后关闭系统定时对话框。

6. 更新数值（Time Values）

用户改变设置参数后，需要单击一次"Time Values"栏内的"Update"按钮，系统将自动更新设置参数，然后单击"OK"按钮。

1.8.5 分析窗操作

设置好系统定时参数后，单击"系统运行"快捷功能按钮 ▶，计算机开始分析各个数学模型间的函数关系，生成曲线待显示调用。此后，单击"分析窗口"快捷功能按钮，进入分析视窗进行操作，如图 1-30 所示。

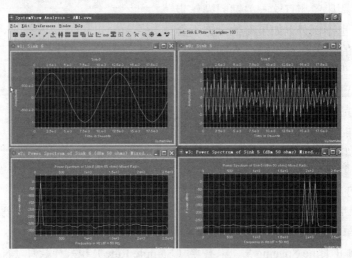

图 1-30　分析视窗界面

分析视窗的主要功能是显示系统窗口中信宿（主要是 Analysis 块）处的各类分析波形、功率谱、眼图、信号星座图等信息。每个信宿对应一个活动波形窗口，可以多种排列方式同时或单独显示，也可将若干波形合成在同一个窗口中显示，以便进行结果对比。在分析视窗下，第一行为"主菜单栏"，包括文件（File）、编辑（Edit）、设定（Preferences）、窗口（Window）、帮助（Help）5 个功能栏；第二行为"工具栏"，如图 1-31 所示。

图 1-31　分析视窗主菜单和工具栏

从左自右图标功能如下。

按钮 1：绘制新图　　按钮 2：打印图形　　按钮 3：恢复　　　　按钮 4：点绘
按钮 5：连点　　　　按钮 6：显示坐标　　按钮 7：X 轴标记　　按钮 8：窗口横排列
按钮 9：窗口竖排列　按钮 10：层叠显示　　按钮 11：X 轴对数化　按钮 12：Y 轴对数化

按钮 13：窗口最小化　　按钮 14：打开所有窗口　　按钮 15：动画模拟
按钮 16：统计　　　　　按钮 17：微型窗口　　　　按钮 18：快速缩放
按钮 19：输入 APG　　　按钮 20：反系统窗

通信系统的仿真结果主要以不同形式的时域或频域系统特性曲线表示，主要包括时域波形、眼图、功率谱、信号星座图、误码特性曲线等，并通过活动窗口给出。各类波形显示操作主要与"SystemView Sink Calculator"（信宿计算器）对话框的操作有关。完成了系统创建输入、设置好系统定时参数并运行后，便可进入分析视窗。单击分析视窗左下端信宿计算器按钮 ，出现"SystemView Sink Calculator"对话框，如图 1-32 所示。该对话框左上部共有 11 个分类设置开关按钮，右上角的"Select one or more windows："窗口内按顺序给出了分析系统中的"波形号：用户信宿名称（信宿块编号）"。

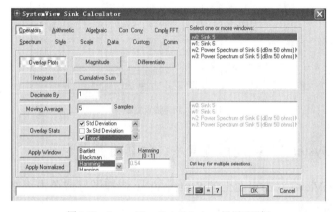

图 1-32　SystemView Sink Calculator 设置对话框

1. 在分析视窗下观察时域分析结果

时域波形是最为常用的系统仿真分析结果表达式。运行分析视窗后，单击"工具栏"内的绘制新图按钮（按钮 1）可直接顺序显示出放置信宿图符的时域波形，并可以任意单击分析视窗工具栏中的"窗口竖排列"（按钮 9）、"窗口横排列"（按钮 8），使波形按要求显示出来，窗口中横排列的时域波形如图 1-33 所示。

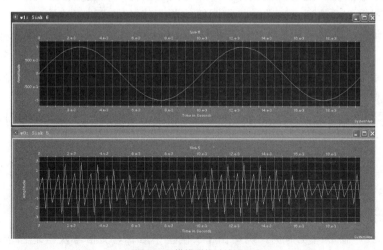

图 1-33　横排列的时域波形

2. 在分析视窗下观察功率谱

当需要观察信号功率谱时,可单击分析视窗左下端信宿计算器按钮,出现"SystemView Sink Calculator"对话框,单击分类设置"Spectrum"选项,出现如图 1-34 所示的对话框。接下来选择计算功率谱的条件,如选中"Power Spectrum[DBm in 50 ohms]"项,则表示计算功率谱的条件为 50Ω 负载上的对数功率谱;再在"Select one window:"栏目内选择欲观察波形,单击"OK"按钮后返回观察窗,功率谱显示窗口即刻出现。

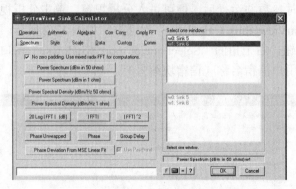

图 1-34 功率谱设置窗口

1.8.6 利用 SystemView 进行通信系统仿真的基本步骤

(1)进入 SystemView:双击桌面上的 SystemView 快捷图标或单击程序组中的 SystemView 即可启动 SystemView 软件。

(2)设置系统运行时间:单击工具栏下面的系统定时"System Time"快捷功能按钮,设置起始时间、终止时间、采样数目或采样率(间隔)。

(3)设置信源:从图符中拖出一个信源图符到设计窗口,双击该图符,在出现的信源库窗口中设置相应参数,图符将随设计参数的不同显示相应波形。

(4)设置函数等图符:将系统用到的图符拖到设计窗口中,并定义相应的参数。

(5)定义接收图符:拖动接收图符,双击接收图符,设置为相应类型。

(6)连接图符:将信源、函数、接收图符按照正确的方式进行连接。

(7)运行系统:单击工具条中的运行按钮,运行系统,在接收图符中会显示信号波形。

(8)在分析窗口中观察信号:单击按钮进入分析视窗,这时可观察到信号的时域波形。

(9)对信号进行频谱分析:单击信宿接收器按钮,选择"Spectrum"分析按钮,选择相应信号,可观察到输入波形的频谱。

(10)结束仿真,保存:通过选择"File"菜单中的"Save"将已设计的内容保存下来。

习　　题

1-1　什么是模拟信号?什么是数字信号?二者的根本区别是什么?

1-2　以无线广播和电视为例,说明图 1-3 模型中信源、受信者及信道包含的具体内容是什么?

1-3 什么是调制？调制的目的是什么？

1-4 什么是数字通信？数字通信有哪些优缺点？

1-5 数字通信系统模型中的各主要组成部分是什么？

1-6 按照通信业务类型、调制方式、信号特征、传输媒介及复用方式，分别指出通信系统是如何分类的？

1-7 按传输的方向与时间关系划分，通信方式可以分为哪几种？分别应用在哪些通信网中？

1-8 模拟通信和数字通信系统主要性能指标是什么？它们是如何定义的？

1-9 设有 A、B、C、D 4 个消息分别以概率 1/4、1/8、1/8、1/2 传送，假设它们的出现是相互独立的，试求每个消息的信息量和信源的熵。

1-10 某信源符号集由字母 A、B、C、D 组成，若传输每一个字母用二进制码元编码，"00" 代表 A，"01" 代表 B，"10" 代表 C，"11" 代表 D，每个二进制码元宽度为 5ms。

（1）不同的字母等可能出现时，试计算传输的平均信息速率；

（2）若每个字母出现的可能性分别为

$$P_A = \frac{1}{5},\ P_B = \frac{1}{4},\ P_C = \frac{1}{4},\ P_D = \frac{3}{10}$$

试计算传输的平均信息速率。

1-11 某一数字通信系统传输的是四进制码元，4s 传输了 8000 个码元，求系统的码元速率是多少，信息速率是多少。若另一通信系统传输的是十六进制码元，6s 传输了 7200 个码元，求它的码元速率是多少，信息速率是多少，并指出哪个系统传输速度快。

1-12 已知二进制数字信号的传输速率为 2400 bit/s，那么变换成四进制数字信号时，传输速率为多少波特？

1-13 一个四进制数字通信系统，码元速率为 1000 Baud，连续工作 1 小时后，接收到的错码为 10 个，求误码率。

1-14 设一张黑白相片有 400 万个像素，每个像素有 16 个亮度等级。若用 3kHz 带宽的信道传输它，且信号噪声功率比为 20dB，则需要传输多长时间。

1-15 已知某标准音频线路带宽为 3.4kHz。

（1）设要求信道的 $S/N = 30$dB，试求这时的信道容量是多少。

（2）设线路上的最大信息传输速率为 4800 bit/s，试求所需最小信噪比。

1-16 熟悉 SystemView 仿真软件界面，并进行如下设置：将频率分别为 $f_1 = 200$Hz、$f_2 = 2000$Hz 的两个正弦源，合成一个调制信号 $S(t) = 5\sin(2\pi f_1 t) \times \cos(2\pi f_2 t)$，观察其频谱及输出信号波形。

1-17 将一正弦信号与高斯噪声相加后观察输出波形及其频谱，由小到大改变高斯噪声的功率，重新观察输出波形及频谱。

1-18 在设计区内放置两个信源图符，将其中一个定义为周期正弦波，频率为 200Hz，幅度为 5V，相位为 45°；另一个定义为高斯噪声，标准方差为 1，均值为 0。将两者通过一个加法器图符连接，同时放置一个实时接收器图符，并连接到加法器图符的输出，观察输出波形。

1-19 设信道可用的带宽为 3000Hz，若传送的信号是余弦滚降二进制脉冲，考虑滚降系数为 $\alpha = 0.5$、1 的两种情况，可用的传输速率分别是多少？试用仿真进行验证。

第 2 章　模拟通信系统

2.1　概述

2.1.1　调制的概念

传输模拟信号的通信系统即为模拟通信系统，为了远距离有效地传输模拟信号，需要在通信系统中进行调制和解调。

通常人们把由原始消息转换过来的电信号称为基带信号。基带信号不宜在信道中直接传输。因此在发端需将基带信号"附加"在高频振荡波上进行传输，即将信号频谱进行搬移，此过程就是调制，原基带信号称为调制信号，而高频振荡波为运载基带信号的工具，称为载波。经过调制的高频振荡波称为已调波信号。在收端，则需要将载波上所携带的信号取下来，恢复原基带信号，此过程称为解调。

调制的作用如下。

（1）提高频率，便于发射。在无线传输中，为了获得较高的辐射效率，天线的尺寸必须与发射信号的波长相比拟。而基带信号通常包含较低频率的分量，若直接发射，则将使天线过长而难以实现。例如，天线长度一般应大于$\lambda/4$，λ为波长；对于3000Hz的基带信号，若直接发射，则需要尺寸约为25km的天线，显然，这是难以实现的。但是如果通过调制，把基带信号的频谱搬移到较高的频率上，就可以提高发射效率。

（2）实现信道复用。把多个基带信号分别搬移到不同的载频处，以实现信道的多路复用，提高信道利用率。

（3）扩展信号带宽，提高系统抗干扰能力，改善系统性能。因此，调制对通信系统的有效性和可靠性有着很大的影响和作用。

2.1.2　调制的分类

调制可分为两大类：用正弦高频信号作为载波的正弦波调制，或用脉冲串构成一组数字信号作为载波的脉冲调制。通常，正弦波调制又分为模拟（连续）调制和数字调制两种。模拟调制要求调制信号为连续型的模拟信号；数字调制要求调制信号为脉冲型的数字信号。脉冲调制通常也分为两种：用连续型的调制信号改变脉冲参数的脉冲模拟调制和用连续型调制信号的数字化形式（通过模/数转换）形成一系列脉冲组的脉冲编码调制（脉冲数字调制）。常用的调制方式及用途如表2-1所示。

表 2-1 常用的调制方式及用途

调制方式			用途举例
正弦波调制	模拟调制	线性调制	幅度调制（AM）	广播
			单边带（SSB）调制	载波通信、短波无线电话通信
			抑制载波双边带（DSB）调制	立体声广播
			残留边带（VSB）调制	电视广播、传真
		非线性调制	频率调制（FM）	微波中继、卫星通信、广播
			相位调制（PM）	中间调制方式
	数字调制		幅移键控（ASK）	数据传输
			频移键控（FSK）	数据传输
			相移键控（PSK、DPSK 等）	数据传输、数字微波、空间通信
			其他高效数字调制（QAM、MSK 等）	数字微波、空间通信
脉冲调制	脉冲模拟调制		脉冲幅度调制（PAM）	中间调制方式，遥测
			脉冲宽度调制（PDM、PWM）	中间调制方式
			脉冲位置调制（PPM）	遥测、光纤传输
	脉冲数字调制		脉冲编码调制（PCM）	市话中继线、卫星、空间通信
			增量调制（DM/ΔM、CVSD 等）	军用、民用数字电话
			差分脉冲编码调制（DPCM）	电视电话、图像编码
			其他话音编码方式（ADPCM、LPC 等）	中速数字电话

对于连续波调制，已调信号可以表示为

$$S(t) = A(t)\cos[\omega_0 t + \varphi(t)] \quad (2.1)$$

它由振幅 $A(t)$、频率 ω_0 和相位 $\varphi(t)$ 3 个参数构成，改变 3 个参数中的任何一个都可能携带同样的消息。因此，连续波调制可分为调幅、调频和调相。本章主要讨论正弦信号作为载波的模拟调制。

根据频谱特性的不同，通常可把调幅分为标准振幅调制（AM）、抑制载波双边带（DSB）调制、单边带（SSB）调制和残留边带（VSB）调制等。而调频和调相都是使载波的相角发生变化，因此二者又统称为角度调制。

2.2 幅度调制系统

2.2.1 标准幅度调制（AM）系统

1. AM 幅度调制

标准 AM 是指用信号 $m(t)$ 去控制载波 $s(t)$ 的振幅，使已调波的包络按照 $m(t)$ 的规律线性变化。设 $m(t)$ 为调制信号，载波为

$$s(t) = A_0 \cos(\omega_0 t + \theta_0) \quad (2.2)$$

那么 AM 信号可以表示为

$$s_{AM}(t) = [A_0 + m(t)]\cos(\omega_0 t + \theta_0) \tag{2.3}$$

式中，A_0 为未调载波的振幅；ω_0 为载波角频率；θ_0 为载波起始相位。AM 信号的频谱为

$$S_{AM}(\omega) = \pi A_0[\delta(\omega - \omega_0) + \delta(\omega + \omega_0)] + \frac{1}{2}[M(\omega - \omega_0) + M(\omega + \omega_0)] \tag{2.4}$$

实现标准 AM 主要是利用加法运算和乘法运算。故标准 AM 产生的数学模型如图 2-1 所示。

图 2-2 所示为 AM 的波形和其相应的频谱图形。

当 $|m(t)|_{\max} \leq A_0$ 时，已调波包络与调制信号的形状一致。

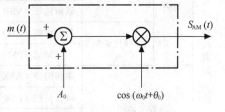

图 2-1 标准 AM 产生的数学模型

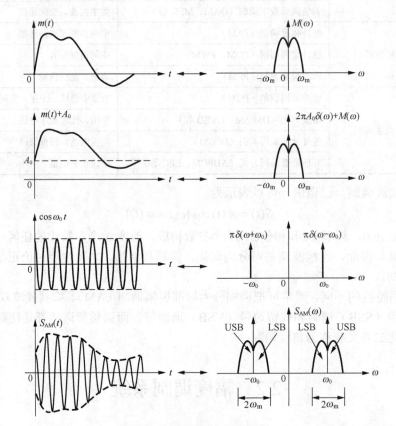

图 2-2 AM 的波形和频谱图形

从图 2-2 可以看出，AM 的频谱中含有载频和上、下两个边带，已调波带宽为原基带信号带宽的两倍，即 $W_{AM} = 2w_m$。AM 波的频谱与基带频谱呈线性关系，只是将基带信号的频谱搬移到 $\pm\omega_0$ 处，并没有产生新的频率分量。因此，AM 属于线性调制。

2. AM 解调

AM 信号在满足 $|m(t)|_{\max} \leq A_0$ 时一般采用非相干解调来恢复信号。解调器有简单的包络检波、平方律检波等。最常见和最容易实现的非相干解调是包络检波，它被广泛应用于调幅广

播的收音机中。检波器由二极管和 RC 低通滤波器组成，如图 2-3 所示。

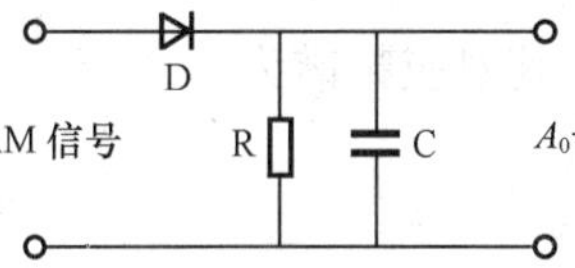

为使包络检波器工作在最佳状态，R、C 取值满足如下关系。

$$f_m \ll 1/RC \ll f_0 \qquad (2.5)$$

图 2-3 包络检波器

检波后的信号去除直流可得到原信号 $m(t)$。

包络检波器一般只适用含有载波分量的标准 AM 信号。从恢复消息的角度来看，载波分量无关紧要。但正是因为有了载波分量，在解调时才可以采用包络检波，使解调电路简单。从这个意义上来说，标准 AM 信号的包络检波也为其他幅度调制信号的非相干解调提供了依据，即借助载波分量，任何幅度调制信号都可以实现非相干解调。为了简化载波分量的获取，可以在发送端发送幅度调制信号的同时发送一个独立的载波信号，有时也称为导频信号。

3. AM 信号的功率分布

AM 信号在 1Ω 电阻上的平均功率等于 $s_{AM}(t)$ 的均方值。当 $m(t)$ 为确知信号时，$s_{AM}(t)$ 的均方值等于其平方的时间平均，即

$$P_{AM} = \overline{s_{AM}^2(t)} = \overline{\left[A_0 + m(t)\right]^2 \cos^2 \omega_0 t} \\ = \overline{A_0^2 \cos^2 \omega_0 t} + \overline{m^2(t)\cos^2 \omega_0 t} + \overline{2A_0 m(t)\cos^2 \omega_0 t} \qquad (2.6)$$

通常假设调制信号的平均值为 0，即 $\overline{m(t)} = 0$，因此

$$P_{AM} = \frac{A_0^2}{2} + \frac{\overline{m^2(t)}}{2} = P_C + P_S \qquad (2.7)$$

式中 $P_C = \frac{A_0^2}{2}$ 为载波功率；$P_S = \frac{\overline{m^2(t)}}{2}$ 为边带功率。

可见，AM 信号的总功率包括载波功率和边带功率两部分，载波分量并不携带信息，只有边带功率才与调制信号有关。有用信号功率占信号总功率的比例用 η_{AM} 表示，当调制信号为单音余弦信号时，即 $m(t) = A_m \cos\omega_m t$ 时，$\overline{m^2(t)} \neq 0$

$$\eta_{AM} = \frac{P_S}{P_{AM}} = \frac{\overline{m^2(t)}}{A_0^2 + \overline{m^2(t)}} = \frac{A_m^2}{2A_0^2 + A_m^2} \qquad (2.8)$$

在"满调幅"即 $|m(t)|_{max} = A_0$ 时，此时调制效率 $\eta_{AM} = \frac{1}{3}$，这也是调制效率的最大值，可见 AM 的功率利用率比较低。

AM 的优点在于系统结构简单，价格低廉，因此，其至今仍广泛用于无线电广播。

2.2.2 抑制载波双边带（DSB）调制系统

标准 AM 中含有载波分量，但载波分量并不携带有用消息，却耗散大量的功率。为了提高调制的效率，可将不携带消息的载波分量抑制掉，而仅传输携带消息的两个边带。这就是抑制载波双边带（DSB）调制。

1. DSB 调制

DSB 的时域表达式为

$$S_{\text{DSB}}(t) = m(t)\cos(\omega_0 t + \theta_0) \quad (2.9)$$

其对应频谱为

$$S_{\text{DSB}}(\omega) = \frac{1}{2}\left[M(\omega-\omega_0)+M(\omega+\omega_0)\right](\theta_0=0) \quad (2.10)$$

DSB 产生的数学模型可用图 2-4 表示，用乘法器实现。

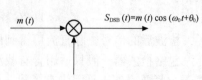

图 2-4 产生 DSB 的数学模型

图 2-5 所示为 DSB 的波形及其频谱图形。时域波形出现反相点，已调波的幅度包络与 $m(t)$ 不完全相同，因此，不能采用包络检波来恢复调制信号。图示可见 DSB 的频谱仅有上、下边带。

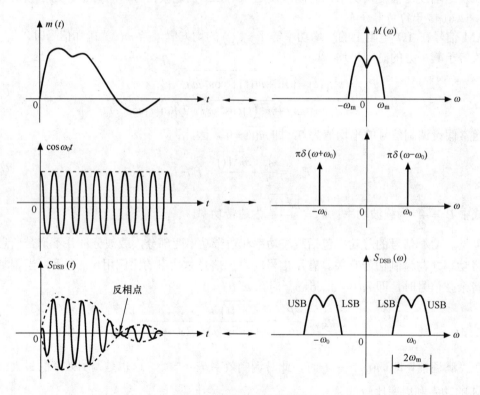

图 2-5 DSB 的波形及频谱图形

常用的模拟乘法器集成电路有 MC1496、MC1596 等，图 2-6 给出了应用 MC1496 芯片产生 DSB 信号的电路图。读者还可以查找其他芯片。

2. DSB 解调

由双边带信号的频谱可知，如果将已调信号的频谱搬回到原点位置，就得到原始信号的频谱，即恢复原始信号。解调的频谱搬移同样可以采用相乘运算来实现。它的一般数学模型如图 2-7 所示。为了不失真地恢复调制信号，解调使用的载波（本地载波）与调制载波同频同相，称为相干载波，因此解调方式称为相干解调。

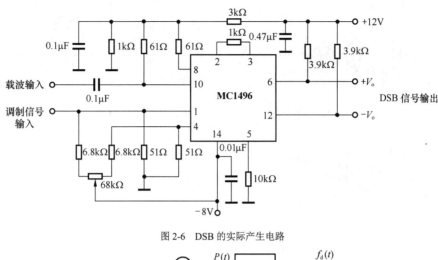

图 2-6 DSB 的实际产生电路

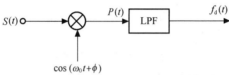

图 2-7 幅度调制信号的相干解调

下面说明相干解调的过程。已调信号为 $S_{\text{DSB}}(t)=m(t)\cos(\omega_0 t+\theta_0)$，乘法器输出

$$P(t)=m(t)\cos(\omega_0 t+\theta_0)\cos(\omega_0 t+\phi)$$
$$=\frac{1}{2}m(t)\cos(\theta_0-\phi)+\frac{1}{2}\cos(2\omega_0 t+\theta_0+\phi) \quad (2.11)$$

通过 LPF（低通滤波器）后

$$f_{\text{d}}(t)=\frac{1}{2}m(t)\cos(\theta_0-\phi)$$

当 $\theta_0=\phi$ 为常数时

$$f_{\text{d}}(t)=\frac{1}{2}m(t) \quad (2.12)$$

由上面的推导可知，只有当本地载波与接收信号的载频相同，且 $\theta_0=\phi$ 为常数时，信号才能被正确地恢复；否则就会产生失真。图 2-8 给出了相干解调过程的波形及其频谱。

前面的 AM 也可采用相干解调方法，其原理完全同 DSB，其输出均为式（2.12）。

2.2.3 单边带（SSB）调制系统

双边带调制虽然调制效率高，但是它的传输带宽需要两倍基带信号带宽，所以它的信道利用率不高。

1. SSB 调制

由图 2-5 可见 DSB 的频谱中位于 $\pm\omega_0$ 处的两侧出现了两个与原 $M(\omega)$ 形状完全相同的频谱，这样在发送时就发送了多余的消息，因为上边带和下边带中都含有 $M(\omega)$ 的全部消息，所以只传送一个边带就足够了。这种只传送一个边带的调制方式称为单边带调制，图 2-9（c）和图 2-9（d）所示为 SSB 的上边带和下边带频谱图。

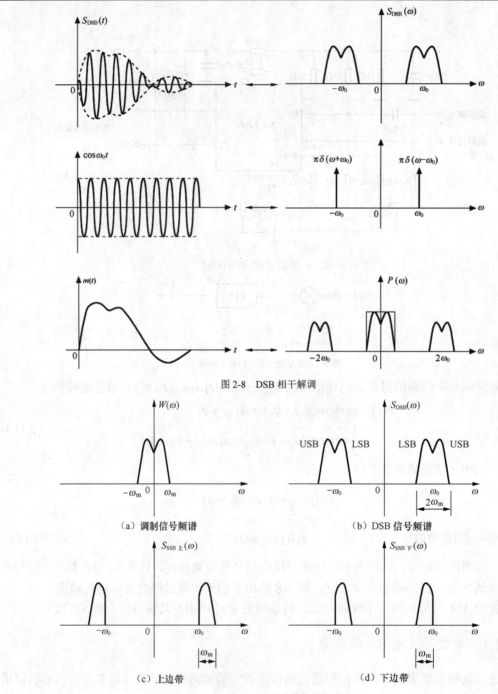

图 2-8 DSB 相干解调

（a）调制信号频谱　　　　　　　　　（b）DSB 信号频谱

（c）上边带　　　　　　　　　　　　（d）下边带

图 2-9 SSB 信号的频谱

  SSB 信号的带宽比 AM 和 DSB 带宽减少 1/2，因而提高了信道利用率。同时由于抑制载波并仅发送一个边带，故又节省了功率。因此 SSB 调制在通信中获得了广泛的应用。
  单边带调制中只传送双边带信号的一个边带，因此产生单边带信号最直接的方法就是使双边带信号通过一个单边带滤波器，滤除不需要的边带，获得所需边带。这种产生 SSB 的方法通常称为滤波法。滤波法的原理如图 2-10 所示。

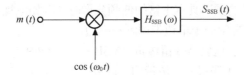

图 2-10 滤波法产生 SSB 信号

设单音调制信号 $m(t)=A_m\cos\omega_m t$，载波 $s(t)=\cos\omega_0 t$，二者相乘得 DSB 信号为

$$S_{DSB}(t) = A_m \cos\omega_m t \cos\omega_0 t = \frac{1}{2}A_m \cos(\omega_0+\omega_m)t + \frac{1}{2}A_m \cos(\omega_0-\omega_m)t \quad (2.13)$$

通过边带滤波器滤出上边带，则

$$S_{USB}(t) = \frac{1}{2}A_m \cos(\omega_0+\omega_m)t = \frac{1}{2}A_m \cos\omega_m t \cos\omega_0 t - \frac{1}{2}A_m \sin\omega_m t \sin\omega_0 t \quad (2.14)$$

滤出下边带，则

$$S_{LSB}(t) = \frac{1}{2}A_m \cos(\omega_0-\omega_m)t = \frac{1}{2}A_m \cos\omega_m t \cos\omega_0 t + \frac{1}{2}A_m \sin\omega_m t \sin\omega_0 t \quad (2.15)$$

将上、下边带的表达式合并可写成

$$S_{SSB}(t) = \frac{1}{2}A_m \cos\omega_m t \cos\omega_0 t \mp \frac{1}{2}A_m \sin\omega_m t \sin\omega_0 t \quad (2.16)$$

式中"−"表示上边带，"+"表示下边带。

$A_m\sin\omega_m t$ 可以看成是由 $A_m\cos\omega_m t$ 相移 $\pi/2$ 得到的，其幅度大小不变。此过程称为希尔伯特变换。上述关系式虽为单音调制时求得，但可推广到任意的基带信号。

经整理后可将 SSB 信号的表达式统一写成

$$S_{SSB}(t) = \frac{1}{2}m(t)\cos\omega_0 t \mp \frac{1}{2}\hat{m}(t)\sin\omega_0 t \quad (2.17)$$

式中，$\hat{m}(t)$ 是 $m(t)$ 的希尔伯特变换，它是将 $m(t)$ 的所有频率分量都移相 $-\pi/2$。这里将系数由 1/2 改为 1，这样并不影响信号的频谱结构，只是电路的增益不同而已。

由式（2.17）可得到 SSB 信号的频域表达式为

$$S_{SSB}(\omega) = \frac{1}{2}[M(\omega+\omega_0)+M(\omega-\omega_0)] \mp \frac{j}{2}[\hat{M}(\omega+\omega_0)-\hat{M}(\omega-\omega_0)] \quad (2.18)$$

由式（2.17）可以画出产生 SSB 信号的另一种数学模型，如图 2-11 所示。由于产生 SSB 信号采用了 $-\pi/2$ 相移器，故这种方法称为相移法。

2. SSB 解调

与标准 AM 和双边带信号相比，单边带信号的实现方法更加复杂，但是单边带信号的带宽就是基带信号的带宽，在传输同样信息的情况下节省了一半的带宽。在短波通信中单边带调制是一种重要的调制方式。单边带信号的解调与 DSB 解调相似，这里不再赘述。

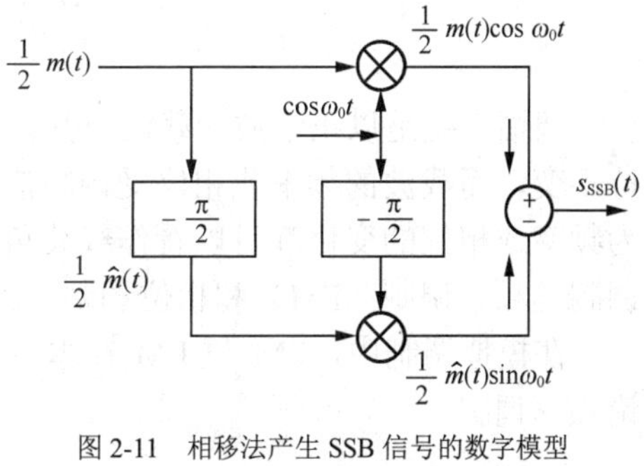

图 2-11 相移法产生 SSB 信号的数字模型

2.2.4 残留边带（VSB）调制系统

由以上分析可知，双边带信号浪费边带，单边带信号的产生需要锐截止特性的滤波器，不

容易实现,特别是所传信号的频谱具有丰富的低频分量时(例如电视、电报),SSB 的上、下边带就很难分离。为此可采用带宽介于单边带调制与双边带调制之间的一种调制方式,这就是残留边带(VSB)调制。它除传送一个边带外,还保留另一边带的一部分。滤波法产生 VSB 信号的数学模型如图 2-12 所示。

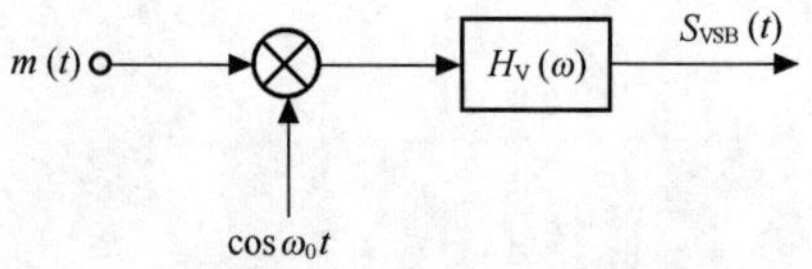

滤波法产生 VSB 信号的方式基本与 SSB 的相同,不同的是,采用的滤波器 $H_V(\omega)$ 不需要十分陡峭的滤波特性。为了保证残留边带信号在解调时不失真,要求残留边带滤波器的特性为:在 $|\omega_0|$ 附近具有滚降特性,且要求该特性对 $|\omega_0|$ 上半幅度点呈现奇对称(互补对称),而在边带范围内其他处是平坦的,如图 2-13(a)所示。这样在接收端采用相干解调时,解调器输出满足 $H(\omega-\omega_0)+H(\omega+\omega_0)=K$,使输出信号能准确地恢复所需的基带信号,如图 2-13(b)所示。

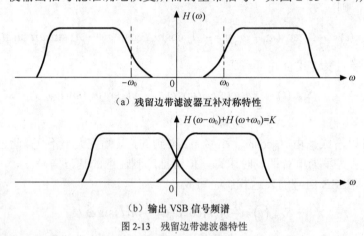

图 2-12 滤波法产生 VSB 信号的数学模型

(a)残留边带滤波器互补对称特性

(b)输出 VSB 信号频谱

图 2-13 残留边带滤波器特性

对于调幅信号的解调,通常有两种方式:相干解调和非相干解调。AM、DSB、SSB 和 VSB 均可采用相干解调方法,其输出均为 $f_d(t)=\frac{1}{2}m(t)$。非相干解调的接收端解调信号时不需要本地载波,而是利用已调信号中的包络信息来恢复原始信号。因此,非相干解调一般只适用标准 AM 系统。

2.3 频率调制系统

调幅系统是以正弦波为载波,其幅度受调制信号的控制而发生变化。如果载波的振幅保持不变,而载波的频率或相位受调制信号的控制而发生变化,称为频率调制或相位调制。因为频率或相位的变化都可以看作载波角度的变化,因此这种调制又可以称为角度调制。角度调制是频率调制(FM)和相位调制(PM)的统称。

在模拟调制中,FM 与 PM 在本质上没有多大区别,而 PM 应用较少,这里我们主要讨论频率调制。

2.3.1 角度调制的基本概念

未调制的正弦载波可表示为

$$S(t) = A\cos(\theta(t)) \tag{2.19}$$

式中，$\theta(t)$ 称为瞬时相角，它是时间的函数。$\omega(t)$ 称为瞬时频率，它与瞬时相角 $\theta(t)$ 有如下关系。

$$\omega(t) = \frac{\mathrm{d}\theta(t)}{\mathrm{d}t} \tag{2.20}$$

$$\theta(t) = \int \omega(t)\,\mathrm{d}t \tag{2.21}$$

1. 相位调制（PM）

若正弦载波的瞬时相角 $\theta(t)$ 与调制信号 $m(t)$ 呈线性函数关系，就称之为 PM 波，即

$$\theta_{\mathrm{PM}}(t) = \omega_0 t + \theta_0 + K_{\mathrm{p}} m(t) \tag{2.22}$$

式中，ω_0 和 θ_0 分别为载波的固有角频率和相角，它们均为常数。K_{p} 称为比例常数，它表示调相器灵敏度，单位是弧度/伏，$K_{\mathrm{p}} m(t)$ 称为瞬时相位偏移，即

$$\varphi(t) = K_{\mathrm{p}} m(t) \tag{2.23}$$

$\varphi(t)$ 的最大值用 $\Delta\theta_{\mathrm{PM}}$ 表示，即有

$$\Delta\theta_{\mathrm{PM}} = K_{\mathrm{p}} |m(t)|_{\max} \tag{2.24}$$

而调相波的瞬时频率为

$$\omega_{\mathrm{PM}}(t) = \frac{\mathrm{d}\theta_{\mathrm{PM}}(t)}{\mathrm{d}t} = \omega_0 + K_{\mathrm{p}} \frac{\mathrm{d}m(t)}{\mathrm{d}t} \tag{2.25}$$

式（2.25）说明 PM 的瞬时频率与调制信号 $m(t)$ 的微分呈线性关系。

于是 PM 波的表达式为

$$S_{\mathrm{PM}}(t) = A\cos[\omega_0 t + \theta_0 + K_{\mathrm{p}} m(t)] \tag{2.26}$$

对单音频信号进行调制，即 $m(t) = A_{\mathrm{m}}\cos\omega_{\mathrm{m}} t$

有

$$S_{\mathrm{PM}}(t) = A\cos(\omega_0 t + \theta_0 + K_{\mathrm{p}} A_{\mathrm{m}} \cos\omega_{\mathrm{m}} t) = A\cos(\omega_0 t + \theta_0 + \beta_{\mathrm{PM}} \cos\omega_{\mathrm{m}} t) \tag{2.27}$$

式中，

$$\beta_{\mathrm{PM}} = A_{\mathrm{m}} K_{\mathrm{p}} \tag{2.28}$$

β_{PM} 为调相指数，它代表调相波的最大相位偏移。

2. 频率调制（FM）

若正弦载波的瞬时频率 $\omega(t)$ 与调制信号 $m(t)$ 呈线性关系，则称为 FM 波，即

$$\omega(t) = \omega_0 + K_{\mathrm{f}} m(t) \tag{2.29}$$

ω_0 是固有角频率，K_{f} 是比例常数，它表示调频器灵敏度，单位是弧度/秒·伏。其瞬时相角为

$$\theta(t) = \int \omega(t)\,\mathrm{d}t = \omega_0 t + \theta_0 + K_{\mathrm{f}} \int m(t)\,\mathrm{d}t \tag{2.30}$$

式（2.30）说明 FM 波的瞬时相角与 $m(t)$ 的积分呈线性关系，于是 FM 波的表达式为

$$S_{\mathrm{FM}}(t) = A\cos[\omega_0 t + \theta_0 + K_{\mathrm{f}} \int m(t)\,\mathrm{d}t] \tag{2.31}$$

当单音频调制时，调制信号为 $m(t) = A_{\mathrm{m}}\cos\omega_{\mathrm{m}} t$，调频信号为

$$\begin{aligned} S_{\mathrm{FM}}(t) &= A\cos[\omega_0 t + \theta_0 + K_{\mathrm{f}} \int A_{\mathrm{m}}\cos\omega_{\mathrm{m}} t\,\mathrm{d}t] \\ &= A\cos[\omega_0 t + \theta_0 + \frac{K_{\mathrm{f}} A_{\mathrm{m}}}{\omega_{\mathrm{m}}} \sin\omega_{\mathrm{m}} t] \\ &= A\cos[\omega_0 t + \theta_0 + \beta_{\mathrm{FM}} \sin\omega_{\mathrm{m}} t] \end{aligned} \tag{2.32}$$

式中，$\beta_{FM} = \dfrac{K_f A_m}{\omega_m}$，是调频指数，它代表 FM 波的最大相位偏移 $\Delta\theta_{FM}$。

由式（2.29）可得到 FM 的最大频偏

$$\Delta\omega = K_f \left| m(t) \right|_{max} \tag{2.33}$$

对于单音频调制

$$\Delta\omega = A_m K_f \tag{2.34}$$

因此

$$\beta_{FM} = \dfrac{\Delta\omega}{\omega_m} \tag{2.35}$$

从上面的分析来看，调频波与调相波有着密切关系。若把调制信号 $m(t)$ 先积分，然后进行调相，得到的则是调频波。同样，若把 $m(t)$ 先微分，然后进行调频，得到的则是调相波。由此可见，调频和调相并无本质上的区别。单音频调制时，调频波和调相波的波形如图 2-14 所示。

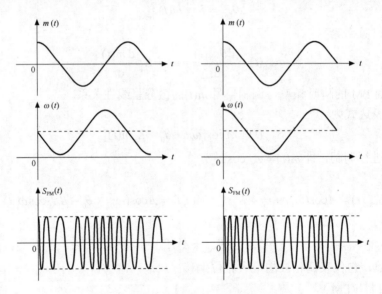

图 2-14 单音频调制时的调频波和调相波

根据调制前后信号带宽的相对变化，可将频率调制分为宽带调频和窄带调频两种。下面分别进行介绍。

2.3.2 窄带调频（NBFM）

如果 FM 波的最大相位偏移满足如下条件，称为窄带调频。因为在这种情况下，调频波占有比较窄的频带宽度。

$$\Delta\theta_{FM} = K_f \left| \int m(t)\,dt \right|_{max} \ll \dfrac{\pi}{6} \tag{2.36}$$

设 $\theta_0 = 0$，则根据式（2.31）可以得到 FM 波的表达式为

$$S_{FM}(t) = A\cos[\omega_0 t + K_f \int m(t)\,dt] \tag{2.37}$$

将其按三角函数展开，则有

$$S_{\text{FM}}(t) = A\cos\omega_0 t \cdot \cos[K_f \int m(t)\mathrm{d}t] - A\sin\omega_0 t \cdot \sin[K_f \int m(t)\mathrm{d}t]$$
$$\approx A\cos\omega_0 t - A[K_f \int m(t)\mathrm{d}t]\sin\omega_0 t \tag{2.38}$$

式（2.38）的推导利用了近似关系：$x \ll 1$ 时，$\cos x \approx 1$ 且 $\sin x \approx x$。

根据式（2.38）可以画出实现 NBFM 的数学模型，如图 2-15 所示。

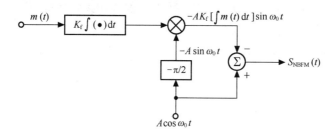

图 2-15　实现 NBFM 的数学模型

其频谱为

$$S_{\text{NBFM}}(\omega) = \pi A[\delta(\omega-\omega_0) + \delta(\omega+\omega_0)] - \frac{A K_f}{2}\left[\frac{M(\omega+\omega_0)}{\omega+\omega_0} - \frac{M(\omega-\omega_0)}{\omega-\omega_0}\right] \tag{2.39}$$

把上式与式（2.4）AM 信号的频谱进行比较，可看出 NBFM 与 AM 的频谱相类似，都包含有载波和两个边带，且已调信号的带宽都为调制信号的两倍。

区别在于：

① NBFM 信号的边带分量受到 $\dfrac{1}{\omega+\omega_0}$ 和 $\dfrac{1}{\omega-\omega_0}$ 的衰减影响，是对频率的加权，而不像 AM 信号，只是将 $M(\omega)$ 在频率轴上进行线性搬移。

② 两个边带的相位不一样。窄带调频波和 AM 信号一样，可以采用相干解调和非相干解调两种方法来恢复原调制信号。而窄带调频多采用相干解调。其相干解调的原理如图 2-16 所示。

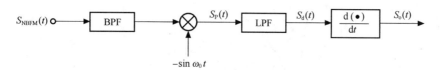

图 2-16　NBFM 相干解调原理

输入的窄带调频信号为式（2.38），经过乘法器之后

$$S_P(t) = [A\cos\omega_0 t - AK_f \int m(t)\mathrm{d}t \sin\omega_0 t](-\sin\omega_0 t)$$
$$= -\frac{A}{2}\sin 2\omega_0 t + \frac{A}{2}K_f \int m(t)\mathrm{d}t\,(1-\cos 2\omega_0 t) \tag{2.40}$$

通过 LPF 之后，

$$S_d(t) = \frac{1}{2}AK_f \int m(t)\mathrm{d}t \tag{2.41}$$

经过微分之后，

$$S_0(t) = \frac{\mathrm{d}S_d(t)}{\mathrm{d}t} = \frac{1}{2}AK_f m(t) \tag{2.42}$$

这里需要注意，本地载波的频率与相位必须与接收信号的完全一致，否则会产生解调失真。

2.3.3 宽带调频（WBFM）

当式（2.35）不成立时，调频信号就不能简化为式（2.37）的形式，此时调制信号对载波进行频率调制将产生较大的频偏，使已调信号在传输时占用较宽的频带，这称为宽带调频。

1. 单音频调制时 WBFM 的频域表达

为了研究调频信号的性质，我们先讨论调制信号为单音频时的情况。在此基础上再推广到调制信号为一般的情况。

设单音频调制信号为 $m(t) = A_m \cos \omega_m t$，则

$$\begin{aligned} S_{FM}(t) &= A\cos[\omega_0 t + K_f \int m(t) dt] \\ &= A\cos[\omega_0 t + \frac{\Delta \omega}{\omega_m} \sin \omega_m t] \\ &= A\cos[\omega_0 t + \beta_{FM} \sin \omega_m t] \end{aligned} \quad (2.43)$$

将式（2.43）展开成傅里叶级数形式：

$$S_{FM}(t) = \sum_{n=-\infty}^{\infty} J_n(\beta_{FM}) \cos(\omega_0 - n\omega_m) t \quad (2.44)$$

式中，$J_n(\beta_{FM})$ 称为 n 阶第一类贝塞尔函数，它与时间无关，是 β_{FM} 的函数，图 2-17 所示为贝塞尔函数曲线。精确数值可查阅有关的贝塞尔函数表。

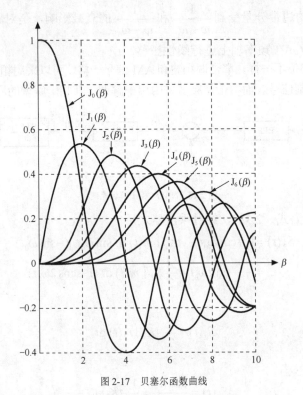

图 2-17 贝塞尔函数曲线

对式（2.44）进行傅里叶变换，即可得到 WBFM 的频谱表达式

$$S_{FM}(\omega) = \pi A \sum_{n=-\infty}^{\infty} J_n(\beta_{FM})[\delta(\omega - \omega_0 - n\omega_m) + \delta(\omega + \omega_0 + n\omega_m)] \quad (2.45)$$

调频波的频谱如图 2-18 所示。图中只画出了调频波频谱的正频率部分。

由式（2.45）和图 2-18 可看出，宽带调频的频谱是由载频分量和无穷多个边频分量组成。这些边频分量对称地分布在载频的两侧，相邻频率之间的间隔为ω_m。对称的边频分量幅度相等，但 n 为偶数时，上、下边频幅度的符号相同，而 n 为奇数时，其上、下边频幅度的符号相反。

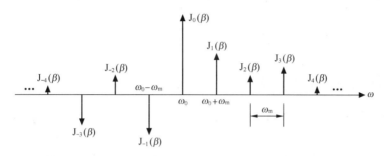

图 2-18 调频波的频谱

2. 单音频调制时的频带宽度

由于调频信号的频谱包含无穷多个边频分量，因此从理论上讲，调频信号的频带宽度为无限宽。然而实际上，边频分量的幅度随着 n 增加而下降，高次边频分量可忽略不计。由贝塞尔函数曲线可看出，当 $\beta_{FM} \gg 1$ 时，$n > \beta_{FM}$ 项的贝塞尔函数值趋于 0。所以通常按 $n = \beta_{FM} + 1$ 来计算带宽。

根据上述原则，设 FM 信号的有效频带取到 $\beta_{FM} + 1$ 次边频，则由于相邻频谱分量的间隔为 ω_m。所以单音频调制时，FM 信号的带宽为

$$W_{FM} \approx 2n\omega_m = 2(\beta_{FM} + 1)\omega_m = 2(\Delta\omega + \omega_m)$$
$$= 2\Delta\omega \left(1 + \frac{1}{\beta_{FM}}\right) \quad (2.46)$$

人们通常习惯用频率来表示带宽，所以调频信号的带宽也可写为

$$B = 2(\beta_{FM} + 1)f_m = 2(\Delta f + f_m) \quad (2.47)$$

这个关系式称为卡森公式。

以上讨论的是单音频的情况。调频是非线性过程，当调制信号不是单一频率时，已调信号的频谱要复杂很多。根据分析和经验，多频调制时，仍可采用式（2.47）计算 FM 的带宽。其中 Δf 应为最大频偏，f_m 和 β_{FM} 为最高调制频率和其对应的调频指数。例如，通常的调频广播中规定，最大频偏 $\Delta f = 75$kHz。最高调制频率 $f_m = 15$kHz。因此，可以确定其对应的 $\beta_{FM} = 5$，再由式（2.47）计算出此 FM 信号的频带宽度为

$$B = 2(\beta_{FM} + 1)f_m = 2(5+1) \times 15 = 180 \text{ (kHz)}$$

3. 调频信号的功率分布

调频信号的总功率等于调频信号的均方值，这是因为调频信号为等幅波，即

$$P_{FM} = \overline{S_{FM}^2(t)} = \frac{A^2}{2} \quad (2.48)$$

式（2.48）说明已调制信号的总功率等于未调制载波的功率，其总功率与调制信号及调制指数无关。但是，当 β_{FM} 改变时，载波及各次边频功率的分配情况随 β_{FM} 的改变而改变。

载波功率为

$$P_c = \frac{A^2}{2} J_0^2(\beta_{FM}) \tag{2.49}$$

由贝塞尔函数表可知,在 $\beta = 2.4, 5.5, 8.7, 11.8, \ldots$ 时,$J_0(\beta) = 0$,也就是说在这些点上的载波功率为零,即 $P_c = 0$。

边频功率为

$$P_f = 2 \times \frac{A^2}{2} \sum_{n=1}^{\infty} J_n^2(\beta_{FM}) \tag{2.50}$$

而调频信号的总功率为

$$P_{FM} = P_c + P_f \tag{2.51}$$

2.3.4 调频信号的产生与解调

调频的方法有两种:一种为直接调频法,又称参数变值法;另一种为倍频法,又称阿姆斯特朗法。

直接调频法是用调制信号直接改变决定载波频率的电抗元件的参数,使输出信号 $S_{FM}(t)$ 的瞬时频率随调制信号线性变化。目前人们多采用压控振荡器(VCO)作为产生调频信号的调制器,如图 2-19 所示。

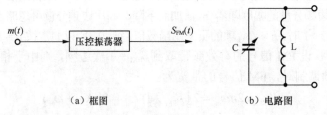

(a)框图　　　　　　　　　　　(b)电路图

图 2-19　直接调频法产生 FM

压控振荡器的输出频率正比于所加的控制电压。在微波频率时用反射式速调管实现压控振荡;在频率较低时可以用电抗管、变容二极管作为控制元件或直接由集成电路作为压控振荡器。直接调频法的优点是可以得到很大的频偏;主要缺点是载波频率会发生漂移,因而需要附加稳频电路。

倍频法是由窄带调频通过倍频产生宽带调频信号的方法。它是由倍频器和混频器适当配合组成的,图 2-20 是阿姆斯特朗于 1936 年提出的一个典型方框图,因此倍频法又称为阿姆斯特朗法。

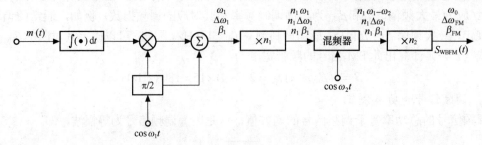

图 2-20　倍频法产生 WBFM

设 NBFM 产生的载波为 ω_1,最大频偏为 $\Delta\omega_1$,调制指数为 β_1。若要获得 WBFM 的载波频率为 ω_0,最大频偏为 $\Delta\omega_{FM}$,调制指数为 β_{FM},则根据图 2-20 可以列出它们的关系式。

$$\omega_0 = n_2(n_1\omega_1 - \omega_2) \text{ 或 } \omega_0 = n_2(\omega_2 - n_1\omega_1) \tag{2.52}$$

$$\Delta\omega_{FM} = n_1 n_2 \Delta\omega_1 \tag{2.53}$$

$$\beta_{FM} = n_1 n_2 \beta_1 \tag{2.54}$$

宽带调频信号的解调主要采用非相干解调，非相干解调的电路类型很多，例如，相位鉴频器、比例鉴频器、晶体鉴频器等，这些电路的工作原理在高频电子线路课程中已有详细介绍，这里不再赘述。虽然鉴频器有多种形式，但它们的功能是类似的，即首先是将幅度恒定的调频波变换为调幅调频波，这时调幅调频波的幅度与频率均随调制信号而变化，因此就可以用包络检波器将调幅调频波的包络变化提取出来，达到恢复出原调制信号的目的。

鉴频器的数学模型可等效为一个带微分器的包络检波器，如图 2-21 所示。

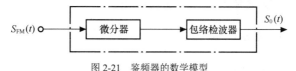

图 2-21 鉴频器的数学模型

设调频波为

$$S_{FM}(t) = A\cos[\omega_0 t + K_f \int m(t)\,dt] \tag{2.55}$$

经过微分电路后，有

$$\frac{d[S_{FM}(t)]}{dt} = -A[\omega_0 + K_f m(t)]\sin\left[\omega_0 t + K_f \int m(t)\,dt\right] \tag{2.56}$$

可见，调频信号经微分后变成了调幅调频波，其幅度变化为

$$A(t) = A[\omega_0 + K_f m(t)] \tag{2.57}$$

经过包络检波器并除去直流分量后，输出为

$$S_o(t) = AK_f m(t) \tag{2.58}$$

得到的输出信号 $S_o(t)$ 正比于调制信号 $m(t)$。

2.4 模拟调制系统的抗噪声性能

在任何通信系统中，噪声总是不可避免的，它与有用信号叠加在一起到达接收机解调器的输入端，对信号的接收产生影响。不同的调制解调方案具有不同的抗噪声性能。因此，讨论各种系统的抗噪声性能，是研究通信系统的基本课题之一。

本节着重讨论在噪声干扰的背景下各种模拟调制系统的抗噪声性能。调制系统的抗噪声性能主要通过解调器的抗噪声性能来衡量。对于模拟通信系统来说，解调器的抗噪声性能主要是用"信噪比"来衡量的，信噪比指的是信号和噪声的平均功率之比，用 S/N 表示。

各种通信系统中有噪声时的解调器的数学模型可概括为图 2-22。

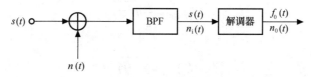

图 2-22 有噪声时的解调器的数学模型

$s(t)$为解调器输入端的已调信号，$n(t)$为加性高斯白噪声。$s(t)$及$n(t)$在到达解调器之前通常都要经过一个带通滤波器，滤出有用信号，滤除带外噪声，使噪声 $n(t)$ 由白噪声变为窄带噪声 $n_i(t)$。此时解调器输入端的噪声带宽就与已调信号的带宽相同了。

用 S_i、S_o 分别表示解调器输入端和输出端的有用信号功率，用 N_i 和 N_o 分别表示解调器输入端和输出端的噪声功率。下面将分别讨论解调器的输入信噪比 S_i/N_i 和输出信噪比 S_o/N_o。

为了对不同调制方式下各种解调器的抗噪声性能进行度量，通常采用信噪比增益的概念。信噪比增益定义为

$$G = \frac{S_o/N_o}{S_i/N_i} \tag{2.59}$$

显然，信噪比增益越高，解调器的抗噪声性能越好。

2.4.1 各种调幅系统相干解调的抗噪声性能

各种调幅系统的相干解调模型如图 2-23 所示。图中 $s(t)$ 可以是各种调幅信号，如 AM、DSB、SSB 和 VSB。带通滤波器的带宽等于已调信号带宽。下面讨论各种调幅系统的抗噪声性能。

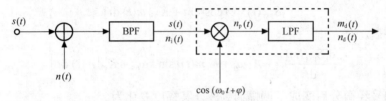

图 2-23 各种调幅系统的相干解调模型

1. 解调器的输入信噪比

首先计算解调器的输入信号功率 S_i，输入信号功率可以由其时域表达式求得。由前面的讨论可知，各调幅系统的时域表达式分别为

$$S_{AM}(t) = [A_0 + m(t)]\cos(\omega_0 t + \theta_0) \tag{2.60}$$

$$S_{DSB}(t) = m(t)\cos(\omega_0 t + \theta_0) \tag{2.61}$$

$$S_{SSB}(t) = \frac{1}{2}m(t)\cos(\omega_0 t + \theta_0) \mp \frac{1}{2}\hat{m}(t)\sin(\omega_0 t + \theta_0) \tag{2.62}$$

$$S_{VSB}(t) \approx S_{SSB}(t) \tag{2.63}$$

在 VSB 的残留边带滤波器滚降范围不大的情况下，可认为 VSB 与 SSB 的信号近似，二者的噪声性能也基本相同。输入信号的平均功率可由信号的均方值求得。

AM 信号：

$$(S_i)_{AM} = \frac{1}{2}[A_0^2 + \overline{m^2(t)}] \tag{2.64}$$

DSB 信号：

$$(S_i)_{DSB} = \frac{1}{2}\overline{m^2(t)} \tag{2.65}$$

SSB 信号：

$$(S_i)_{SSB} = \overline{m^2(t)} \tag{2.66}$$

图 2-24 所示为各种调幅系统输入噪声的双边功率谱密度。各系统的输入噪声功率分别为

$$(N_i)_{\text{AM、DSB}} = \frac{n_0}{2} \times B \times 2 = n_0 B = 2n_0 f_H \tag{2.67}$$

$$(N_i)_{\text{SSB、VSB}} = n_0 B = n_0 f_H \tag{2.68}$$

从上面的分析可以得到各种调幅信号在解调器输入端的输入信噪比。

$$\left(\frac{S_i}{N_i}\right)_{\text{AM}} = \frac{A_0^2 + \overline{m^2(t)}}{4n_0 f_H} \tag{2.69}$$

$$\left(\frac{S_i}{N_i}\right)_{\text{DSB}} = \frac{\overline{m^2(t)}}{4n_0 f_H} \tag{2.70}$$

$$\left(\frac{S_i}{N_i}\right)_{\text{SSB、VSB}} = \frac{\overline{m^2(t)}}{n_0 f_H} \tag{2.71}$$

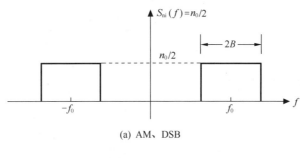

(a) AM、DSB

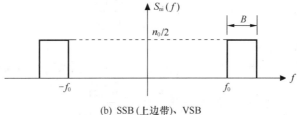

(b) SSB(上边带)、VSB

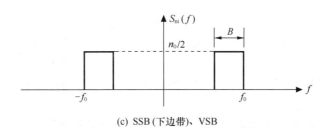

(c) SSB(下边带)、VSB

图 2-24 调幅系统输入噪声的双边功率谱密度

2. 解调器的输出信噪比

由式（2.11）可知，对各种调幅信号经过乘法器和低通滤波器的相干解调后的输出均为

$$m_d(t) = \frac{1}{2} m(t) \tag{2.72}$$

因此，解调后的输出信号的功率为

$$S_\text{o} = \overline{f_\text{d}^2(t)} = \frac{1}{4}\overline{m^2(t)} \tag{2.73}$$

在图 2-23 中，各调幅系统的输入噪声通过 BPF 之后变成窄带噪声，乘法器的输出噪声为

$$n_\text{p}(t) = [n_\text{c}(t)\cos\omega_0 t - n_\text{s}(t)\sin\omega_0 t] \cdot \cos\omega_\text{c} t$$
$$= \frac{1}{2}n_\text{c}(t) + \frac{1}{2}[n_\text{c}(t)\cos 2\omega_0 t - n_\text{s}(t)\sin 2\omega_0 t] \tag{2.74}$$

经 LPF 之后，解调器输出的噪声为

$$n_\text{d}(t) = \frac{1}{2}n_\text{c}(t) \tag{2.75}$$

因此，解调器输出的噪声功率为

$$N_\text{o} = \overline{n_\text{d}^2(t)} = \frac{1}{4}\overline{n_\text{c}^2(t)} = \frac{1}{4}\overline{n_\text{i}^2(t)} = \frac{1}{4}N_\text{i} \tag{2.76}$$

将各调幅信号的输入噪声功率表达式代入式（2.76），可得解调器的输出噪声功率分别为

$$(N_\text{o})_{\text{AM、DSB}} = \frac{1}{2}n_0 f_\text{H} \tag{2.77}$$

$$(N_\text{o})_{\text{SSB、VSB}} = \frac{1}{4}n_0 f_\text{H} \tag{2.78}$$

各种调幅信号解调器输出信噪比为

$$\left(\frac{S_\text{o}}{N_\text{o}}\right)_{\text{AM、DSB}} = \frac{\overline{m^2(t)}}{2n_0 f_\text{H}} \tag{2.79}$$

$$\left(\frac{S_\text{o}}{N_\text{o}}\right)_{\text{SSB、VSB}} = \frac{\overline{m^2(t)}}{n_0 f_\text{H}} \tag{2.80}$$

3. 解调器的信噪比增益

根据以上得到的输入信噪比和输出信噪比，可得各调幅系统的信噪比增益分别为

$$G_\text{AM} = \frac{S_\text{o}/N_\text{o}}{S_\text{i}/N_\text{i}} = \frac{2\overline{m^2(t)}}{A_0^2 + \overline{m^2(t)}} \tag{2.81}$$

$$G_\text{DSB} = 2 \tag{2.82}$$

$$G_{\text{SSB、VSB}} = 1 \tag{2.83}$$

得出以下结论。

（1）AM 信号经相干解调后，即使在最好的情况下，也不能改善其输入信噪比，而信噪比一般都会恶化。

（2）DSB 可以改善其输入信噪比 3dB，即信噪比改善了两倍。

（3）SSB 和 VSB 既不改善又不恶化其输入信噪比。

（4）信噪比增益只适用于同一系统的不同解调。

注意：这并不说明 DSB 的抗噪声性能优于 SSB。因为信噪比增益仅仅适用于同类调制系统，作为衡量不同解调器的抗噪声性能，而不能用在不同调制系统抗噪声性能比较上，DSB 的信噪比增益比 SSB 高一倍，是因为 SSB 所需带宽仅为 DSB 的一半，因此，在噪声功率谱相同的情况下 DSB 的输入噪声功率是 SSB 的两倍。尽管 DSB 的信噪比增益为 2，但一开始其输入噪声就已

高出 SSB 的 2 倍，所以解调器对信噪比的改善被更大的输入噪声所抵消。因此，对于给定的输入信号功率，DSB 和 SSB 输出端的信噪比是相同的，SSB 和 DSB 解调器的性能是相同的。

AM 采用非相干解调时，在大信噪比情况下，抗噪声性能同相干解调；在小信噪比情况下，信号与噪声混为一体，将无法分清信号与噪声，即不能进行解调。

2.4.2 调幅系统非相干解调的抗噪声性能

标准调幅 AM 采用包络检波的抗噪声性能讨论。图 2-25 给出了分析模型。

1. 大信噪比情况下（小噪声）

AM 调制增益为

$$G_{AM} = \frac{S_o/N_o}{S_i/N_i} = \frac{2\overline{m^2(t)}}{A_0^2 + \overline{m^2(t)}} \tag{2.84}$$

此结果与相干解调时得到的信噪比公式（2.81）相同。说明：AM 在大输入信噪比时，包络检波器性能与相干解调性能相同。

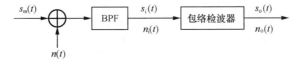

图 2-25 标准 AM 包络检波的抗噪声性能分析模型

2. 小信噪比情况（大噪声）

在小信噪比的情况下，信号完全被包络检波器破坏。所以不能通过包络检波器恢复信号。小信噪比时非相干解调器不能提取信号的现象称为"门限效应"。

2.4.3 调频系统的抗噪声性能

在讨论调频系统的解调方法中已经指出，窄带调频信号的解调可以采用相干解调和非相干解调，而宽带调频只能采用非相干解调。下面首先讨论窄带调频采用相干解调时的抗噪声性能，而窄带调频非相干解调的性能和宽带调频一起讨论。

1. NBFM 的抗噪声性能

当接收端考虑噪声影响时，窄带调频信号的相干解调器模型如图 2-26 所示。因为调频波是一个等幅波，所以接收机解调器输入端的信号功率为

$$S_i = A^2/2 \tag{2.85}$$

输入噪声为带通噪声，带宽为 $B_{FM} = 2f_m$，设噪声单边功率谱为 $n_0/2$，则输入噪声功率为

$$N_i = \frac{n_0}{2} \times B_{FM} \times 2 = n_0 B_{FM} = 2n_0 f_m \tag{2.86}$$

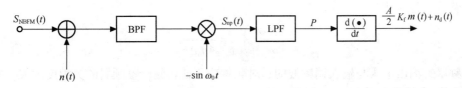

图 2-26 含有噪声的 NBFM 相干解调器模型

所以输入信噪比为

$$\left(\frac{S_i}{N_i}\right)_{\text{NBFM}} = \frac{A^2}{4n_0 f_m} \quad (2.87)$$

由图 2-26 可求出输出信号功率为

$$S_o = \frac{1}{4} A^2 K_f^2 \overline{m^2(t)} \quad (2.88)$$

平稳随机过程通过乘法后其功率谱为

$$S_{np}(\omega) = \frac{1}{4} \left[S_{ni}(\omega + \omega_0) + S_{ni}(\omega - \omega_0) \right] \quad (2.89)$$

假定输入为白噪声,通过图 2-26 相干解调可得输出噪声功率为 $N_o = n_0 f_m^3 / 6$,输出信噪比为

$$\left(\frac{S_o}{N_o}\right)_{\text{NBFM}} = \frac{3 A^2 K_f^2 \overline{m^2(t)}}{2 n_0 f_m^2} \quad (2.90)$$

这时信噪比增益为

$$G_{\text{NBFM}} = \frac{6 K_f^2 \overline{m^2(t)}}{f_m^2} \quad (2.91)$$

当 $m(t)$ 为单音频调制时

$$G_{\text{NBFM}} = 3 \beta_{\text{FM}}^2 \quad (2.92)$$

2. WBFM 的抗噪声性能

宽带调频一般是用非相干解调,通常采用的是鉴频器。含噪声的 WBFM 非相干解调器数学模型如图 2-27 所示。

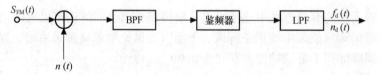

图 2-27 含噪声的 WBFM 非相干解调器数学模型

因为宽带调频信号也是等幅波,故其输入信号功率为

$$S_i = A^2 / 2 \quad (2.93)$$

因为 WBFM 的带宽 $B_{\text{FM}} \approx 2\Delta f$。设白噪声的功率谱密度为 $n_0/2$,通过 BPF 后输入鉴频器的噪声功率为

$$N_i = n_0 B_{\text{FM}} = 2 n_0 \Delta f \quad (2.94)$$

因此,其输入信噪比为

$$\left(S_i / N_i\right)_{\text{FM}} = \frac{A^2}{4 n_0 \Delta f} \quad (2.95)$$

鉴频器的输出电压与输入调频波的瞬时频偏成正比,假设鉴频器的灵敏度为 K_D,单位是伏/赫,则输出信号为

$$S_d(t) = K_D K_f m(t) \tag{2.96}$$

因而其输出功率为

$$S_o = K_D^2 K_f^2 \overline{m^2(t)} \tag{2.97}$$

鉴频器输出的噪声功率谱是抛物线型的,如图 2-28 所示。这是调频的一个重要特性。最后输出的噪声功率为

$$N_o = \frac{8\pi^2 K_D^2 n_0 f_m^3}{3A^2} \tag{2.98}$$

输出信噪比为

$$\left(\frac{S_o}{N_o}\right)_{FM} = \frac{3A^2 K_f^2 \overline{m^2(t)}}{8\pi^2 n_0 f_m^3} \tag{2.99}$$

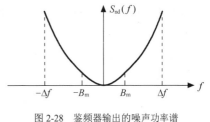

图 2-28 鉴频器输出的噪声功率谱

当 $m(t)$ 为单音频调制时,即

$$m(t) = \cos\omega_m t$$
$$S_{FM}(t) = A\cos\omega_m(\omega_0 t + \beta_{FM}\sin\omega_m t) \tag{2.100}$$

其中

$$\beta_{FM} = \frac{K_f}{\omega_m} = \frac{\Delta\omega}{\omega_m} = \frac{\Delta f}{f_m} \tag{2.101}$$

将式(2.101)代入式(2.99),得

$$\frac{S_o}{N_o} = \frac{3}{2}\beta_{FM}^2 \frac{A^2/2}{n_0 f_m} \tag{2.102}$$

其信噪比增益为

$$G_{FM} = \frac{S_o/N_o}{S_i/N_i} = \frac{3}{2}\beta_{FM}^2 \frac{A^2/2}{n_0 f_m} \times \frac{4n_0\Delta f}{A^2}$$
$$= 3\beta_{FM}^2 \frac{\Delta f}{f_m} = 3\beta_{FM}^3 \tag{2.103}$$

从式(2.103)可见,增益与最大频偏 $\Delta\omega$ 的三次方成正比。通过对宽带调频的抗噪声性能进行分析可知,通过增加频偏可以提高输出信噪比,从而使宽带调频的抗噪声性能优于调幅系统。由于调频的带宽 $W_{FM}\approx 2\Delta\omega$,因此 $\Delta\omega$ 的增加会使系统带宽加宽,从而使解调器的输入噪声功率 N_i 增加,输入信噪比$(S_i/N_i)_{FM}$下降。当解调器的输入信噪比下降至某一数值时,输出信噪比将急剧下降。这种情况下,增加频偏不仅不会有好处,反而带来坏处,这种现象称为"门限效应"。这个数值$(S_i/N_i)_{th}$称为宽带调频系统的门限值。理论和实践给出了这个门限值通常为

$$(S_i/N_i)_{th} = 10 \text{ (dB)} \tag{2.104}$$

当解调器输入信噪比$(S_i/N_i)_{FM}$大于$(S_i/N_i)_{th}$时,称为大信噪比的条件。这时输出信噪比(S_o/N_o)与输入信噪比呈线性关系,且β_{FM}越大,性能越好。但当输入信噪比低于门限值时,称为小信噪比条件。$(S_o/N_o)_{FM}$将随(S_i/N_i)的下降而急剧下降,且β_{FM}越大,其输出信噪比有可能越小。同时还发现β_{FM}越大,出现门限效应的输入信噪比门限值越高。

窄带调频相干解调与宽带调频非相干解调相比，其信噪比增益很低，但采用相干解调时不存在门限效应。

2.5 典型模拟通信系统

无线通信系统（如广播通信系统）以自由空间为传输媒介，其组成的基本框图如图2-29所示。在无线广播系统和模拟无线电视系统中广泛使用了调幅和调频技术。采用调制解调技术可以提高信号发射频率，降低天线的高度，同时还可以改善系统的性能。下面介绍典型的模拟通信系统。

图 2-29　无线通信系统的基本组成

2.5.1 无线广播系统

目前在用的典型模拟通信系统为无线广播系统。无线广播系统采用标准 AM 和 FM 技术，包括发信机和收信机两部分。下面以 AM 系统为例说明其工作原理。

1. 无线电发信机

图 2-30 为调幅式无线广播发射机的组成框图。声音经放大后去调制高频振荡波，再经功率放大后发射出去。由各点的波形可以看出，已调波的包络与调制信号呈线性关系，其频率等于载波频率。

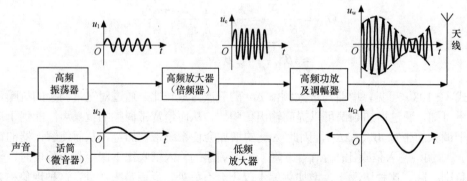

图 2-30　调幅式无线广播发射机的组成框图

2. 无线电收信机

图 2-31 为超外差调幅式收音机的组成框图。其工作原理为：输入的射频信号先被转换成固定中频再进行放大（滤波），收信机的检波器输入的是一个具有一定幅度且较为纯净的 465kHz 中频信号，最后输出恢复的音频信号。整个过程包括两次频率变换：由射频信号变为固定中频信号，中频信号再变为低频信号。

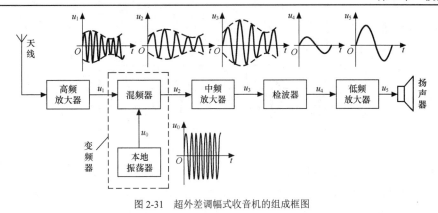

图 2-31 超外差调幅式收音机的组成框图

2.5.2 模拟无线电视系统

早期的地面电视接收电视塔发射的是模拟信号,也就是模拟无线电视系统。其电视信号是由不同种类的信号组合而成的,它们有不同的特点,所以采用了不同的调制方式。图像信号是 0~6MHz 宽带视频信号,为了节省已调信号的带宽,又因难以采用单边带调制,所以采用残留边带调制,并插入很强的载波。接收端可用包络检波的方法恢复图像信号,从而使接收机得到简化。伴音信号则采用宽带调制方式,不仅保证了伴音信号的音质,对图像信号的干扰也很小。伴音信号的最高频率 f_m=15kHz,最大频偏 Δf_{max}=50kHz,用卡森公式可计算出伴音调频信号的频带宽度为

$$B = 2(f_m + \Delta f_{max}) = 2 \times (15 + 50) = 130 \text{kHz}$$

又考虑到图像信号和伴音信号必须用同一副天线接收,因此图像载频和伴音载频不得相隔太远。图 2-32 给出了模拟无线电视示意图。

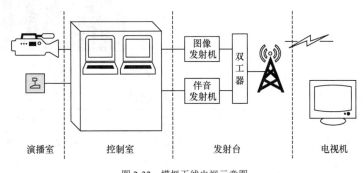

图 2-32 模拟无线电视示意图

2.6 利用 SystemView 仿真软件仿真模拟通信系统

2.6.1 AM 模拟通信系统仿真

1. AM 通信系统构成框图及原理

AM 通信系统数学模型如图 2-33 所示。

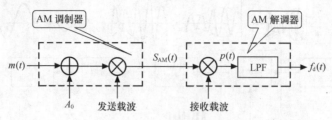

图 2-33 AM 通信系统数学模型

在发送端，模拟信号 $m(t)$ 与直流信号 A_0 相加后去调制发送端的载波，得到已调信号 $S_{AM}(t)$；经信道传输后，在接收端已调波与接收端载波模拟相乘，经 LPF 后输出。如果发送端与接收端载波同频同相，且其他参数设计合理，则输出端的信号 $f_d(t) \propto m(t)$。

2. 仿真分析内容及目标

以 AM 为例搭建一个模拟通信系统，以正弦信号为输入信号，观察各部分的波形及频谱。要求：

（1）观察调制器输出端的波形及频谱。

（2）观察解调器输出端的波形及频谱。

（3）改变信号参数后再进行观察。

熟悉 SystemView 软件的操作方法，通过观察时域、频域波形，对 AM 通信系统的工作原理进行验证。

3. 系统仿真过程

（1）进入 SystemView 系统视窗。

（2）根据图 2-34 系统框图，调用图符（Token）搭建如图 2-33 所示的仿真分析系统，其中图符 0、2、3、4 和 5 构成 AM 调制系统，图符 9、11、12 构成 AM 相干解调系统。

（3）正确设置图符参数，系统中各图符的参数设置如表 2-2 所示。

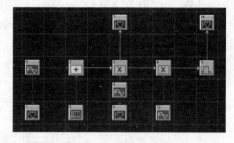

图 2-34 AM 仿真分析系统

表 2-2　　AM 仿真系统图符参数设置

编号	图符属性	信号选项	类型	参数设置
0	Source	Periodic	Sinusoid	Amp=1V，Freq=10Hz，Phase=0deg
2	Adder	—	—	—
5	Source	Aperiodic	Step Fct	Amp=2V，Start=0sec，Offset=0V
3，9	Multiplier	—	—	—
4，12	Source	Periodic	Sinusoid	Amp=1V，Freq=200Hz，Phase=0deg
1，6，7，14	Sink	Graphic	SystemView	—
11	Operator	Fitters/Systems	Linear Sys Filters	FIR Bandpass，9～11Hz

其中，图符 4 与图符 12 分别为发送和接收端的载波，应进行相关设置，达到同频同相。Token11 为模拟带通滤波器，滤出 2 倍频和直流分量，通过选择操作库中的"Linear Sys"按钮，选择"FIR"栏中的 Bandpass 按钮，单击 Design 设置滤波器的截止频率和增益。

(4)设置时钟参数,其中时间参数:开始时间 Start Time 为 0s;终止时间 Stop Time 为 0.6s;采样参数:采样频率 Samples Rate 为 2000Hz。

(5)运行系统,观察时域波形。单击运行按钮,运行结束后按"分析窗"按钮,进入分析窗后,单击"绘制新图"按钮,则 Token1、Token6、Token7、Token14 活动窗口分别显示出调制信号、载波、已调波、解调信号时域波形,如图 2-35 所示。

分别改变调制信号和载波频率、幅度,观察波形变化;改变调制信号为锯齿波、脉冲,再观察波形变化。

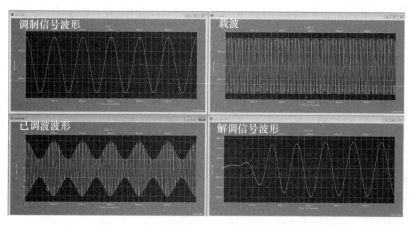

图 2-35　AM 仿真分析系统时域波形

(6)观察调制信号、载波、已调波、解调信号的频谱。在分析窗下,单击信宿计算器按钮,选择 Spectrum 项,再选择|FFT|计算各信号的频谱(傅里叶变换),在活动窗口分别显示出调制信号,载波,已调波,解调信号频谱波形,如图 2-36 所示。

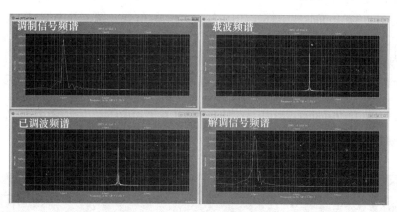

图 2-36　AM 仿真分析系统频域波形

分别改变调制信号和载波频率、幅度,观察频谱变化;改变调制信号为锯齿波、脉冲,再观察频谱变化

4. 系统仿真分析

(1)时域:已调波包络与调制信号呈线性关系,频率为载频;

(2)频域:调制过程使基带信号的频谱搬移到 ω_0 处,频谱有载频和上、下边带 3 个频率成分,已调波带宽为原基带信号带宽的两倍,即 $W_{AM}=2W_m$;

(3) AM 调制是线性调制,调制后,频谱从低频线性搬移到载频两侧。

2.6.2　WBFM 模拟通信系统仿真

1. WBFM 系统构成框图及原理

WBFM 通信系统数学模型如图 2-37 所示。

图 2-37　WBFM 通信系统数学模型

产生的调频信号经信道传输,叠加了高斯白噪声。采用包络检波器进行非相干解调。由于包络检波器对于由信道噪声和其他原因引起的幅度起伏较为敏感,因此,需要在微分器前加一个限幅器和带通滤波器。限幅器的作用是消除调频波在传输过程中引起的幅度变化,使它变成固定幅度的调频波;带通滤波器的作用是滤除带外噪声。

2. 仿真分析内容及目标

搭建单音频调制信号的宽带调频传输系统。设单音频信号是频率为 4Hz、幅度为 1V 的余弦信号;载波是幅度为 1V、频率为 200Hz 的余弦波;调制指数 β_{FM}=15。要求:

(1) 观察调制器输出端的波形及频谱;

(2) 观察解调器输出端的波形及频谱;

(3) 估算调频信号的带宽。

通过观察时域、频域波形,对 WBFM 传输系统的工作原理进行验证。

3. 系统仿真过程

(1) 根据图 2-37 系统框图,搭建如图 2-38 所示的仿真系统,其中图符 1 和图符 2 构成 FM 调制系统,图符 3 和图符 4 仿真高斯白噪声信道,图符 5 为限幅器,图符 6 为带通滤波器,图符 7 为微分器,图符 8、9、10 构成包络检波。

图符 2 产生调频信号,其参数"Mod Gain"(调制增益)乘以 2π 即为调频灵敏度,即 $K_f=2\pi \times$ (*ModGain*)。整流后经低通滤波器滤波即可完成包络检波,但由于调频信号包络检波得到的信号中含有直流分量,为了同时将直流分量滤除,故在整流后使用了带通滤波器,滤除直流分量,输出解调信号。

图 2-38　WBFM 调制解调系统

(2) 正确设置模块参数,系统中各图符的参数设置如表 2-3 所示。

(3) 设置时钟参数,开始时间 Start Time 为 0s;终止时间 Stop Time 为 1s;采样参数:采样频率 Samples Rate 为 1000Hz。

表 2-3　　　　　　　　　　　　WBFM 仿真系统图符参数设置

编号	图符属性	信号选项	类型	参数设置
1	Source	Periodic	Sinusoid	Amp=1V，Freq=4Hz，Phase=0deg
2	Function	Phase/Freq	Freq Mod	Amp=1V，Freq=200Hz，Mod Gain=60Hz/V
3	Adder	—		
4	Source	Noise/PN	Gauss Noise	Str Dev=0V，Mean=0V
5	Function	Non Linear	Limit	Input Max=±1V，Output Max=±1V
6	Operator	Fitters/Systems	Linear Sys Filters	Butterworth Bandpass IIR，3 poles, Low F_c=136Hz，Hi F_c=264Hz
7	Operator	Integral/Diff	Integral	Gain=1
8	Function	Non Linear	Half Rctfy	Zero Point=1V
9	Operator	Fitters/Systems	Linear Sys Filters	Butterworth Bandpass IIR，3 poles, Low F_c=3Hz，Hi F_c=5Hz
10	Operator	Gain/Scale	Gain	Gain=6e-3

（4）运行系统，观察时域波形。Token11、Token12、Token13 分别显示出调制信号、已调波、解调信号波形，如图 2-39 所示。解调信号与调制信号基本一致。

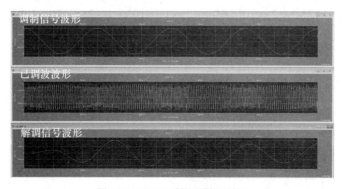

图 2-39　WBFM 系统时域信号波形

（5）观察调制前后的频谱。如图 2-40 所示，即使单音频调号，WBFM 信号的频谱也含有无穷多个频率成分，这些频率成分对称分布于载波两侧，其间隔为单音频信号频率值，功率集中的范围为

$$B_{\text{WBFM}}=2\left(\beta_{\text{FM}}+1\right)f_{\text{m}}=2\left(\frac{A_{\text{m}}K_{\text{f}}}{2\pi f_{\text{m}}}+1\right)f_{\text{m}}=128\text{Hz}$$

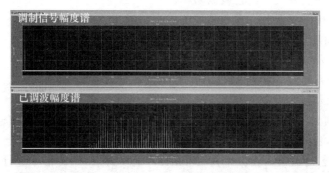

图 2-40　WBFM 系统的信号幅度谱

习 题

2-1 已知调制信号 $f(t)=A_m\sin\omega_m t$，载波 $C(t)=A_0\cos\omega_0 t$。
（1）试写出标准 AM 的表达式。
（2）画出时域波形（设 $\beta=0.5$）及频谱图。

2-2 设一调幅信号由载波电压 $100\cos(2\pi\times10^6 t)$ 和电压 $50\cos12.56t\cdot\cos(2\pi\times10^6 t)$ 组成。
（1）画出已调波的时域波形。
（2）试求并画出已调信号的频谱。
（3）求已调信号的总功率和边带功率。

2-3 设调制信号 $f(t)$ 为
$$f(t) = A_m\cos(2000\pi t)$$
载波频率为 10kHz。试画出相应的 DSB 和 SSB 信号波形图及 $\beta_{AM}=0.75$ 时 AM 的波形图。

2-4 已知调幅波的表达式为
$$S(t)=0.125\cos(2\pi\times10^4 t)+4\cos(2\pi\times1.1\times10^4 t)+0.125\cos(2\pi\times1.2\times10^4 t)$$
试求其中
（1）载频是什么？
（2）调幅指数为多少？
（3）调制频率是多少？

2-5 某接收机的输出噪声功率为 10^{-9} W，输出信噪比为 20dB，发射机到接收机之间总传输损耗为 100dB。
（1）用 DSB 调制时发射功率应为多少？
（2）若改用 SSB 调制，发射功率应为多少？

2-6 已知调制信号 $f(t)=\cos(10\pi\times10^{-3}t)$ V，对载波 $C(t)=10\cos(20\pi\times10^6 t)$ V 进行单边带调制，已调信号通过噪声双边功率密度谱为 $n_0/2=0.5\times10^{-9}$ W/Hz 的信道传输，信道衰减为 1dB/km。若要求接收机输出信噪比为 20dB，发射机设在离接收机 100km 处，试求此发射机最低发射功率应为多少。

2-7 已知调制信号 $f(t)=\cos(2\pi\times10^4 t)$，现分别采用 AM（$\beta=0.5$）、DSB 及 SSB 传输，已知信道衰减为 40dB，噪声双边功率谱 $n_0/2=5\times10^{-9}$ W/Hz。
（1）试求各种调制方式下的已调波功率。
（2）当均采用相干解调时，求各系统的输出信噪比。

2-8 已知一角度调制信号为 $S(t)=A\cos[\omega_0 t+100\cos\omega_m t]$。
（1）如果它是调相波，并且 $K_P=2$，试求 $f(t)$。
（2）如果它是调频波，并且 $K_f=2$，试求 $f(t)$。
（3）它们的最大频偏是多少？

2-9 已知载频为 1MHz，幅度为 3V，用单正弦信号来调频，调制信号频率为 2kHz，产生的最大频偏为 4kHz，试写出该调频波的时域表达式。

2-10 100MHz 的载波，由频率为 100kHz、幅度为 20V 的信号进行调频，设 $K_f=50\pi\times10^3$ rad/V。试用卡森准则确定已调信号带宽。

2-11 用 10kHz 的正弦波信号调制 100MHz 的载波，试求产生 AM、SSB 及 FM 波的带宽各为多少。（假定最大频偏为 50kHz。）

2-12 已知 $S_{FM}(t)=100\cos(2\pi\times10^6 t+5\cos4000\pi t)$V，求：已调波信号功率、最大频偏、最大相移和信号带宽。

2-13 设用窄带调频传输随机消息，均方根频率偏移 $\Delta\omega_{rms}$ 为信号最大频率范围 ω_m 的 1/4，设接收机输入信噪比为 20dB，试求可能达到的输出信噪比。

2-14 用鉴频器来解调 FM 波，调制信号为 2kHz，最大频偏为 75kHz，信道中的 $n_0/2$=5mW/Hz，若要求得到 20dB 的输出信噪比，试求调频波的幅度是多少。

2-15 设用正弦信号进行调频，调制频率为 15kHz，最大频偏为 75kHz，用鉴频器解调，输入信噪比为 20dB，试求输出信噪比。

2-16 设发射已调波 $S_{FM}(t)=10\cos(10^7 t+4\cos2000\pi t)$，信道噪声双边功率谱为 $n_0/2=2.5\times10^{-10}$W/Hz，信道衰减为 0.4dB/km，试求接收机正常工作时可以传输的最大距离是多少。

第3章 模拟信号的数字传输系统

通信系统可以分为模拟通信系统和数字通信系统。与模拟通信系统相比，数字通信系统具有许多优良的特性。在数字通信系统中，信道所传输的信号为数字信号，而常见的语音、图像等信源信号大都为模拟信号，因此，若要进行数字通信，就要将模拟信号转换为数字信号后再进行传输。模拟信号数字化的方法有很多，如脉冲编码调制（PCM）、增量调制（DM或ΔM）、差分脉冲编码调制（DPCM）等。数字通信是通信发展的必然趋势，目前数字通信在短波通信、移动通信、微波通信、卫星通信及光纤通信中都得到了广泛的应用。

本章在介绍抽样定理的基础上，讨论了模拟信号数字化的基本方法，在此基础上还介绍了几种改进型的模/数（A/D）转换方法。

3.1 概述

信源编码是指将信源发出的信息转换成数字形式的数字序列的技术。信源编码主要包括模数转换和压缩处理及一定形式的编码处理。信源编码的目的是提高编码的有效性，也就是说使信源减少冗余，更加有效、经济地传输。

在现代通信系统中，随着带宽和存储容量的不断增加，信源编码已经成为一个基本的子系统。而集成电路和数字信号处理技术的发展，也使实现高效的信源编码技术成为可能。

实现模拟信号的数字化传输与交换，首要的任务就是将模拟信号变为数字信号。语音信号的编码称为话音编码，图像信号的编码称为图像编码。虽然二者各自的特点不同，但编码原理基本是一致的。电话业务是最早发展起来的，目前在通信中仍占有较大比重，因此语音编码在模拟信号编码中占有重要地位。

根据语音信号的特征，语音信号的编码方法有波形编码、参数编码和混合编码3种方式。

1. 波形编码

波形编码是直接对信号的波形进行编码，是简单也是应用最早的语音编码方法。如对模拟语音波形信号经过抽样、量化、编码形成数字语音的 PCM 编码。为了保证数字语音技术解码后的高保真度，波形编码需要较高的编码速率，一般在 16～64kbit/s。对各种各样的模拟语音波形信号进行编码均可达到很好的效果。波形编码具有实施简单、性能优良的特点，不足是编码带宽往往很难进一步降低。波形编码包括脉冲编码调制（PCM）、差分脉冲编码调制（DPCM）、自适应差分脉冲编码调制（ADPCM）、增量调制（DM）、连续可变斜率增量调制（CVSDM）、自适应变换编码（ATC）、子带编码（SBC）和自适应预测编码（APC）等，使用这些技术的标准有 G.721、G.726、G.727 等。

2. 参数编码（声码器）

参数编码是基于人类的发声机理，找出表征语音的特征参量，对特征参量进行编码的一种方法。在接收端，可根据所接收的语音特征参量信息，恢复出原来的语音。由于参数编码只需传送语音特征参数,可实现低速率的语音编码,编码速率一般在 1.2~4.8kbit/s。线性预测编码(LPC)及其变形均属于参数编码,典型的参数编码器有 LPC-10、LPC-10E,当然,G.729、G.723.1 及 CELP(FS-1016)等码本激励声码器也都离不开参数编码,MPEG-4 标准中的 HVXC 声码器用的是参数编码技术。参数编码的优点是压缩比高,但重建音频信号的质量较差、自然度低,适用于窄带信道的语音通信,如军事通信、航空通信等。对此,综合参数编码和波形编码各自的长处,即保持参数编码的低速率和波形编码的高质量的优点,由此提出了混合编码方法。

3. 混合编码

混合编码是基于参数编码和波形编码发展的新一类编码技术。混合编码的信号中既含有若干语音特征参量,又含有部分波形编码信息,其编码速率一般在 4~16kbit/s。当编码速率在 8~16kbit/s 范围时,其语音质量可达商用语音通信标准的要求。目前通信中用到的大多数语音编码器都采用了混合编码技术。例如互联网上的 G.723.1 和 G.729 标准,GSM 的 EFR、HR 标准,3GPP2 的 EVRC、QCELP 标准,3GPP 的 AMR-NB/WB 标准等。混合编码包括规则脉冲激励长期预测编解码器(RPE-LTP)、矢量和激励线性预测编码(VSELP)、码激励线性预测编码(CELP)等。

3.2 脉冲编码调制(PCM)

脉冲编码调制(PCM)技术是由里弗斯于 1937 年提出的,这一概念为数字通信奠定了基础。PCM 具有抗干扰能力强、失真小、传输特性稳定、远距离传输时可通过再生中继减小噪声积累等优点,而且采用了有效编码、纠错编码和保密编码来提高通信系统的有效性、可靠性和保密性。由于 PCM 可以把各种消息(声音、图像和数据等)都变成数字信号进行传输,实现传输和交换的一体化的综合通信方式,以及实现数据传输与数据处理的一体化的综合信息处理。因此,其在数字微波通信、卫星通信、光纤通信等通信中获得了极为广泛的应用。

3.2.1 PCM 通信系统

PCM 通信系统包括发送和接收两个部分。发送部分主要有抽样、量化、编码等过程,接收部分主要有低通滤波和解码等过程。PCM 通信过程如图 3-1 所示,各点波形如图 3-2 所示。

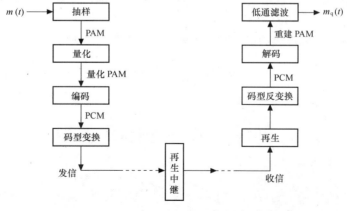

图 3-1 PCM 通信过程

发送端的主要任务是完成模/数(A/D)变换,其主要步骤为抽样、量化、编码。

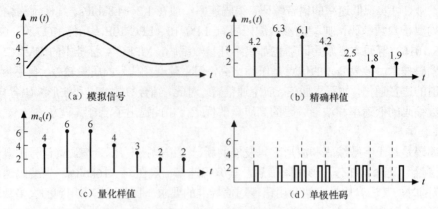

图 3-2 PCM 抽样、量化、编码波形图

接收端的任务是完成数/模（D/A）变换，其主要步骤是解码、低通滤波。

信号在传输过程中会受到干扰和衰减，所以每隔一段距离加一个再生中继器，使数字信号获得再生。

为了使信号适合信道传输，并有一定的检测能力，发送端会增加码型变换电路，接收端会增加码型反变换电路。

3.2.2 抽样

抽样的任务是对模拟信号进行时间上的离散化处理，即每隔一段时间对模拟信号抽取一个样值。抽样是模拟信号数字化的第一步，相应地在接收端要从离散的样值脉冲不失真地恢复出原模拟信号，实现重建任务。抽样脉冲的重复频率 f_s 必须满足一定的条件才能保证接收端正确地加以重建，这就是下面要介绍的抽样定理。

1. 抽样定理

一个频带限制在 $(0, f_H)$ Hz 内时间连续的信号 $m(t)$，若以间隔时间为 $T_S \leq 1/2f_H$ 的周期性冲击序列对其进行等间隔抽样，则 $m(t)$ 将由得到的抽样值完全确定，即

$$T_S \leq 1/2f_H \text{ 或 } f_S \geq 2f_H \tag{3.1}$$

其中，f_H 是被抽样信号的最高频率，T_S 为最大抽样间隔，也称奈奎斯特间隔，其倒数 f_s 称为奈奎斯特速率。

首先假设抽样脉冲为理想的单位冲击序列，周期为 T_S，表示为 $\delta_T(t)$

$$\delta_T(t) = \sum_{n=-\infty}^{\infty} \delta(t - nT_S) \tag{3.2}$$

其频谱为

$$\begin{aligned}\delta_T(t) &\leftrightarrow \delta_T(\omega) = \omega_S \sum_{n=-\infty}^{\infty} \delta(\omega - \omega_S) \\ &= \frac{2\pi}{T_S} \sum_{n=-\infty}^{\infty} \delta(\omega - n\omega_S)\end{aligned} \tag{3.3}$$

将 $m(t)$ 与 $\delta_T(t)$ 相乘，抽样后的信号用 $m_s(t)$ 表示，即

$$m_s(t) = m(t)\delta_T(t) \tag{3.4}$$

$m_s(t)$ 信号即是均匀间隔为 T_S 的冲击序列,这些冲击的幅值等于 $m(t)$ 的瞬时值,它表示对 $m(t)$ 的抽样。此时抽样定理的数学模型如图 3-3 所示。

图 3-3 抽样定理数学模型

设 $m(t)$ 和 $m_s(t)$ 的频谱分别为 $M(\omega)$ 和 $M_S(\omega)$,根据卷积定理,时域的乘积等于频域的卷积,则

$$M_S(\omega) = \frac{1}{2\pi}\left[M(\omega)*\delta_T(\omega)\right] = \frac{1}{T_S}\left[M(\omega)*\sum_{n=-\infty}^{\infty}\delta(\omega-n\omega_S)\right] \\ = \frac{1}{T_S}\sum_{n=-\infty}^{\infty}M(\omega-n\omega_S) \tag{3.5}$$

式(3.5)表明,抽样后的信号的频谱 $M_S(\omega)$ 等于把原信号的频谱 $M(\omega)$ 搬移到 0、$\pm\omega_S$、$\pm 2\omega_S$……处,这就意味着 $M_S(\omega)$ 包含 $M(\omega)$ 的全部信息。由图 3-4 可以看出,只要 $\omega_S \geq 2\omega_H$,或者 $T_S \leq 1/2f_H$,由于 $M(\omega)$ 周期性地重复而不出现重叠,因而在接收端就可以用截止角频率为 ω_H 的理想低通滤波器从 $m_s(t)$ 的频谱 $M_S(\omega)$ 中滤出原基带信号的频谱 $M(\omega)$,即不失真地恢复出原基带信号 $m(t)$。反之,若抽样频率 ω_S 低于 $2\omega_H$,则 $M(\omega)$ 与 $\delta_T(\omega)$ 的卷积在相邻的周期内发生混叠,此时就不能由 $M_S(\omega)$ 恢复出 $M(\omega)$,可见,$\omega_S = 2\omega_H$ 是最小的抽样角频率。抽样各点的波形和对应的频谱如图 3-4 所示。

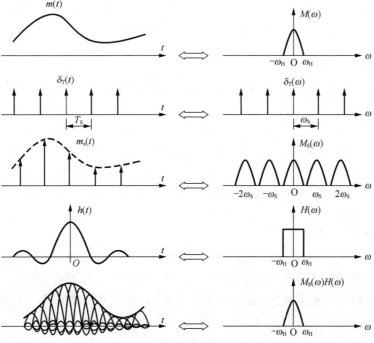

图 3-4 抽样定理的时间函数和对应的频谱图

如果可由 $M_S(\omega)$ 恢复出 $M(\omega)$，则滤波器的输出为

$$M_S(\omega)H(\omega) = \frac{1}{T_S}M(\omega)$$

即
$$M(\omega) = T_S M_S(\omega) H(\omega) \tag{3.6}$$

$H(\omega)$ 为理想低通滤波器，其传输函数为

$$H(\omega) \leftrightarrow h(t) = \frac{\omega_H}{\pi} Sa(\omega_H t) \tag{3.7}$$

由时间卷积定理可得

$$M_S(\omega) \leftrightarrow m_s(t) = \sum_{n=-\infty}^{\infty} m(nT_S)\delta(t - nT_S) \tag{3.8}$$

故
$$\begin{aligned}
m(t) &= T_S m_s(t) * \frac{\omega_H}{\pi} Sa(\omega_H t) \\
&= \frac{T_S \omega_H}{\pi} \sum_{n=-\infty}^{\infty} m(nT_S)\delta(t - nT_S) * Sa(\omega_H t) \\
&= \frac{T_S \omega_H}{\pi} \sum_{n=-\infty}^{\infty} m(nT_S) Sa[\omega_H(t - nT_S)]
\end{aligned} \tag{3.9}$$

由式（3.9）可见，任何一个时间连续、频带有限的模拟信号 $m(t)$ 在时域都可以展开成以抽样函数为基本信号的无穷级数，即将每个抽样值与一个抽样函数相乘后得到的所有波形的叠加便是 $m(t)$。也就是说，任何一个带限的连续信号完全可以用其抽样值表示。需要指出的是，由于不存在严格的带限信号和理想的低通滤波器，因此实际的抽样频率取 $f_s > 2f_H$。

2. 脉冲调制

第 2 章讨论的连续波调制是以连续的正弦波作为载波的，然而正弦信号并非唯一的载波形式，时间上离散的脉冲序列同样可以作为载波。如果是以时间上离散的脉冲序列作为载波，用模拟基带信号 $m(t)$ 去控制脉冲的振幅、宽度和位置相关参数，使其按 $m(t)$ 的规律变化，这样的调制方式就称为脉冲调制。通常，按调制信号改变脉冲参数的不同，把脉冲调制分为脉冲振幅调制（PAM）、脉冲宽度调制（PDM）、脉冲位置调制（PPM），图 3-5 所示为 PAM、PDM、PPM 信号波形。虽然这 3 种已调波在时间上都是离散的，但是脉冲参数的变化是连续的，因此仍属于模拟调制。

3. 自然抽样与平顶抽样

前述的抽样定理，抽样脉冲序列采用的是理想冲击序列 $\delta_T(t)$，称为理想抽样。但是理想抽样难以实现，实际生产的抽样脉冲具有一定的持续时间。在脉冲持续期间，抽样脉冲的幅度可以随被抽样信号的幅度变化，也可以保持不变，前者称为自然抽样，后者称为平顶抽样，如图 3-6 和图 3-7 所示。

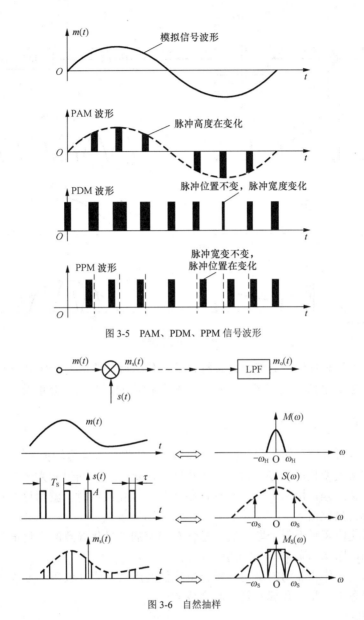

图 3-5　PAM、PDM、PPM 信号波形

图 3-6　自然抽样

自然抽样是指用脉冲宽度为 τ、脉冲幅度为 A、重复周期为 T_s 的周期性脉冲序列 $s(t)$ 与信号 $m(t)$ 相乘，从图 3-6 中可以看出，抽样后脉冲的幅度随 $m(t)$ 信号的幅度变化，此信号即为脉冲幅度调制（PAM）信号，PAM 信号在时域上是离散的，但是幅度仍然是连续的，所以 PAM 信号仍然是模拟信号。PAM 是 PCM 的基础。在频域上，自然抽样后 $m_s(t)$ 的频谱是由一系列位于 $n\omega_s$ 各点上的基带信号频谱组成的，幅度等于抽样函数加权，在接收端，只要满足抽样定理 $f_s \geq 2f_H$，它们的频谱就不会重叠。

自然抽样的优点是，当窄脉冲宽度 τ 增加时，抽样函数幅度相应增加，但是衰减加快，这意味着抽样后信号的频谱向低频集中，频率升高，衰减加快，在较高频率上的能量可以忽略不计，因此取样后信号的带宽随 τ 增加而降低，有利于取样信号的传输。

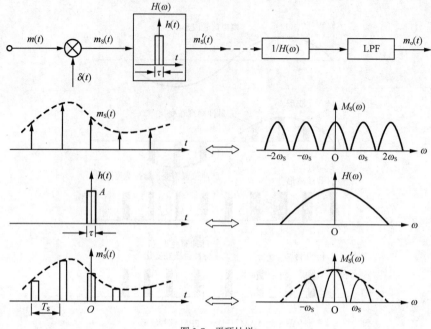

图 3-7 平顶抽样

平顶抽样也称瞬时抽样，其特点是抽样以后的信号脉冲序列有一定宽度，而不随 $m(t)$ 变化。可以证明，当满足抽样定理 $f_S \geq 2f_H$ 时，平顶抽样的频谱也不会重叠。

3.2.3 量化

量化的任务是将抽样后的信号在幅度上离散化，即将模拟信号转换为数字信号。具体地，将 PAM 信号的幅度变化范围划分为若干个小间隔，每一个小间隔称为一个量化级。相邻两个样值的差为量化级差，用 Δ 表示。当样值落在某一量化级内时，就用这个量化级的中间值来代替，该值称为量化值。

用有限个量化值表示无限个取样值总是含有误差的。量化导致的量化值和样值的差称为量化误差，用 $e(t)$ 表示，即 $e(t)$ = 量化值 – 样值。

量化分为均匀量化和非均匀量化。每个量化值要用数字码（或码组）表示，这个过程称为编码。实际设备中，量化和编码是一起完成的。

1. 均匀量化

均匀量化的量化级差（间隔）Δ 是均匀的，或者说，均匀量化的实质是信号的大小不同，但量化级差都相同，其量化特性曲线如图 3-8（a）所示。该量化特性曲线共分 8 个量化级，量化输出取其量化级的中间值。若输入信号的最小值和最大值分别为 a 与 b，量化电平数为 M，则均匀量化的量化间隔 Δ 为

$$\Delta = \frac{b-a}{M} \tag{3.10}$$

量化误差与输入电压的关系曲线如图3-8（b）所示。从图中可见，当输入信号幅度在 $-4\Delta \sim 4\Delta$ 之间时，量化误差的绝对值都不会超过 $\Delta/2$，这段范围称为量化区（未过载区）。在量化区产生的噪声称为未过载量化噪声。当输入电压幅度 $m(t)>4\Delta$ 或 $m(t)<-4\Delta$ 时，量化误差值

线性增大，超过 $\Delta/2$，这段范围称为量化的过载区。在量化过载区产生的噪声称为过载量化噪声，过载量化噪声在实用中应避免。

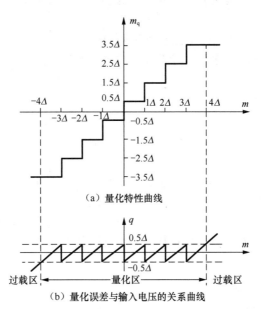

图 3-8 均匀量化特性曲线及误差特性曲线

下面分析均匀量化中量化噪声对通信产生的影响。

通信中常用信噪比表示通信质量。量化信噪比是指模拟输入信号功率与量化噪声功率之比。

经分析知：对于一正弦信号，均匀量化的信噪比为

$$\left(\frac{S}{N}\right)_{\text{dB}} = 1.76 + 6n + 20\lg\left(\frac{U_{\text{m}}}{V}\right) \tag{3.11}$$

对于一语音信号，均匀量化的信噪比为

$$\left(\frac{S}{N}\right)_{\text{dB}} = 6n - 9 + 20\lg\left(\frac{U_{\text{m}}}{V}\right) \tag{3.12}$$

其中，n——二进制码的编码位数。

U_{m}——有用信号的幅度。

$-V \sim V$——未过载量化范围。

我们把满足一定量化信噪比要求的输入信号取值范围定义为量化器的动态范围。

（1）为保证通信质量，要求如果信号动态范围达到 40dB$\left(20\lg\left(\frac{U_{\text{m}}}{V}\right) = -40\text{dB}\right)$，信噪比

$\left(\frac{S}{N}\right)_{\text{dB}} \geqslant 26\text{dB}$，则 $26 \leqslant 1.76+6n-40$，解得 $n \geqslant 10.7$，即在码位 $n = 11$ 时，才满足要求。

（2）信噪比与码位数 n 成正比，即编码位数越多，信噪比越高，通信质量越好。每增加一位码，信噪比可提高 6dB。

（3）有用信号幅度 U_{m} 越小，信噪比越低。

(4) 语音信号信噪比比相同幅值的正弦信号输入时的信噪比低 11dB。

由以上分析可见,均匀量化信噪比的特点是码位越多,信噪比越大。在相同码位的情况下,输入信号为大信号时信噪比大,输入信号为小信号时信噪比小。

2. 非均匀量化

经过大量统计表明,话音信号中出现小信号的概率要大于出现大信号的概率。但均匀量化信噪比的特点是小信号信噪比小,对提高通信质量不利。因此为了照顾输入信号为小信号时量化信噪比,又使大信号信噪比不过分富余,非均匀量化的概念被提出。

(1) 非均匀量化概念

非均匀量化指的是对大、小信号采用不同的量化级差,即在量化时对大信号采用大量化级差,对小信号采用小量化级差,这样可以保证在量化级数(编码位数)不变的条件下提高小信号的量化信噪比,扩大输入信号的动态范围。图 3-9 所示是一种非均匀量化特性的例子。图中只画出了幅值为正时的量化特性。过载电压 $V=4\Delta$,其中,Δ 为常数,其数值视实际而定。量化级数 $M=8$,幅值为正时,有 4 个量化级差。

由图 3-9 可以看出,在靠近原点的(1)、(2)两级量化间隔最小,其量化值取量化间隔的中间值,分别为 0.25 和 0.75,之后量化间隔以 2 倍的关系递增,满足了信号电平越小,量化间隔也越小的要求。

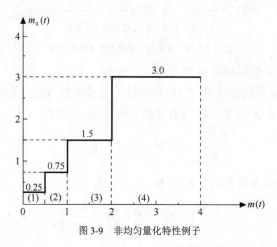

图 3-9 非均匀量化特性例子

(2) 压缩扩张技术

实现非均匀量化的方法之一是采用压缩扩张技术,其特点是在发送端对输入的模拟信号进行压缩处理后再均匀量化,在接收端进行相应的扩张处理,如图 3-10 所示。

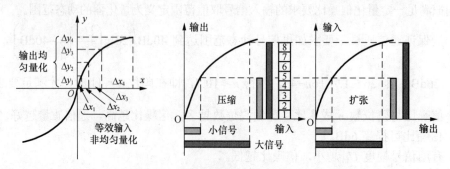

图 3-10 压缩特性曲线及对信号处理过程

由图 3-10 可以看出，非线性压缩特性中，输入信号为小信号时的压缩特性曲线斜率大，而大信号时压缩特性曲线斜率小。经过压缩后，小信号放大变成大信号，再经均匀量化后，信噪比就较大了。在接收端经过扩张处理，还原成原信号。压缩和扩张特性严格相反。

实际中，非均匀量化器通常由压缩器和均匀量化器组成，如图 3-11 所示。

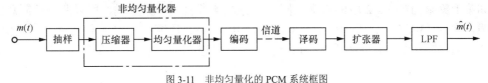

图 3-11　非均匀量化的 PCM 系统框图

非均匀量化的具体实现关键在于压缩—扩张特性。目前应用较广的是 μ 律和 A 律压扩特性。

（3）μ 律压缩特性

μ 律压缩特性公式为

$$y = \frac{\ln(1+\mu x)}{\ln(1+\mu)} \quad (0 \leqslant x \leqslant 1,\ 0 \leqslant y \leqslant 1) \tag{3.13}$$

其中，μ 为压缩系数，如图 3-12 所示，当 μ = 0 时，相当于无压缩情况。实际中，μ = 255，μ 律压缩特性可用 15 折线来近似。美国、加拿大、日本等国采用 μ 律压缩特性。

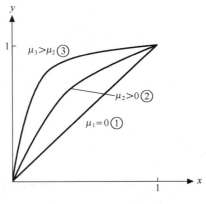

图 3-12　μ 律压缩特性

（4）A 律压缩特性

若将压缩特性和扩张特性曲线的输入和输出位置互换，则两者特性曲线是相同的，因此下面只分析压缩特性。A 律压缩特性公式为

$$y = \frac{Ax}{1+\ln A},\quad 0 \leqslant x \leqslant \frac{1}{A}$$
$$y = \frac{1+\ln Ax}{1+\ln A},\quad \frac{1}{A} \leqslant x \leqslant 1 \tag{3.14}$$

其中，A 为压缩系数，表示压缩程度，如图 3-13 所示。A = 1 时，y = x，相当于无压缩，即均匀量化情况。A 值越大，在小信号处斜率越大，对提高小信号信噪比越有利。

（5）A 律 13 折线压缩特性

实际中，用一段段折线来近似模拟 A 律压缩特性，如图 3-14 所示。在该方法中，将第 I 象限的 y、x 各分 8 段。y 轴均匀的分段点为 1、7/8、6/8、5/8、4/8、3/8、2/8、1/8、按 2 的幂次递减的分段点为 1、1/2、1/4、1/8、1/16、1/32、1/64、1/128、0。这 8 段折线从小到大依次为第 1、2…7、8 段。各段斜率分别用 k_1、k_2、…、k_8 表示，其值为 $k_1=16$、$k_2=16$、$k_3=8$、$k_4=4$、$k_5=2$、$k_6=1$、$k_7=1/2$、$k_8=1/4$。第 1、2 段斜率最大，说明对小信号放大能力最强，因此信噪比改善最多。再考虑 x、y 为负值的第 III 象限的情况，由于第 III 象限和第 I 象限的第 1、2 段的斜率相同，可将此 4 段视为一条直线，所以两个象限总共 13 段折线，称为 13 折线。实际中，$A=87.6$ 时，其 13 折线压缩特性与 A 律压缩特性相似。因此简称 A 律 13 折线压缩特性或 13 折线压缩特性。我国和欧洲各国均采用 A 律压缩特性。

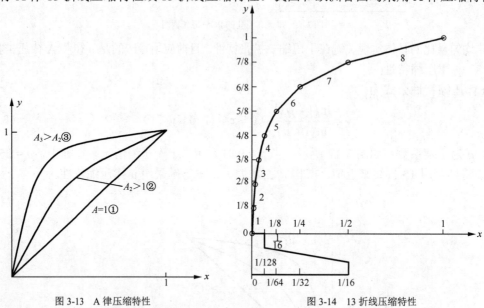

图 3-13　A 律压缩特性　　　　　　　图 3-14　13 折线压缩特性

A 律 13 折线压缩特性对小信号信噪比的改善是靠牺牲大信号的量化信噪比换来的。非均匀量化后量化信噪比的公式可表示为

$$\left(\frac{S}{N}\right)_{\mathrm{dB}} = 1.75 + 6n + 20\lg\left(\frac{k_i U_\mathrm{m}}{V}\right) = 1.76 + 6n + 20\lg\left(\frac{U_\mathrm{m}}{V}\right) + 20\lg k_i \quad (3.15)$$

其中，$20\lg k_i$ 为量化信噪比的改善量。A 律 13 折线各段折线的斜率及量化信噪比的改善量如表 3-1 所示。

表 3-1　　A 律 13 折线各段折线的斜率及量化信噪比的改善量

x 轴长度	段落	y 轴长度	折线斜率	量化信噪比的改善量（dB）
0～1/128	1	0～1/8	16	24
1/128～1/64	2	1/8～2/8	16	24
1/64～1/32	3	2/8～3/8	8	18
1/32～1/16	4	3/8～4/8	4	12
1/16～1/8	5	4/8～5/8	2	6
1/8～1/4	6	5/8～6/8	1	0
1/4～1/2	7	6/8～7/8	1/2	−6
1/2～1	8	7/8～1	1/4	−12

根据以上分析，采用 A 律 13 折线压缩特性进行非均匀量化时，编 7 位码（$n=7$）就可

满足输出信噪比大于 26dB 的要求。

将每一直线段均匀地分为 16 等份，这样 y 轴被分成了共 8×16=128 段。由于 y 轴是均匀分割的，因此，每段的量化间隔都是 1/128，对于 x 轴上的 8 段，由于每一大段的长度不同，因此每段的量化间隔也不同。具体地，在 A 律 13 折线中，x 轴被非均匀量化为 8 大段时，第 1、2 段最短，分别只有归一化的 1/128，再将其等分 16 份后，第 1、2 段每一小段的长度为 $\frac{1}{128} \times \frac{1}{16} = \frac{1}{2048}$，这就是最小的量化间隔，记为 Δ，$\Delta = \frac{1}{2048}$；第 8 段最长，它是归一化值的 1/2，将第 8 段 16 等分后得到的每一小段的长度是 1/32，此段的量化间隔为 64Δ，是第 1、2 段的 64 倍，即大信号的量化间隔是小信号的 64 倍。按照上述方法，可以计算出各段落的长度和量化间隔（级差），如表 3-2 所示。

表 3-2　　　　　　　　　　　A 律 13 折线各分段参数

段落长度	段落	用 Δ 表示	量化间隔	用 Δ 表示
1/128	1	16Δ	1/2048	Δ
1/128	2	16Δ	1/2048	Δ
1/64	3	32Δ	1/1024	2Δ
1/32	4	64Δ	1/512	4Δ
1/16	5	128Δ	1/256	8Δ
1/8	6	256Δ	1/128	16Δ
1/4	7	512Δ	1/64	32Δ
1/2	8	1024Δ	1/32	64Δ

在 A 律特性分析中，通常取 A=87.6，目的有两个：一是使特性曲线原点附近的斜率凑成 16，二是此时 A 律特性曲线与 13 折线逼近，x 轴的 8 个段落量化分界点近似地按 2 的幂次递减分割，有利于数字化处理。

3.2.4 编码与解码

1. 编码

编码的任务是将已量化的 PAM 信号按一定的码型转换成相应的二进制码组，获得 PCM 信号。

常见的码型有普通二进制码、折叠二进制码等，如表 3-3 所示。设信号范围为 $-4\Delta \sim 4\Delta$，采用均匀量化，分为 8（2^3）段，量化级差为 1Δ，每个码字为三位码。

表 3-3　　　　　　　　　　　　码型表

序号	量化值	范围	普通二进码			折叠二进码		
			a_1	a_2	a_3	b_1	b_2	b_3
7	3.5	3.0～4.0	1	1	1	1	1	1
6	2.5	2.0～3.0	1	1	0	1	1	0
5	1.5	1.0～2.0	1	0	1	1	0	1
4	0.5	0～1.0	1	0	0	1	0	0
3	−0.5	−1.0～0	0	1	1	0	0	0
2	−1.5	−2.0～−1.0	0	1	0	0	0	1
1	−2.5	−3.0～−2.0	0	0	1	0	1	0
0	−3.5	−4.0～−3.0	0	0	0	0	1	1

从表 3-3 可以看出，两种码型的第一位码表示信号的极性，即样值为正时，第一位码为 "1"；样值为负时，第一位码为 "0"。样值编成 n 位码时，$x_1=1$ 表示正样值，$x_1=0$ 表示负样值；$x_2x_3\cdots\cdots x_8$ 称为幅度码。因为折叠二进制码幅度相同的正负样值其幅度码相同，正负值合用一个编码电路，电路会简单些。因此，在实际的 PCM 通信中通常采用折叠二进制码。

A 律 13 折线量化编码方案的码位安排如下。

按 A 律 13 折线压缩特性进行编码时，一个 8 位码的码字安排如图 3-15 所示。

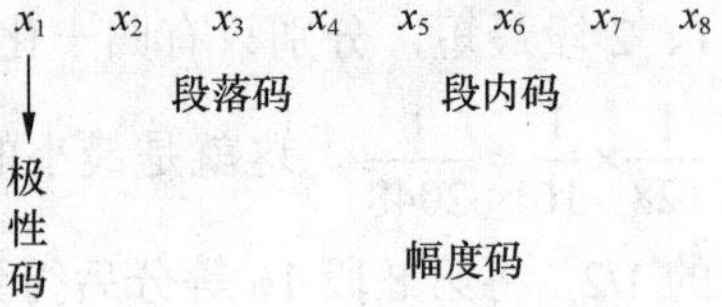

其中，x_1 为极性码，$x_1=1$ 表示正样值，$x_1=0$ 表示负样值；$x_2\sim x_4$ 为段落码，表示样值为正（或负）的 8 个非均匀量化大段；$x_5\sim x_8$ 为段内码，每一个大段均匀分 16 小段，因为 $2^4=16$，所以四位段内码正好表示这 16 个小段。段落码和段内码合起来称为幅度码。$2^7=128$ 表示样值为正（或负）时共分为 128 个量化级。

图 3-15 码位安排

每个大段落区间称为段落差，符合 2 的幂次规律，即每一段的段落差是前一段的两倍（第 1 段除外）；每个大段的起始值称为起始电平；每个大段落分为 16 个均匀的小段；每个小段的间隔即为量化级差。段落起始电平、段内量化级差、量化间隔、段落码与段内码对应关系如表 3-4 所示。

表 3-4　段落起始电平、段内量化级差、量化间隔、段落码与段内码对应关系

段落序号	段落码			段落起始电平（Δ）	段内码对应电平（Δ）				段内量化级差（Δ）	量化间隔（Δ）
	x_2	x_3	x_4		x_5	x_6	x_7	x_8		
1	0	0	0	0	8	4	2		16	1
2	0	0	1	16	8	4	2		16	1
3	0	1	0	32	16	8	4	2	32	2
4	0	1	1	64	32	16	8	4	64	4
5	1	0	0	128	64	32	16	8	128	8
6	1	0	1	256	128	64	32	16	256	16
7	1	1	0	512	256	128	64	32	512	32
8	1	1	1	1024	512	256	128	64	1024	64

显然，每一段落的量化级差不等，从而实现了大信号量化级差大，小信号量化级差小，改善了出现小信号时的量化噪声的影响，这也进一步说明了非均匀量化的实质。

以上讨论的是非均匀量化的情况，现在将它与均匀量化进行比较。假设以非均匀量化的最小量化间隔 Δ 作为均匀量化的量化间隔，那么 13 折线的第 1 段到第 8 段各段所包含的均匀量化级数分别为 $16\Delta+16\Delta+32\Delta+\cdots+1024\Delta=2048\Delta$，若以 Δ 为级差进行均匀量化，相当于（$2^{11}=2048$）编 11 位码（不包括极性码），而非均匀量化时只有 128 个量化级，只需要 7 位码。因此可以看出，压缩扩张技术提高了小信号信噪比，在直接非均匀量化编码中，有完全等效的体现。由于非线性编码的位数减少，实现起来简单，因此，所需传输系统带宽降低。

2. 编码器

PCM 系统常用的编码器有逐次反馈型编码器、级联型编码器和混合型编码器。下面重点介绍最常用的逐次反馈型编码器。

（1）逐次反馈型编码器原理

设样值电流为I_s，标准电流为I_w。要判断样值电流幅度$|I_s|$位于哪一个大段落，我们须知16Δ、32Δ、64Δ、128Δ、256Δ、512Δ、1024Δ共 7 个权值I_w（实际还有0Δ），逐次反馈型编码器段内码$x_2 \sim x_4$比较过程如图 3-16 所示。

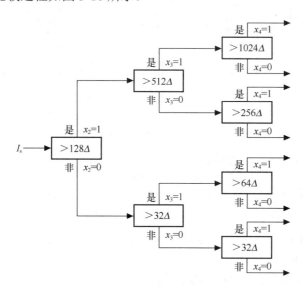

图 3-16 段落码权值的确定

段内码$x_5 \sim x_8$的权值如下

第 5 段：$I_w =$ 段落起始电平 $+ \dfrac{1}{2}$ 段落差

第 6 段：$I_w =$ 段落起始电平 $+ \dfrac{x_5}{2}$ 段落差 $+ \dfrac{1}{4}$ 段落差

第 7 段：$I_w =$ 段落起始电平 $+ \dfrac{x_5}{2}$ 段落差 $+ \dfrac{x_6}{4}$ 段落差 $+ \dfrac{1}{8}$ 段落差

第 8 段：$I_w =$ 段落起始电平 $+ \dfrac{x_5}{2}$ 段落差 $+ \dfrac{x_6}{4}$ 段落差 $+ \dfrac{x_7}{8}$ 段落差 $+ \dfrac{1}{16}$ 段落差

将I_s与I_w进行比较，若$I_s > I_w$，则输出"1"码；若$I_s < I_w$，则输出"0"码。

（2）逐次反馈型编码器的构成

根据编码方案的基本原理和折叠码的特点，逐次反馈型编码器的构成如图 3-17 所示，它包括极性判决电路、比较器和本地译码器等。

极性判决电路：判决样值信号I_s的极性，根据样值的正负确定极性码x_1是 1 还是 0。

整流器：将信号整流，将双极性变为单极性，输出样值幅度I_s。

保持电路：保证在 7 次比较过程中输入信号的幅度不变。

比较器：是编码器的核心，将输入样值I_s与标准值I_w进行比较，实现对输入信号抽样值的非线性量化和编码。若$I_s > I_w$，则输出"1"码；反之输出"0"码。在 7 次比较过程中，前 3 次的比较结果是段落码，后 4 次的比较结果是段内码。每次比较的标准电流均与上一次比较结果相关，由本地译码器产生。本地译码器由记忆电路、7/11 变换电路和恒流源电阻网络组成。

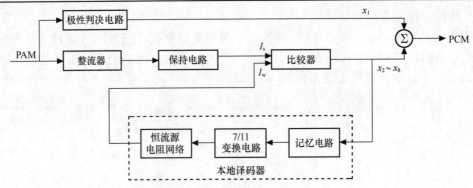

图 3-17 逐次反馈型编码器的构成

记忆电路：将前几次的结果记忆下来，以便产生各标准值 I_w。

7/11 变换电路：将 7 位非均匀量化码变成 11 位均匀量化码。

恒流源：产生 11 位均匀量化码的各基本权值和 I_w。

例 3.1 设输入信号取样值为 1270Δ，试采用逐次对分比较法编码器将其按 A 律 13 折线压缩特性编成 8 位二进制码，并计算量化误差。

解：（1）极性码 x_1：∵输入信号为正电平，∴$x_1 = 1$

（2）段落码 $x_2 \sim x_4$：由图 3-15 可知

第一次比较：标准电流 $I_w = 128\Delta$ ∵$I_s = 1270\Delta > I_w = 128\Delta$

∴$x_2 = 1$ ∴样值在第 5~8 段，此时标准电流 $I_w = 512\Delta$

第二次比较：$I_w = 512\Delta$ ∵$I_s = 1270\Delta > I_w = 512\Delta$

∴$x_3 = 1$ ∴样值在第 7~8 段，此时标准电流 $I_w = 1024\Delta$

第三次比较：$I_w = 1024\Delta$ ∵$I_s = 1270\Delta > I_w = 1024\Delta$

∴$x_4 = 1$ ∴样值在第 8 段

∴$x_2 \sim x_4 = 111$

说明该样值属于第 8 大段，其段落起始电平 = 段落差 = 1024Δ，量化间隔 = 64Δ

（3）段内码 $x_5 \sim x_8$：

第四次比较：此时标准电流 $I_w = 1024\Delta + \frac{1}{2} \times 1024\Delta = 1536\Delta$

∵$I_s = 1270\Delta < I_w = 1536\Delta$ ∴$x_5 = 0$

第五次比较：此时标准电流 $I_w = 1024\Delta + \frac{1}{4} \times 1024\Delta = 1280\Delta$

∵$I_s = 1270\Delta < I_w = 1280\Delta$ ∴$x_6 = 0$

第六次比较：此时标准电流 $I_w = 1024\Delta + \frac{1}{8} \times 1024\Delta = 1152\Delta$

∵$I_s = 1270\Delta > I_w = 1152\Delta$ ∴$x_7 = 1$

第七次比较：此时标准电流 $I_w = 1024\Delta + \frac{1}{8} \times 1024\Delta + \frac{1}{16} \times 1024\Delta = 1216\Delta$

∵$I_s = 1270\Delta > I_w = 1216\Delta$ ∴$x_8 = 1$

∴样值为 1270Δ 的 PCM 码为 11110011。

在接收端：

$$\text{解码电平} = \text{码字电平} + \frac{1}{2} \times \text{第8段量化间隔} = 1216\varDelta + \frac{1}{2} \times 64\varDelta = 1248\varDelta$$

$\therefore$ 量化误差$=|1248\varDelta - 1270\varDelta| = 22\varDelta$

3. 解码器

解码器是完成数模变换的部件，通常又称为数模转换器（DAC）。PCM 接收端译码器的工作原理与本地译码器基本相同，唯一的不同之处是接收端译码器在译出幅度的同时，还要恢复出信号的极性。这里我们不再赘述。

3.2.5 PCM 系统的噪声性能

PCM 系统输出的信号是模拟信号，因此系统的可靠性仍然可用系统输出信噪比来衡量。PCM 系统的噪声来自两方面，即量化过程中形成的量化噪声，以及在传输过程中经信道混入的加性高斯白噪声。因此通常将 PCM 系统输出端总的信噪比定义为

$$\left(\frac{S_\text{o}}{N_\text{o}}\right)_{\text{PCM}} = \frac{S_\text{o}}{N_\text{q} + N_\text{e}} = \frac{S_\text{o}/N_\text{q}}{1 + N_\text{e}/N_\text{q}} \tag{3.16}$$

其中，S_o——系统输出端信号的平均功率；

N_q——系统输出端量化噪声的平均功率；

N_e——系统输出端信道加性噪声的平均功率。

量化噪声和信道加性噪声相互独立，所以我们先分别讨论它们单独作用时系统的性能，然后分析系统总的抗噪声性能。

1. 量化噪声对系统的影响

PCM 系统输出端的量化信号与量化噪声的平均功率比为

$$\frac{S_\text{o}}{N_\text{q}} = M^2 \tag{3.17}$$

对于二进制编码，设其编码位数为 n，则式（3.17）又可写为

$$\frac{S_\text{o}}{N_\text{q}} = 2^{2n} \tag{3.18}$$

2. 加性噪声对系统的影响

仅考虑信道加性噪声时 PCM 系统的输出信噪比为

$$\frac{S_\text{o}}{N_\text{e}} = \frac{1}{4P_\text{e}} \tag{3.19}$$

从式（3.19）可以看出，误码引起的信噪比与误码率成反比。

3. PCM 系统接收端输出信号的总信噪比

由式（3.17）、式（3.18）和式（3.19）可求得 PCM 系统输出端总的信号噪声功率比为

$$\left(\frac{S_\text{o}}{N_\text{o}}\right)_{\text{PCM}} = \frac{M^2}{1 + 4M^2 P_\text{e}} = \frac{2^{2n}}{1 + 4P_\text{e} 2^{2n}} \tag{3.20}$$

式（3.20）表明，当误码率较低时，例如 $P_\text{e} < 10^{-6}$，PCM 系统的输出信噪比主要取决于量化信噪比 S_o/N_q。当信道中信噪比较低时，即误码率 P_e 较高时，PCM 系统的输出信噪比取决于误码率，且随误码率 P_e 的提高而降低。一般来说，$P_\text{e} = 10^{-6}$ 是很容易实现的，所以加性噪声

对 PCM 系统的影响往往可以忽略不计，这说明 PCM 系统抗加性噪声的能力是非常强的。

3.2.6 PCM 编解码器芯片

PCM 编解码器采用 MC145557 专用大规模集成电路。它采用 A 律压缩编码方式，含发送带宽和接收低通开关电容滤波器，内部提供基准电压源，采用 CMOS 工艺。MC145557 的引脚见图 3-18（a），内部组成框图见图 3-18（b）。

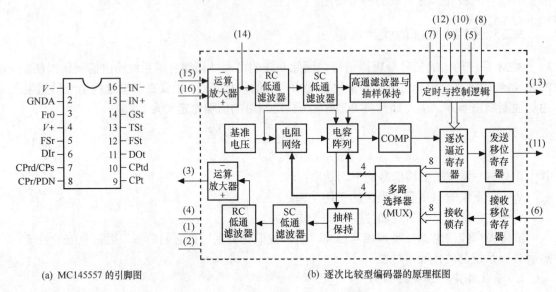

(a) MC145557 的引脚图　　　　　　　　(b) 逐次比较型编码器的原理框图

图 3-18　MC145557

MC145557 的引脚定义简述如下。

（1）$V-$：输入 $-5V$ 电压。

（2）GNDA：模拟地。

（3）FR0：接收信号输出。

（4）$V+$：输入 $+5V$ 电压。

（5）FSr：接收 8kHz 帧同步输入。

（6）DIr：接收数据输入。

（7）CPrd/CPs：接收数据时钟输入/时钟选择控制。

（8）CPr/PDN：接收主时钟输入/降低功耗控制。在固定频率工作模式下为 2048kHz。

（9）CPt：发送主时钟输入。在固定频率工作模式下为 2048kHz。

（10）CPtd：发送数据时钟输入。

（11）DOt：发送数据时钟输出。

（12）FSt：发送 8kHz 帧同步输入。

（13）TSt：发送时隙指示。

（14）GSt：发送增益控制。

（15）IN+：发送信号同相输入。

（16）IN−：发送信号反相输入。

MC145557 编解码器所需的定时脉冲均由定时部分提供。74LS04、74LS74 时钟源产生

2048kHz 的主时钟信号，由 74LS161、74LS20 和 74LS138 产生两个时序相差 3.91μs（1/256000s）的 8kHz 帧同步信号。

3.3 增量调制（ΔM）

增量调制（ΔM）或增量脉码调制（DM）是继 PCM 后出现的又一种模拟信号数字化的方法，1946 年由法国工程师 De Loraine 提出，目的在于简化模拟信号的数字化方法，主要在军事通信和卫星通信中广泛使用，有时也作为高速大规模集成电路中的 A/D 转换器使用。

3.3.1 增量调制的基本原理

增量调制就是将信号瞬时值与前一个抽样时刻的量化值之差进行量化，而且只对这个差值的符号进行编码。因此量化只限于正和负两个电平，即用一位码来传输一个抽样值。如果差值为正，则发"1"码；如果差值为负，则发"0"码。显然，数码"1"和"0"只是表示信号相对于前一时刻的增减，而不代表信号值的大小。这种将差值编码用于通信的方式就称为"增量调制"。下面，我们借助于图 3-19 来进一步理解增量调制的基本原理。

图 3-19 中 $m(t)$ 是一个频带有限的模拟信号，时间轴 t 被分成许多相等的时间段 T_s，如果 T_s 很小，则 $m(t)$ 在间隔为 T_s 的时刻上得到的相邻的差值也将很小。如果把代表 $m(t)$ 幅度的纵轴也分成许多相等的小区间 Δ，那么模拟信号 $m(t)$ 就可用阶梯波形 $m'(t)$ 来逼近。显然，只要时间间隔 Δt 和台阶 Δ 都很小，则 $m(t)$ 和 $m'(t)$ 将会相当地接近。阶梯波形只有上升一个台阶 Δ 或下降一个台阶 Δ 两种情况，因此可以把上升一个台阶 Δ 用"1"码来表示，下降一个台阶 Δ 用"0"码来表示，这样图中连续变化的模拟信号 $m(t)$ 就可以用一串二进码序列来表示，从而实现了模/数转换。在接收端，只要收到一个"1"码就使输出上升一个 Δ 值，收到一个"0"码就使输出下降一个 Δ 值，当收到连"1"码时，表示信号连续增长，当收到连"0"码时，表示信号连续下降。这样就可以恢复出与原模拟信号 $m(t)$ 近似的阶梯波形 $m'(t)$，从而实现数/模转换。

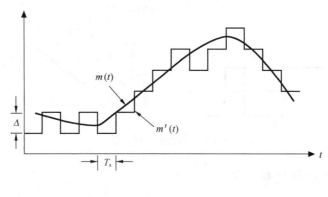

图 3-19 增量调制波形及编码

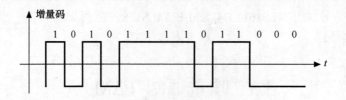

图 3-19 增量调制波形及编码（续）

增量调制系统框图如图 3-20 所示。发送端的编码器由相减器、判决器、积分器及抽样脉冲产生器组成，其工作过程如下。将模拟信号与积分器输出的斜变波形 $m'(t)$ 进行比较，为了获得这个比较结果，先通过相减器进行相减得到二者的差值，然后在抽样脉冲作用下将这个差值进行极性判决。如果在给定抽样时刻 t_i 有 $m(t)|_{t=t_i^-} - m'(t)|_{t=t_i^-} > 0$，则判决器输出"1"码；如果二者的差值小于 0，则输出"0"码。这里，t_i^- 是 t_i 时刻的前一瞬间，即相当于在阶梯波形跃变点的前一瞬间。于是，编码器就输出一个二进码序列。

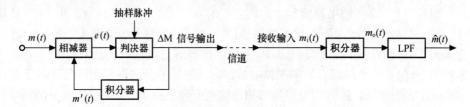

图 3-20 增量调制系统框图

接收端的译码器由积分器和低通滤波器组成，积分器与编码器中的积分器完全相同。ΔM 译码器的工作过程如下。积分器遇到"1"码（有 $+E$ 脉冲电压），就以固定斜率上升一个 Δ；遇到"0"码（有 $-E$ 脉冲电压），就以固定斜率下降一个 Δ。图 3-21 表示了积分器输出波形，可以看到，积分器的输出波形是一个斜变波形，斜变波形与原来的模拟信号相似。积分器输出的斜变波经低通滤波器之后输出就变得十分接近于信号 $m(t)$。

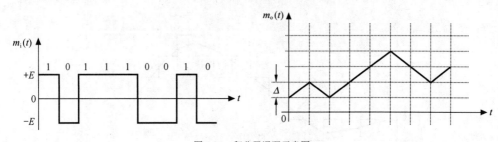

图 3-21 积分器译码示意图

3.3.2 量化噪声和过载噪声

1. 量化噪声

由于 ΔM 信号是按台阶 Δ 来量化的，因而也必然存在量化误差 $e_q(t)$，也就是所谓的量化噪声。量化误差可以表示为

$$e_q(t) = m(t) - m'(t) \tag{3.21}$$

正常情况下，$e_q(t)$在$(-\Delta, \Delta)$范围内变化。假设随时间变化的$e_q(t)$在区间$(-\Delta, \Delta)$上均匀分布，则$e_q(t)$的平均功率可表示为

$$E\left[e_q^2(t)\right] = \int_{-\Delta}^{\Delta} e^2 f_q(e) \mathrm{d}e = \frac{1}{2\Delta}\int_{-\Delta}^{\Delta} \mathrm{d}e = \frac{\Delta^2}{3} \quad (3.22)$$

式（3.22）表明，ΔM的量化噪声功率与量化阶距电压的平方成正比。因此若想减小量化噪声，就应减小阶距电压Δ。

2. 过载噪声

因为在ΔM中每个抽样间隔内只容许有一个量化电平的变化，所以当输入信号的斜率$m(t)$比抽样周期决定的固定斜率$m'(t)$大时，量化台阶的大小便跟不上输入信号的变化，因而产生斜率过载失真，它所产生的噪声称为斜率过载噪声，如图3-22所示。

在正常工作时，过载噪声必须加以克服。下面，我们来讨论不发生过载失真的条件。

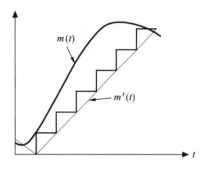

图3-22 ΔM的过载失真

由图3-22可见，$m'(t)$每隔T_s时间增长Δ，因此其最大可能的斜率为Δ/T_s，而模拟信号$m(t)$的斜率为$\mathrm{d}m(t)/\mathrm{d}t$。为了不发生过载失真，必须使信号的最大可能斜率小于斜变波的斜率，即有

$$\left|\frac{\mathrm{d}m(t)}{\mathrm{d}t}\right|_{\max} \leqslant \frac{\Delta}{T_s} \quad (3.23)$$

其中，$\left|\dfrac{\mathrm{d}m(t)}{\mathrm{d}t}\right|_{\max}$是信号$m(t)$的最大斜率。当输入是单音频信号$m(t) = A\cos\omega t$时，有

$$\left|\frac{\mathrm{d}m(t)}{\mathrm{d}t}\right|_{\max} = A\omega \quad (3.24)$$

在这种特殊的情况下，不发生过载失真的条件为

$$A\omega \leqslant \Delta \cdot f_s \quad (3.25)$$

从式（3.25）可见，当模拟信号的幅度或频率增加时，都可能引起过载。为了控制量化噪声，量化阶距电压Δ不能过大。因此若要避免过载噪声，在信号幅度和频率都一定的情况下，应提高频率f_s，即使f_s满足

$$f_s \geqslant \frac{A}{\Delta}\omega \quad (3.26)$$

一般情况下，$A \gg \Delta$，为了不发生过载失真，f_s的取值远远高于PCM系统的抽样频率。例如，ΔM系统的动态范围$(D)_{\Delta M}$定义为最大允许编码幅度$A_{\max} = \Delta f_s/2\pi f$与最小可编码电平$A_{\min} = \Delta/2$之比，即

$$(D)_{\Delta M} = 20\lg\frac{A_{\max}}{A_{\min}} = 20\log\frac{f_s}{\pi f} \quad (3.27)$$

若设话音信号的频率为$f = 1\mathrm{kHz}$，并要求其变化的动态范围为40dB，则有

$$20\lg\frac{f_s}{\pi f} = 40 \quad (3.28)$$

因此不发生过载，f_s的取值约为300kHz。

在PCM系统中，对频率为1kHz的话音信号进行抽样，抽样频率为2kHz。与之相比，ΔM系统的f_s比PCM系统的抽样频率大很多。

需要指出的是，在ΔM系统中所说的抽样频率实际上是系统最终输出的二进制码元速率，它与抽样定理中定义的抽样速率的物理意义是不同的。

在抽样频率和量化阶距电压都一定的情况下，为了避免过载发生，输入信号的频率和幅度关系应保持在图3-23所示的过载特性临界线之下。

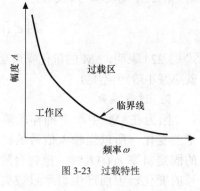

图3-23 过载特性

在临界情况下，有

$$A_{\max} = \frac{\Delta \cdot f_s}{2\pi f} \tag{3.29}$$

式（3.29）说明，输入信号所允许的最大幅度与Δ、f_s成正比，与输入信号的频率成反比，因此输入信号幅度的最大允许值必须随信号频率的上升而下降。频率增加一倍，幅度必须下降6dB。这正是增量调制不实用的原因。在实际应用中，多采用ΔM的改进型——总和增量调制（Δ-ΣM）系统和数字压扩自适应增量调制，具体内容将在3.4节进行介绍。

3.3.3 增量调制系统的抗噪声性能

ΔM系统的信噪比与PCM相似，包括两部分：量化产生的量化信噪比和加性干扰噪声的误码信噪比，当误码率很小时，加性干扰产生的影响可以忽略不计，此时，输出信噪比主要由量化信噪比决定。下面只分析量化产生的量化信噪比。

ΔM系统输出最大的信噪比为

$$\left(\frac{S_o}{N_q}\right)_{\max} = \frac{3}{8\pi^2}\left(\frac{f_s^3}{f^2 f_m}\right) \approx 0.04 \frac{f_s^3}{f^2 f_m} \tag{3.30}$$

其中，f_s为抽样频率，f为信号的频率，f_m为低通滤波器的截止频率。从式（3.30）可以看出，在临界条件下，量化信噪比与抽样频率的3次方成正比，与信号频率的平方成反比，与低通滤波器的截止频率成反比。所以，提高抽样频率对改善量化信噪比大有好处。

3.3.4 PCM和ΔM的性能比较

前面我们对最基本的PCM和ΔM系统作了比较详细的讨论。下面来比较无误码时（或误码极低时）PCM和ΔM系统的性能。

对于PCM系统，根据式（3.18），其量化信噪比性能可以用式（3.31）估计。

$$\frac{S_o}{N_q} = 6n \text{ (dB)} \tag{3.31}$$

而对于ΔM系统来说，其性能可以按式（3.30）计算。

$$\frac{S_o}{N_q} \approx 10\lg\left(0.04\frac{f_s^3}{f^2 f_m}\right)\text{(dB)} \tag{3.32}$$

显然，很难从这两个式子的直接比较中得到结论。但我们可以在相同信道宽度的条件下，就是二者有相同信道传输速率的条件下进行比较。设这个传输速率为 f_b。对于 ΔM 系统，f_b 就等于系统的抽样频率，即有 $f_s=f_b$；对于 PCM 系统而言，通常有 $f_b=2nf_m$，其中 f_m 是基带信号的最高频率，n 是编码位数。当 ΔM 系统和 PCM 系统有相同的传输速率时，可以将 $f_s=f_b=2nf_m$ 代入式（3.30），可得

$$\frac{S_o}{N_q}\approx 10\lg\left(0.04\frac{(2nf_m)^3}{f^2 f_m}\right)=10\lg\left(0.32n^3\frac{f_m^2}{f^2}\right)(\mathrm{dB}) \quad (3.33)$$

因为 $f\leqslant f_m$，且话音信号的能量主要集中在 800～1000Hz 这一段中，故取 $f=1000\mathrm{Hz}$，$f_m=3000\mathrm{Hz}$，则式（3.31）变成

$$\frac{S_o}{N_q}\approx 30\lg 1.42n(\mathrm{dB}) \quad (3.34)$$

在不同的 n 值情况下，PCM 与 ΔM 系统的比较曲线如图 3-24 所示，可以看出，在相同的传输速率下，如果 PCM 系统的编码位数 n 小于 4，则它的性能将比 ΔM 系统差；如果 $n>4$，PCM 的性能将超过 ΔM 系统，且随 n 的增大，性能越来越好。

分析得出，增量调制与 PCM 比较有如下特点。

（1）在比特率较低时，增量调制的量化信噪比高于 PCM。

（2）增量调制抗误码性能好，可用于比特误码率为 $10^{-3}\sim 10^{-2}$ 的信道，而 PCM 则要求为 $10^{-6}\sim 10^{-4}$。

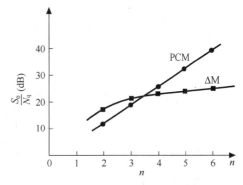

图 3-24 PCM 与 ΔM 系统的比较曲线

（3）增量调制通常采用单纯的比较器和积分器作编译码器（预测器），结构比 PCM 简单。

3.4 其他脉冲数字调制系统

3.4.1 总和增量调制（Δ-ΣM）

我们知道，对于高频成分丰富的输入信号 $m(t)$，因为其在波形上急剧变化的时刻比较多，所以，如果直接进行 ΔM 调制，则往往造成阶梯波形 $m'(t)$ 跟不上 $m(t)$ 的变化，产生比较严重的过载噪声；而对低频成分丰富的输入信号 $m(t)$，由于其在波形上缓慢变化的时刻比较多，当幅度的变化在 $\Delta/2$ 以内时，又会出现连续的"0""1"交替码，导致信号平稳期间幅度信息的丢失。总和增量调制技术解决了这一问题，其基本思想是，在发送端让输入信号 $m(t)$ 先通过一个积分器，然后进行增量调制。这里，积分器的作用是使 $m(t)$ 波形中原来变化急剧的部分变得缓慢，而原来变化平直的部分变得比较陡峭，这样就可以解决原输入信号急剧变化时易出现过载失真和缓慢变化时易出现空载失真的问题。因为对 $m(t)$ 先积分再进行增量调制，所以在接收端解调以后要再增加一级微分器，以便恢复出原信号。实际上，由于接收端的积

分器和微分器的相互抵消作用，在Δ-ΣM系统的接收端只需要一个低通滤波器就可以恢复出原信号。Δ-ΣM系统原理框图如图3-25所示。

与ΔM系统类似，Δ-ΣM系统也会发生过载现象。我们已经知道，在ΔM系统中，不发生斜率过载的条件是

$$\left|\frac{dm(t)}{dt}\right|_{max} \leq \Delta \cdot f_s \tag{3.35}$$

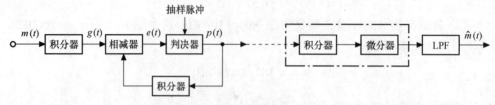

图3-25 Δ-ΣM系统原理框图

而在Δ-ΣM系统中，输入信号先经过积分器，然后进行增量调制。这时图3-25中减法器的输入信号为

$$g(t) = \int m(t)dt \tag{3.36}$$

因此，Δ-ΣM系统不发生斜率过载的条件应为

$$\left|\frac{dg(t)}{dt}\right|_{max} \leq \Delta \cdot f_s \tag{3.37}$$

由于 $\left|\frac{dg(t)}{dt}\right|_{max} = |m(t)|_{max}$，所以式（3.37）又可写为

$$|m(t)|_{max} \leq \Delta \cdot f_s \tag{3.38}$$

为了与ΔM系统比较，仍设输入为单音频信号 $m(t) = A\sin\omega t$。若要求不发生过载现象，则必须满足

$$A \leq \Delta \cdot f_s \tag{3.39}$$

或写为

$$f_s \geq \frac{A}{\Delta} \tag{3.40}$$

由此看出，Δ-ΣM系统不发生过载的条件与信号的频率f无关。这意味着Δ-ΣM系统不仅适合传输缓慢变化的信号，还适合传输高频信号。

由于两个信号积分后的结果相减，与先相减后积分是等效的，所以图3-25中的差值信号$e(t)$可以写成

$$e(t) = \int m(t)dt - \int p(t)dt = \int[m(t) - p(t)]dt \tag{3.41}$$

这样就可以把发送端的两个积分器合并成为在相减器后的一个积分器。合并后的Δ-ΣM系统组成如图3-26所示。

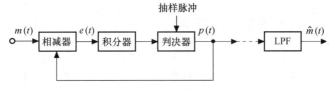

图 3-26　Δ-ΣM 系统组成

3.4.2　数字压扩自适应增量调制

在增量调制系统中，量化阶距 Δ 是固定不变的。因此，当输入信号出现剧烈变化时，系统就会过载。为了克服这一缺点，希望 Δ 值能随 $f(t)$ 的变化而自动地调整大小，这就是自适应增量调制（AΔM）的概念。它的基本思想是要求量阶 Δ 随输入信号 $m(t)$ 的变化而自动地调整，即在检测到斜率过载时开始增大量阶 Δ；斜率减小时降低量阶 Δ。目前，自适应增量调制的方法有多种，使用较多的是数字压扩自适应增量调制系统，它是数字检测、音节压缩与扩张自适应增量调制的简称，其系统框图如图 3-27 所示。

与 ΔM 系统相比，该系统增加了数字检测电路、平滑电路和脉冲幅度调制电路等。

数字检测指的是，自适应地改变量阶 Δ 的控制信息。音节是指输入信号包络变化的一个周期。这个周期一般是随机的，但大量统计证明，这个周期趋于某一固定值。确切地讲，音节指的就是这个固定值。对于话音信号而言，一个音节一般为 10ms。那么，音节压扩指的是量阶 Δ 并不瞬时地随输入信号的幅度变化，而是随输入信号的音节变化。

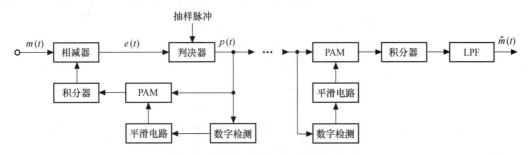

图 3-27　数字压扩自适应增量调制系统框图

由 ΔM 系统的原理可知，在输入信号斜率的绝对值很大时，ΔM 系统的编码输出中就会出现很多的连"1"码（对应正斜率）或连"0"码（对应负斜率）。连"1"或连"0"码的数量越多，说明信号的斜率就越大。可见，编码输出信号中包含着斜率信息。数字检测器的作用就是检测连"1"或连"0"码的长度。当它检测到一定长度的连"1"或连"0"码时，就输出一定宽度的脉冲，连"1"或连"0"码越多，检测器输出的脉冲宽度就越宽。然后，将这个输出脉冲加到平滑电路进行音节平均。平滑电路实际上是一个积分电路，它的时间常数与话音信号的音节相近（为 5~20ms）。因此，它的输出信号是一个以音节为时间常数缓慢变化的控制电压，其电压的幅度与话音信号的平均斜率成正比。在这个电压的作用下，PAM 使输入端的数字码流脉冲幅度得到加权。控制电压越大，PAM 输出的脉冲幅度就越高；反之就越低。这就相当于本地译码输出信号的量化阶距随控制电压的大小线性地变化。由于控制电压在音节内已被平滑，因此可以认为在一个音节内它基本上是不变的，在不同的音节内才发生变化。

3.4.3 差分脉冲编码调制（DPCM）

对于图像信号而言，由于它的瞬时斜率变化比较大，因此不宜采用ΔM系统进行编码，容易产生过载。又由于图像信号从黑变白有些是突变的，幅度特性没有类似话音信号那样的音节特性，不宜采用音节压扩方法。如果采用PCM，则数码率太高。因此，在图像编码中一般采用差分脉冲编码调制（DPCM）来压缩数码率，其工作原理如图 3-28 所示。DPCM 综合了 PCM 和 ΔM 的特点。它与 PCM 的区别是：PCM 系统对信号抽样值进行独立编码，与其他抽样值无关，而 DPCM 则对信号抽样值与信号预测值的差值进行量化、编码。它与 ΔM 的区别是：ΔM 系统用一位二进制码表示增量，而在 DPCM 中用 N 位二进制码表示增量，所以说它是介于 PCM 和 ΔM 之间的一种调制方式。

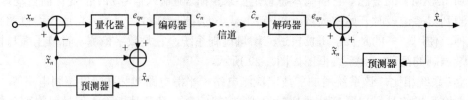

图 3-28　DPCM 工作原理

由于 DPCM 是对差值进行编码，而差值信号的幅度要比原始信号的幅度小得多，因此可以用较少的位数对差值信号进行编码。在图像质量较好的情况下，每一抽样值只需 4bit，大大压缩了传送的比特率。另外，在比特率相同的条件下，DPCM 比 PCM 信噪比改善 14~17dB。与 ΔM 相比，由于它增加了量化级，所以它的信噪比改善程度也优于 ΔM。DPCM 的缺点是抗传输噪声的能力差，即在抑制信道噪声方面不如 ΔM。因为发生误码时在 ΔM 中只产生一个增量的变化，而在 DPCM 中可能产生几个量阶的变化，从而产生较大的输出噪声。因此，DPCM 很少独立使用，一般要结合其他的编码方法使用。

3.5　典型模拟信号的数字传输系统

3.5.1　脉冲编码调制（PCM）技术在电话通信系统中的应用

1. 话音信号的数字化

电信网的程控数字交换机中交换的信号是 PCM 数字信号，这个 PCM 数字信号是在交换机的用户接口电路中进行变换的。用户电路的作用之一就是将用户送出的模拟话音变换为 PCM 数字信号，如图 3-29 所示。模拟话音的数字化通常要经过 3 个过程：抽样、量化、编码。

（1）抽样

原始的话音信号是一个在时间和幅度上均连续的信号，而数字信号在时间和幅度上均是离散的。因此，模拟信号的数字化就是将连续信号分别在时间和幅度上进行离散化的过程。抽样即以一定的时间间隔来抽取模拟信号的样值，在时间上将模拟信号离散化。抽样过程如图 3-30 所示。

为了在接收端使信号还原为原始的话音信号，抽样必须满足低通抽样定理，即抽样频率必须大于或等于信号波形最高频率的两倍。由于话音的大部分能量集中在 300~3400Hz，因此抽样频率至少为 3400Hz 的两倍，即 6800Hz。考虑到实际低通滤波器的截止特性不会那么理想，所以把抽样频率定在 8000Hz，其抽样周期为 $T = 1/8000 = 125\mu s$。

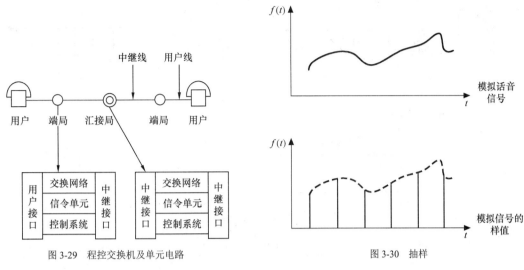

图 3-29　程控交换机及单元电路　　　　　　图 3-30　抽样

（2）量化

话音信号数字化的第二步就是量化，量化是将样值幅度取值连续的模拟信号变成离散的数字信号，即将信号的幅度取值限制在有限个离散值上，只要信号的幅值落在某一个量化级内就用该级内的量化值来代替。

如图 3-31 所示，由抽样得到的信号，抽样值分别为 1、-0.4、-1.5、-1.4。假设信号变化的幅度范围为-2～2V，将其分成 4 等份，即 2～1、1～0、0～-1、-1～-2，以每等份的中间值为量化值，分别为 1.5、0.5、-0.5、-1.5。位于每一量化区间的值均被量化为各量化值，因此，所有在-2～2V 范围内变化的样值均可用这 4 个值来表示，如上述 4 个抽样值分别被量化为 1.5、-0.5、-1.5、-1.5，其量化图如图 3-32 所示。

对于幅度不同的话音信号，其量化误差和信噪比是不同的。小信号的量化误差相对较大，而大信号的量化误差相对较小。话音信号出现小信号的概率较大，为提高小信号量化后的信噪比，采用非均匀量化方法改善小信号的性能，即将小信号的量化级分得更细些，将大信号的量化级分得粗些。在实际应用中，我国采用 A 律 13 折线压缩技术。

（3）编码

话音信号数字化的第三步就是编码。上述量化值如果用对称二进制编码表示，用两位二进制数 00、01、10、11 来表示上例中的量化值-0.5、-1.5、0.5、1.5，且首位为极性码，代表量化值的正负，第二位代表绝对幅度，则 1.5 对应 11，-0.5 对应 00，-1.5 对应 01，0.5 对应 10，其对应的一串二进制码为 11000101。实际应用中，对话音信号编码时，通常用 8 位码（8bit）表示一个样值，经过编码后的信号，即为 PCM 信号。

2. 多话音信号的时分多路复用

目前电话通信中广泛使用时分多路复用方式，这部分内容在后面第 8 章将详细进行讲述。

假设复用路数为 n，则每一话路占用一个时隙，如图 3-33 所示。第 1 路话音信号的抽样值经过量化编码后的 8 位码占用 1 时隙，同样第 2 路的 8 位码占用 2 时隙……这样依次传送，直到把第 n 路传送完后，再进行第二轮传送。每传送一轮时隙所用的总时间为 1 帧。

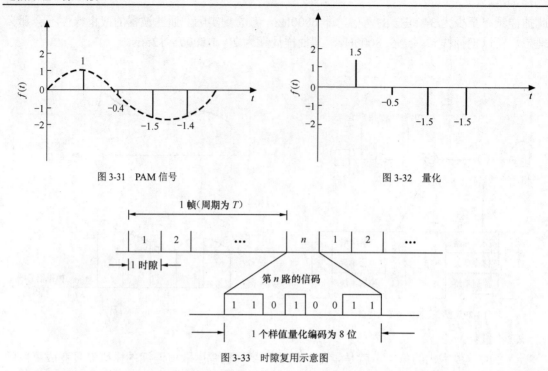

图 3-31　PAM 信号　　　　　　　　　图 3-32　量化

图 3-33　时隙复用示意图

如前所述，话音信号的抽样频率为 8000Hz，抽样周期 $T = 1/8000 = 125(\mu s)$。对 30/32 路 PCM 系统而言，是将 125μs 的时间分成 32 个时隙。因此在 30/32 路 PCM 系统中，一个时隙所占用的时间为 $125/32 = 3.9\mu s$，即一帧有 32 个时隙（$n = 32$），1 帧的时间为 125μs。

3.5.2　自适应差分脉冲编码调制（ADPCM）在话音信号编码中的应用

由于 PCM 通信系统编码速率较高，ΔM 的信噪比性能较差，几种改进型的编码技术如 DPCM 等也易受传输线路噪声的影响，故在长途电话传输中使用自适应差分脉冲编码调制（ADPCM）系统。

ADPCM 有两种方案：一种是自适应量化；另一种是自适应预测。

1. 自适应量化

自适应量化的思路是：让量化阶距、分层电平能够自适应于量化器输入信号的变化，从而使量化误差减小。目前的自适应量化方案有两种：一种是其量化阶距由输入信号本身估值，此为前向自适应量化；另一种是其量化阶距根据量化器输出信号进行自适应调整，此为后向自适应量化。

前向自适应量化的优点是估值准确，其缺点是阶距信息要与话音信息一起送到接收端解码器，否则接收端无法知道发送端该时刻的量阶值。另外，阶距信息需要若干比特的精度，因而前向自适应量化技术不宜采用瞬时自适应量化方案。后向自适应量化的优点是接收端不需要阶距信息，因为阶距信息可以直接从接收信息中提取、可采用音节或瞬时或者二者兼顾的自适应量化方式；其缺点是量化误差会影响其估值的准确性，但自适应动态范围越大，影响程度越小。后向自适应量化目前被广泛采用。这两种自适应的量化比 DPCM 的性能改善 10~12dB。

2. 自适应预测

前面介绍的 ΔM 和 DPCM 系统都是用前后两个样值的差值 $e(t)$ 进行量化编码的，这种仅用前面一个样值求 $e(t)$ 的情况称为一阶预测。实际信号中其样值的前后往往是有一定的关联的，如果采用前面若干个样值作为参考来推算 $e(t)$，就是高阶预测。为了在接收端根据 $e(t)$ 的编码产生下一个输入样值的准确估计，可以对前面所有样值的有效信息冗余度进行加权求和，这里的加权系数又称为预测系数。

自适应量化的思路是：使预测系数的改变与输入信号的幅度相匹配，从而使预测误差 $e(t)$ 为最小值，这样预测的编码范围可缩小，可在相同编码位数的情况下提高信噪比。

自适应预测也有前向型和后向型两种。图 3-34 给出了后向型兼有自适应量化和自适应预测的 ADPCM 的编译码原理图。

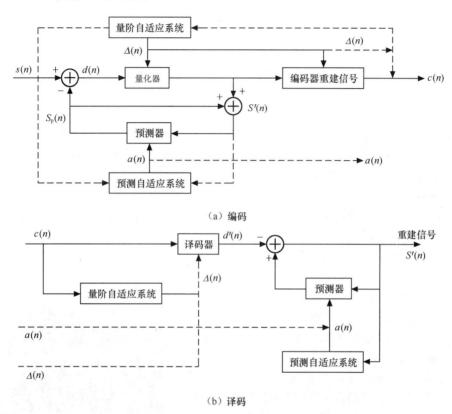

(a) 编码

(b) 译码

图 3-34 后向型兼有自适应量化和自适应预测的 ADPCM 的编译码原理图

对话音信号来说，ADPCM 系统的量阶和预测系数可调整一个音节周期，在两次调整之间，它们的值保持固定不变。由于采用了自适应措施，量化失真、预测误差均比较小，因而传送 32kbit/s 比特率即可获得传送 64kbit/s 系统的通信质量。

3.6 通信系统仿真

3.6.1 抽样定理 PAM 仿真

1. 抽样定理 PAM 系统模型

抽样定理 PAM 数学模型、波形和频谱如图 3-35 所示。

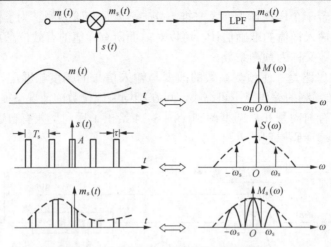

图 3-35 抽样定理 PAM 数学模型、波形和频谱

用脉冲宽度为 τ、脉冲幅度为 A、重复周期为 T_s 的周期性脉冲序列 $s(t)$ 与信号 $m(t)$ 相乘，得到 $m_s(t)$-脉冲幅度调制 PAM 信号（即自然抽样）。在接收端，用截止频率为 f_H（原信号带宽 $0 \sim f_H$）的理想低通滤波器，若参数设计合理，可以恢复原信号。

2. 仿真分析内容及目标

以 PAM 为例搭建一个模拟通信系统，以正弦信号为输入信号，脉冲信号作为抽样信号，观察各部分的波形及频谱。要求：

（1）观察抽样后的波形及频谱；

（2）观察接收端的波形及频谱；

（3）改变抽样频率再进行观察。

熟悉 SystemView 软件的操作方法，通过观察时域、频域波形，对抽样原理进行验证。

3. 系统仿真过程

（1）进入 SystemView 系统视窗。

（2）根据图 3-35 系统框图，调用图符搭建图 3-36 所示的仿真分析系统，其中图符 0、1、2 分别为输入信号、相乘器和抽样脉冲构成的 PAM 发送部分，图符 3 为滤波器，是接收端器件。

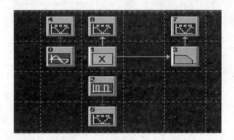

图 3-36 抽样定理仿真分析系统

（3）正确设置图符参数，抽样定理仿真系统图符参数设置如表 3-5 所示。

表 3-5　　　　　　　　抽样定理仿真系统图符参数设置

编号	图符属性	信号选项	类型	参数设置
0	Source	Periodic	Sinusoid	Amp=1V，Freq=200Hz，Phase=0deg
1	Multiplier	—	—	—
2	Source	Periodic	Pulse Train	Amp=1V，Freq=2000Hz，Pulse Width=0.00025s Offset=0V，Phase=0deg
3	Operator	Fitters/Systems	Linear Sys Filters	Butterworth Lowpass ⅡR，3 Poles，F_c=300Hz
4，5，6，7	Sink	Graphic	Systm View	—

其中，图符 2 为占空比为 50%的周期性脉冲信号，图符 3 为模拟低通滤波器，滤出 2 倍频分量，通过选择操作库中的"Linear Sys"按钮，进一步单击"Filter PassBand"栏中的 Lowpass 按钮，选择 Butterworth 型滤波器，设置滤波器的阶数为 3（No.of Poles=3），滤波器截止频率 Low Cuttoff=400Hz。

（4）设置时钟参数，其中时间参数：开始时间 Start Time 为 0s；终止时间 Stop Time 为 0.025s；采样参数：采样频率为 20000Hz；

（5）运行系统，观察时域波形。单击运行按钮，运行结束后按"分析窗"按钮进入分析窗，单击"绘制新图"按钮，则图符 4、图符 5、图符 6、图符 7 活动窗口分别显示出原始信号、脉冲信号、抽样信号、接收信号时域波形，如图 3-37 所示。

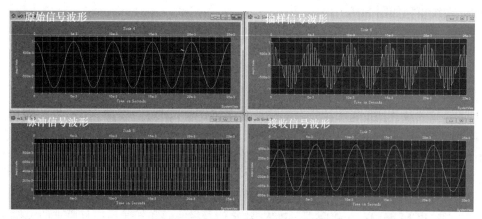

图 3-37　抽样定理仿真分析系统时域波形

（6）观察原始信号、脉冲信号、抽样信号、接收信号的频谱。在分析窗下，单击信宿计算器按钮，选择 Spectrum 项，再选择|FFT|计算各信号的频谱（傅里叶变换），在活动窗口分别显示出原始信号、脉冲信号、抽样信号、接收信号频域波形，如图 3-38 所示。

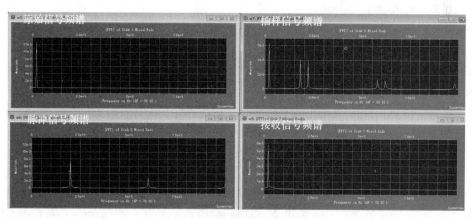

图 3-38　抽样定理仿真分析系统频域波形

改变抽样脉冲信号的频率，如 $f_s = 200$Hz，再观察原始信号、脉冲信号、抽样信号、接收信号的时域波形和频谱。

4. 系统仿真分析

用频率为 f_s 的周期性脉冲信号对 $(0, f_H)$ Hz 内时间连续的信号 $m(t)$ 进行抽样，从图 3-38 中可以看出，抽样后脉冲的幅度随 $m(t)$ 信号的幅度变化，在频域上，抽样后 $m_s(t)$ 的频谱是由一系列位于 nf_s 各点上的基带信号频谱组成的，若满足抽样定理 $f_s \geqslant 2f_H$，则它们的频谱就不会重叠。在接收端，用截止频率为 f_H 的理想低通滤波器可以恢复原信号。若 $f_s < 2f_H$，则频谱出现交叠，接收端无法恢复原信号。

3.6.2 PCM 仿真

1. PCM 系统模型

PCM 系统模型如图 3-39 所示。

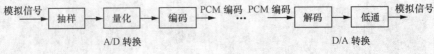

图 3-39 PCM 系统模型

PCM 通信系统包括发送和接收两部分。发送部分主要要经过抽样、量化、编码等过程，接收部分主要经过解码和低通等环节。

原始的模拟信号是一个在时间和幅度上均连续的信号，而数字信号在时间和幅度上均是离散的。因此，模拟信号的数字化就是将连续信号分别在时间和幅度上进行离散化的过程。在发送端，抽样使模拟信号在时间上实现离散化，量化过程在幅度上将模拟信号离散化，然后编为二进制 PCM 编码；在接收端，PCM 数字信号经解码和低通后恢复原来的模拟信号。

2. 仿真分析内容及目标

搭建 PCM 通信系统模型，发送端以语音信号（3 个音频信号的组合）为输入信号、A 律非均匀量化、编为 8 位二进制编码，实现 A/D 转换，接收端完成 D/A 转换，对应模块参照发送端模块参数。观察各部分的波形，要求：

（1）观察 3 个合成信号的波形；
（2）观察经过压缩曲线后的信号波形；
（3）观察经过量化、编码后的信号波形；
（4）观察经过译码后的信号波形；
（5）观察经过扩张曲线后的信号波形；
（6）观察经过低通滤波器后的信号波形。

熟悉 SystemView 软件的操作方法，通过观察时域波形，对 PCM 通信系统进行验证。

3. 系统仿真过程

（1）进入 SystemView 系统视窗。
（2）根据图 3-39 的系统框图，调用图符搭建如图 3-40 所示的 PCM 仿真分析系统，其中图符 0、1、2、3、4、5、6、7 构成 PCM 通信系统的发送部分，图符 0、1、2 是 3 个幅度相同、频率不同的正弦信号，合成输入信号（模拟语音信号），图符 3 为加法器，图符 4 为滤波器，图符 5 为压缩器，图符 6 为 A/D 转换器，图符 7 为抽样脉冲；图符 8、9、10 构成接收器端，其中图符 8 为 D/A 转换器，图符 9 为扩张器，图符 10 为低通滤波器。

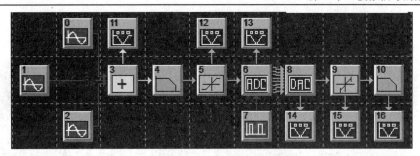

图 3-40　PCM 仿真分析系统

（3）正确设置图符参数，抽样定理仿真系统图符参数设置如表 3-6 所示；

表 3-6　　　　　　　　　　抽样定理仿真系统图符参数设置

编号	图符属性	信号选项	类型	参数设置
0	Source	Periodic	Sinusoid	Amp=1V，Freq=500Hz，Phase=0deg
1	Source	Periodic	Sinusoid	Amp=1V，Freq=1500Hz，Phase=0deg
2	Source	Periodic	Sinusoid	Amp=1V，Freq=1000Hz，Phase=0deg
3	Adder	—		
4	Operator	Fitters/Systems	Linear Sys Filters	Butterworth Lowpass ⅡR，3 Poles，F_c=1800Hz
5	Comm	Processors	Compander	A-Law，Max Input=±5V
6	Logic	Mixed Signal	ADC	Gate Delay=0s，Theshold=0.5V，True Output=1V，False Output=0V，No.Bit=8，Min Input=−4V，Max Input=−4V，Rise Time=0s
7	Source	Periodic	Pulse Train	Amp=1V，Freq=10000Hz，Pulse Width=0.00002s Offset=0V，Phase=0deg
8	Logic	Mixed Signal	DAC	Gate Delay=0s，Theshold=0.5V，No.Bit=8，Min Input=−4V，Max Input=4V
9	Comm	Processors	D-Compander	A-Law，Max Input=±5V
10	Operator	Fitters/Systems	Linear Sys Filters	Butterworth Lowpass ⅡR，3 Poles，F_c=1800Hz
11，12，13，14，15，16	Sink	Graphic	SystmView	—

其中，图符 0、1、2 由幅度相同、频率不同的 3 个正弦信号合成一个 300~3400Hz 的语音信号；图符 4 为低通滤波器，滤除语音信号外的噪声；图符 5 为 A 律压缩器，可实现非均匀量化；图符 6 完成抽样及量化，输出 PCM 编码；图符 8 实现数模转换；图符 9 为 A 律扩张器；图符 10 为低通滤波器，参数设置与图符 4 相同，选择 Butterworth 型滤波器，设置滤波器的阶数为 3（No.of Poles=3），滤波器截止频率 Low Cuttoff=1800Hz。

（4）设置时钟参数，其中时间参数：开始时间 Start Time 为 0s；终止时间 Stop Time 为 0.004s；采样参数：采样频率（Samples Rate）为 100000Hz。

（5）运行系统，观察时域波形。单击"运行"按钮，运行结束后按"分析窗"按钮，进入分析窗后，单击"绘制新图"按钮，则图符 11、图符 12、图符 13、图符 14、图符 15、图符 16 活动窗口分别显示出信号源、信号源压缩后、PCM 编码、PCM 译码、扩张后、恢复的信号源输出等各种波形,如图 3-41 所示。

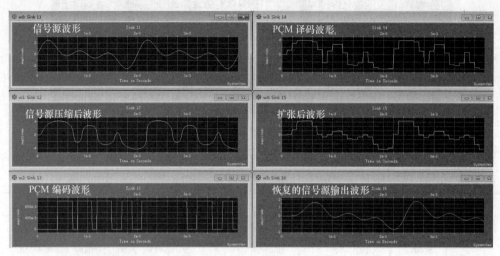

图 3-41　PCM 通信系统仿真时域波形

3. 系统仿真分析

为了模拟 300～3400Hz 语音信号,采用 3 个幅度相同、频率分别为 500Hz、1000Hz 和 1500Hz 的信号合成信号源,如图 3-41 中"信号源波形",图符 5 使用了我国目前采用的 A 律压缩,注意在译码时扩张器也应采用 A 律解压。对比"信号源压缩后波形"与"信号源波形",明显看到压缩后小信号明显放大,而大信号被压缩,从而提高了小信号的信噪比,这样可以使用较少位数的量化满足语音传输的需要。完成压缩后信号在时间及幅度上均离散,因为语音信号频率范围为 300～3400Hz,根据抽样定理,抽样频率应大于最高频率的 2 倍,抽样频率取 8kHz(此处取 10kHz)即可满足,量化电平数为 256 级量化,编码用 8bit 表示。扩张后的波形使大、小信号的处理与压缩处理相反,对比"恢复的信号源输出波形"与"信号源波形",其波形基本上不失真地在接收端得到恢复,传输的过程实现了模拟信号数字化的传输过程。

习　　题

3-1　在数字通信中,为什么要进行抽样和量化?

3-2　抽样后的模拟信号包含哪些频率成分?如果模拟信号的频带为 60～1300Hz,求其抽样频率 f_s 为多少,并写出抽样后频谱中前 7 项的各自频率范围。

3-3　设以每秒 3600 次的抽样速率对信号进行抽样。

$$f(t) = 10\cos(400\pi t) \cdot \cos(2000\pi t)$$

(1) 画出抽样信号 $f_s(t)$ 的频谱图。

(2) 确定由抽样信号恢复 $f(t)$ 所用理想低通滤波器的截止频率。

3-4　已知信号为 $f(t) = \cos\omega_1 t + \cos 2\omega_1 t$,并用理想的低通滤波器来接收抽样后的信号。

(1) 试画出该信号的时间波形和频谱图。

(2) 确定最小抽样频率是多少。

（3）画出抽样后的信号波形和频谱组成。

3-5 对于均匀量化编码，若信号幅度 U_m 小 1/2，则信噪比变化了多少？

3-6 有 10 路具有 4kHz 最高频率的信号进行时分复用，并采用 PAM 调制。假定邻路防护时间间隔为每路应占时隙的一半，试确定其最大脉冲宽度为多少。

3-7 设以 8kHz 的速率对 24 个信道和一个同步信道进行抽样，并按时分方式进行复用。各信道的频带限制到 3.3kHz 以下，试计算在 PAM 系统内传送这个多路组合信号所需的最小带宽。

3-8 如果传送信号为 $A\sin\omega t$，$A \le 10\mathrm{V}$。按线性 PCM 编码，分成 64 个量化级，试问

（1）需要用多少位编码？

（2）量化信噪比是多少？

3-9 采用二进制编码的 PCM 信号一帧的话路数为 N，信号最高频率为 f_m，量化级数为 M，试求出二进制编码信号的最大持续时间。

3-10 某信号波形如图 3-42 所示，并用 $n=3$ 的 PCM 传输，假定抽样频率为 8kHz，并从 $t=0$ 时刻开始抽样。试标明：

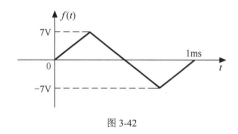

图 3-42

（1）各抽样时刻的位置；

（2）各抽样时刻的抽样值；

（3）各抽样时刻的量化值；

（4）将各量化值编成折叠二进制码。

3-11 在 A 律 13 折线中 8 个段落的量化级之间存在什么关系？最大量化级是最小量化级的多少倍？

3-12 某设备按 A 律 13 折线进行编码，已知未过载电压的最大值 $V=4096\mathrm{mV}$，问 Δ 和 Δ_4 应选多少 mV？

3-13 已知取样脉冲的幅度为 $+137\Delta$，试利用逐次反馈型编码器将其进行 A 律 13 折线压扩 PCM 编码，并计算收端的量化误差。

3-14 采用 A 律 13 折线编码，设最小的量化级为一个单位，已知抽样值为 $+635$ 个单位。

（1）试求编码器输出的 8 位码组，并计算量化误差。

（2）写出对应 7 位码（不包括极性码）的均匀量化 11 位码。

3-15 采用 A 律 13 折线编译码电路，设接收端收到的码为 01010011，若已知段内码为自然二进制码，最小量化单位为 1 个单位。

（1）求译码器输出为多少单位电平？

（2）写出对应 7 位码（不包括极性码）的均匀量化 11 位码。

3-16 信号 $f(t)$ 的最高频率为 $f_m = 25\mathrm{kHz}$，按奈奎斯特速率进行抽样后，采用 PCM 方式传输，量化级数 $N=258$，采用自然二进制码，若系统的平均误码率 $P_e = 10^{-3}$。

（1）求传输 10s 后错码的数目。
（2）若 $f(t)$ 为频率 $f_m = 25$kHz 的正弦波，求 PCM 系统输出的总输出信噪比 $(S_0/N_0)_{PCM}$。

3-17 收端解码器和本地解码器有哪些异同？

3-18 信号 $f(t) = A\sin 2\pi f_0 t$ 进行 ΔM 调制，若量化阶 Δ 和抽样频率选择得既保证不过载，又保证不会因信号振幅太小而使增量调制器不能正常编码，试证明此时 $f_s > \pi f_0$。

3-19 设频率为 f_m、幅度为 A_m 的正弦波加在量化阶为 Δ 的增量调制器，且抽样周期为 T_s，试求不发生斜率过载时信号的最大允许发送功率为多少。

3-20 用 Δ-ΣM 调制系统分别传输信号 $f_1(t) = A_m \sin\Omega_1 t$ 和 $f_2(t) = A_m \sin\Omega_2 t$，在两种情况下取量化阶距 Δ 相同，为了不发生过载，试求其抽样速率，并与 ΔM 系统的情况进行比较。

第 4 章 数字信号的基带传输系统

数字信号的传输有基带传输和频带传输两种方式。在实际应用中,基带传输系统应用并不广泛,但是对基带传输的研究仍是十分重要的。这是因为基带传输不但本身是一种重要的传输方式,而且与频带传输之间有着紧密的联系。由于基带传输系统所用的设备费用较低,因此基带传输方式特别适合传送短距离的数字信号。

4.1 概述

由数据终端设备输出的各种数字码流(包括第 3 章介绍的 PCM、ΔM 编码信号等)的频谱通常是从直流和低频开始的,带宽是有限的,所以称其为数字基带信号。如果将数字基带信号直接送入信道传输,就称为基带传输。

图 4-1 是一个典型的数字基带信号传输系统的原理框图,包括基带码型编码、发送滤波器、信道、接收滤波器、基带码型译码等部分。

图 4-1 数字基带信号传输系统的原理框图

4.2 数字基带信号的常用码型

数字基带信号用数字信息的电脉冲来表示,通常把数字信息的电脉冲的表示形式称为数字基带信号码型。不同形式的码型信号具有不同的频谱结构。合理地设计、选择数字基带信号码型,能够使数字信息的频谱结构适合于给定信道传输特性,便于数字信号在信道内传输。适于在有线信道中传输的基带信号码型又称为线路传输码型。

4.2.1 数字基带信号编码规则

线路码传输码型设计的原则为:
(1) 编码方案与信源的统计特性无关;
(2) 接收端有在线误码检测功能,能正确解码;
(3) 码型中的直流分量和低、高频分量越小越好;
(4) 便于提供位同步(位定时)信息;

(5) 功率谱主瓣宽度窄,以节省传输带宽;

(6) 编解码设备简单可靠。

在保证(1)、(2)两项的前提下,其余各项可根据实际情况尽量多地予以满足。

4.2.2 数字基带信号常用码型

下面介绍几种数字基带信号常用码型。

1. 单极性不归零(NRZ)码

平常所说的单极性码就是指单极性不归零码,如图4-2(a)所示,它用高电平代表二进制符号的"1";0电平代表"0",在一个码元时隙 T_S 内,电平维持不变。

单极性不归零码的缺点:(1)有直流成分,传输衰耗大,因此不适用于远距离的有线信道;(2)判决电平取接收到的高电平的一半,所以不容易稳定在最佳值;(3)不能直接提取同步信号;(4)传输时要求信道的一端接地。单极性不归零码适用于计算机内部或极近距离传输数字信号。

2. 单极性归零(RZ)码

单极性归零码如图4-2(b)所示,代表二进制符号"1"的高电平在整个码元时隙持续一段时间后要回到0电平,0电平仍代表"0",如果高电平持续时间 τ 为码元时隙 T_S 的一半,则称之为50%占空比的单极性归零码。

单极性归零码中含有位同步信息,其他特性同单极性不归零码。单极性归零码是其他码型提取位同步信息时常采用的一种过渡码型。

3. 双极性不归零(NRZ)码

双极性不归零码(双极性码)如图4-2(c)所示,它用正电平代表二进制符号的"1";负电平代表 "0",在整个码元时隙 T_S 内,电平维持不变。

双极性码的优点:当二进制符号序列中的"1"和"0"等概率出现时,序列中无直流分量;判决电平为 0,容易设置且稳定,抗噪声性能好,无接地问题;缺点是序列中不含位同步信息。ITU-T 制定的 V.24 接口标准和美国电子工业协会(EIA)制定的 RS-232C 接口标准常采用此种码型。

4. 双极性归零(RZ)码

双极性归零码如图4-2(d)所示,代表二进制符号"1"和"0"的正、负电平在整个码元时隙 T_S 持续一段时间 τ 之后都要回到0电平,同单极性归零码一样,τ/T_S 也称为占空比。

它的优缺点与双极性不归零码相同,应用时只要在接收端加一级整流电路就可将序列变换为单极性归零码,相当于包含了位同步信息。双极性归零码具有双极性不归零码的抗干扰能力强及码中不含直流成分的优点,因此得到了比较广泛的应用。

5. 差分码

在差分码中,二进制符号的"1"和"0"分别对应着相邻码元电平符号的"变"与"不变",如图4-2(e)所示。差分码也称相对码,变换之前的码型称绝对码。

差分码码型的高、低电平不再与二进制符号的"1""0"直接对应,所以即使当接收端收到的码元极性与发送端完全相反时也能正确判决,因此应用很广,在数字调制中被用来解决移相键控中"1""0"极性倒 π 问题。

差分码可以由一个模2加电路及一级移位寄存器来实现,若 a_i 为绝对码,b_i 为相对码,

其逻辑关系为 $b_i = a_i \oplus b_{i-1}$。

6. 数字双相码

数字双相码又称分相码或称曼彻斯特码，如图 4-2（f）所示，它属于 1B2B 码，即在原二进制一个码元时隙内有两种电平，例如"1"码可以用"＋ －"脉冲表示，"0"码用"－ ＋"脉冲表示。

数字双相码的优点：在每个码元时隙的中心都有电平跳变，因而频谱中有定时分量，并且由于在一个码元时隙内的两种电平各占一半，所以不含直流成分。缺点是传输速率无意义地增加了一倍，频带也展宽了一倍。

数字双相码可以用单极性码和定时脉冲模 2 运算获得。数字双相码适用于数据终端近距离的传输，局域网常采用此种传输码。

7. CMI 码

CMI 码是传号反转码的简称，也可归类于 1B2B 码，CMI 码将信息码流中的"1"码用交替出现的"＋ ＋""－－"表示；"0"码统一用"－ ＋"脉冲表示，参看图 4-2（g）。

CMI 码的优点除了与数字双相码一样外，还具有在线错误检测功能，如果传输正确，则接收码流中出现的最大脉冲宽度是一个半码元时隙。因此 CMI 码以其优良性能被原 CCITT（国际电报电话咨询委员会）建议作为 PCM 四次群的接口码型，它还是光纤通信中常用的线路传输码型。

8. 密勒码

密勒（Miller）码也称延迟调制码。它的"1"码要求码元起点电平取其前面相邻码元的末相，并且在码元时隙的中点有极性跳变（由前面相邻码元的末相决定是选用"＋ －"还是"－ ＋"脉冲）；对于单个"0"码，其电平与前面相邻码元的末相一致，并且在整个码元时隙中维持此电平不变；遇到连"0"情况，两个相邻的"0"码之间在边界处要有极性跳变，如图 4-2（h）所示。

密勒码也可以进行误码检测，因为在它的输出码流中最大脉冲宽度是两个码元时隙，最小脉冲宽度是一个码元时隙。

用数字双相码再加一级触发电路就可得到密勒码，故密勒码是数字双相码的差分形式，它能克服数字双相码中存在的相位不确定问题，而频带宽度仅是数字双相码的一半，常用于低速率的数传机中。

9. AMI 码

AMI 码是传号交替反转码，编码时将原二进制信息码流中的"1"用交替出现的正、负电平 B 码（＋B 码、－B 码也称信息码、信码）表示；"0"用 0 电平表示，所以在 AMI 码的输出码流中总共有 3 种电平出现，并不代表三进制，所以它又可归类为伪三元码，如图 4-2（i）所示。

AMI 码的优点：功率谱中无直流分量，低频分量较小；解码容易；利用传号时是否符合极性交替原则，可以检测误码。由于具有以上优点，AMI 成为较为常用的传输码型之一。

AMI 码的缺点：当信息流中出现长连"0"码时，AMI 码中无电平跳变，会丢失定时信息。采用 HDB_3 码可以解决连"0"码较长的问题。

10. HDB_3 码

HDB_3 码的全称是三阶高密度双极性码，也是伪三元码，是 AMI 码的改进型。它保持了 AMI 码的优点，克服了连"0"码较长的缺陷，使连"0"的数目小于 4，如图 4-2（j）所示。其编码规则如下：

（1）如果原二进制信息码流中连"0"的数目小于 4，那么无须再编制 HDB_3 码，即此时的 AMI 码与 HDB_3 码一样，也无须再进行下述变换。

（2）当信息码流中连"0"数目大于或等于4时，将每4个连"0"编成一个小节，序列中的"1"码编为±B码（信息码、信码）；4个连"0"码"0000"以4个为一个小节用000V取代，V码的极性与其前方最后一个B码的极性相同，因V码的极性破坏了B码之间正、负极性交替原则，故V码是破坏脉冲，也称破坏码，而V码后面第一个出现的B码极性则与其相反。

（3）序列中各V码之间的极性应正负交替，检查两个V码之间B码的个数，若为奇数，满足此条件，无须再进行下述变换。

（4）若两个V码之间B码脉冲的个数为偶数，则需要将后小节的000V改成B'00V，B'称为补码，与B码之间满足极性交替原则，即B'极性与前一个B码相反，B'00V小节中的V与B'极性相同。

如此编码的结果保证了V、BB'两序列极性交替出现。HDB_3码较综合地满足了对传输码型的各项要求，所以被大量应用于复接设备中，在电话网局间传输时使用HDB_3码，ΔM、PCM等终端机也采用HDB_3码型变换电路作为接口码型。

图4-2中所画的常用码型都是用矩形脉冲表示的，实际上基带信号还可以是其他形状，如升余弦等。

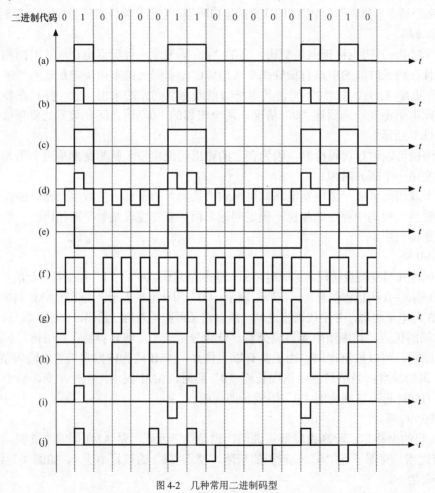

图4-2 几种常用二进制码型

（a）单极性不归零（NRZ）码（b）单极性归零（RZ）码（c）双极性不归零（NRZ）码（d）双极性归零（RZ）码（e）差分码（f）数字双相码（g）CMI码（h）密勒码（i）AMI码（j）HDB_3码

例 4.1 将信息码 10110000101000011 变换为 HDB$_3$ 码。

解：

信息码	1	0	1	1	0	0	0	0	1	0	1	0	0	0	0	1	1
AMI 码	+1	0	−1	+1	0	0	0	0	−1	0	+1	0	0	0	0	−1	+1
B 码	+B	0	−B	+B	0	0	0	0	−B	0	+B	0	0	0	0	−B	+B
V 码	+B	0	−B	+B	0	0	0	+V	−B	0	+B	0	0	0	+V	−B	+B
B′码	+B	0	−B	+B	0	0	0	+V	−B	0	+B	−B′	0	0	−V	+B	−B
HDB$_3$ 码	+1	0	−1	+1	0	0	0	+1	−1	0	+1	−1	0	0	−1	+1	−1

类似的还有 BnZS 码等，限于篇幅这里不作介绍。

11. 二元分组码（*m*B*n*B 码）

前面我们介绍了 1B2B 码，1B2B 码的特点是它的传输速率和频带宽度都增大了一倍。近年来在高速光纤通信中常用作线路传输码型的是 5B6B 码，它属于 *m*B*n*B 码（*m*<*n*）。*m*B*n*B 编码时将输入信息序列每 *m* 个 bit 分为一组，再编成 *n* 个 bit 的码字输出。

以 5B6B 码为例，编码时信息序列每 5 个 bit 为一组，共有 32 种（2^5）组合，输出 6 个 bit，共有 64 种（2^6）组合。它在 2^6 种可能的组合中选择 2^5 种作输出（与输入序列一一对应）。此码的传输速率和频带宽度比原序列仅增加 20%，却换取了低频分量小、可实行在线误码检测、迅速同步等优点。

与 *m*B*n*B 码类似的还有 PST 码、4B3T 码等，都有正、负两种变换模式。

PST 码的全称是成对选择三进码，编码时先将输入的二进制码两两分组，然后把每一码组编码成两个三进制数字（+、−、0），即在 9 种状态（两位三进制数字 3^2）中灵活地选择 4 个状态。表 4-1 示出了 PST 编码较常用的一种格式，编码时当组内只有 1 个"1"码时，两种模式交替采用。

表 4-1　　　　　　　　　　　　　PST 码表

二进制代码	+模式	−模式
0 0	− +	− +
0 1	0 +	0 −
1 0	+ 0	− 0
1 1	+ −	+ −

4B3T 码则是把 4 个二进制码变换成 3 个三进制码，它是在 2^4 与 3^3 之间确定对应关系的一种编码方式。

在码元速率一定时，为了提高传信率，还会用到多进制（*M* 进制）码，如四进制、八进制等，视需要决定。

4.3　数字基带信号的频谱分析

选择传输码型时应该确知所选码型的带宽，还应确知该码型中是否含有可供接收端提取的同步信息，这就需要了解数字基带信号的频谱特性。

4.3.1 二进制随机脉冲序列的功率谱密度

数字通信系统中传送的随机脉冲序列属于功率信号，没有确定的频谱函数，只能用功率谱密度来描述其频谱特性。求功率信号的功率谱密度函数十分复杂，现在我们避开复杂的推导，直接给出结果。

假设二进制随机脉冲序列是平稳、遍历的随机序列，$g_1(t)$ 和 $g_2(t)$ 是代表二进制随机序列中"1"码和"0"码的基本波形函数，"1"码出现的概率为 P，"0"码出现的概率为 $(1-P)$，那么任何一个二进制随机脉冲序列的单边功率谱密度表示式可写为

$$P_{S\text{单}}(f) = 2f_s P(1-P)|G_1(f)-G_2(f)|^2 + f_s^2|PG_1(0)+(1-P)G_2(0)|^2\delta(f)$$
$$+ 2f_s^2\sum_{m=1}^{\infty}\left|[PG_1(mf_s)+(1-P)G_2(mf_s)]\right|^2\delta(f-mf_s), f\geq 0 \qquad (4.1)$$

式中 $f_s=1/T_s$ 是离散谱中的基频，也是码元重复频率，在数值上等于每秒所传输的码元数，与码元间隔 T_s 互为倒数；$G_1(f)$ 和 $G_2(f)$ 分别是 $g_1(t)$ 和 $g_2(t)$ 的频谱函数；$G_1(mf_s)$ 和 $G_2(mf_s)$ 是 $f=mf_s$ 时 $g_1(t)$ 和 $g_2(t)$ 的频谱函数（m 为正整数），mf_s 是 f_s 的各次谐波。

表示式中各部分的含义如下。

1. 连续谱

第一项：$2f_s P(1-P)|G_1(f)-G_2(f)|^2$ 是连续谱，由连续谱可以知道信号的能量分布，确定信号带宽。由于信息码流中不可能出现全"0"和全"1"的情况（$P\neq 0$、$P\neq 1$），并且由于 $g_1(t)\neq g_2(t)$，故 $G_1(f)\neq G_2(f)$，所以连续谱永远存在。

2. 直流成分

第二项：$f_s^2|PG_1(0)+(1-P)G_2(0)|^2\delta(f)$ 表示直流成分。对于双极性码，由于 $g_1(t)=-g_2(t)$，故 $G_1(0)=-G_2(0)$，此时若"1""0"码等概率出现，则此项为 0，说明等概率情况下的双极性码流中不含直流成分。

3. 离散谱

第三项：$2f_s^2\sum_{m=1}^{\infty}\left|[PG_1(mf_s)+(1-P)G_2(mf_s)]\right|^2\delta(f-mf_s)$ 表示离散谱。分析这一项是为了确定序列中是否含有基波成分 f_s（位同步信号由基波提取）。例如，对于等概率（$P=1/2$）的双极性码 $g_1(t)=-g_2(t)$、$G_1(0)=-G_2(0)$，离散分量不存在，无法提取同步信息。

4.3.2 几种典型二进制随机脉冲序列功率谱密度分析

例 4.2 求图 4-3（a）所示的单极性不归零二进制脉冲序列的功率谱密度（设"1""0"码等概率出现，即 $P=1/2$，码元宽度 $\tau=T_s$）。

解：不归零二进制脉冲序列中单个脉冲的时域表达式为

$$g_1(t) = \begin{cases} A & t \leq T_s \\ 0 & t > T_s \end{cases}$$
$$g_2(t) = 0 \qquad (4.2)$$

功率谱密度

$$G_1(f) = AT_s Sa(\pi f T_s)$$
$$G_2(f) = 0$$
(4.3)

$G_1(f)$ 在 $f=0$ 处有最大值：$G_1(0) = AT_s$；抽样函数的零点位置分别在 $f=kf_s$ 处（k 为整数），如图 4-3（b）所示。

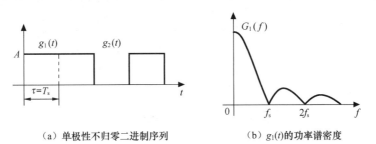

（a）单极性不归零二进制序列　　　　（b）$g_1(t)$ 的功率谱密度

图 4-3　单极性不归零二进制码序列及单个码元的功率谱密度

将 $P=1/2$、$G_1(f)$ 和 $G_1(0)$ 的值代入式（4.1）整理，求出单极性不归零二进制序列（1、0 码等概率出现）的单边功率谱密度为

$$P_{s\text{单}} = \frac{1}{2} A^2 T_s Sa^2(\pi f T_s) + \frac{1}{4} A^2 \delta(f) \quad f \geq 0$$
(4.4)

其中，连续谱部分为 $\frac{1}{2} A^2 T_s Sa^2(\pi f T_s)$，按第 1 个过零点计算带宽，带宽 $B=f_s$；直流成分为 $\frac{1}{4} A^2 \delta(f)$；由于过零点位置在 $f=kf_s$，抑制了离散频谱的出现（$m=k$），所以第三项不存在，无离散频谱，不能提取同步信息。

例 4.3　求图 4-4（a）所示单极性归零二进制码序列的功率谱密度（设 $\tau = \frac{T_s}{2}$）。

解：50%占空比的单极性二进制随机脉冲序列单个脉冲的频域表达式为

$$G_1(f) = \frac{AT_s}{2} Sa\left(\frac{1}{2}\pi f T_s\right)$$
$$G_2(f) = 0$$
(4.5)

$G_1(f)$ 的最大值 $G_1(0) = AT_s/2$，抽样函数的过零点位置由 $\omega T_s/4 = k\pi$，解出：$f=2kf_s$（k 为整数），如图 4-4（b）所示。

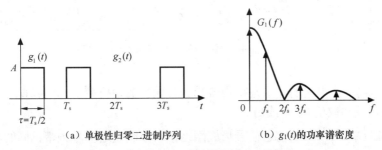

（a）单极性归零二进制序列　　　　（b）$g_1(t)$ 的功率谱密度

图 4-4　单极性归零二进制码序列的功率谱密度

$P=1/2$ 时，其单边功率谱密度为

$$P_{s\text{单}} = \frac{A^2 T_s}{8} Sa^2\left(\frac{\pi f T_s}{2}\right) + \frac{A^2}{16}\delta(f) + \frac{A^2}{16}\sum_{m=1}^{\infty} Sa^2\left(\frac{m\pi}{2}\right)\delta(f-mf_s) \quad f \geqslant 0 \quad (4.6)$$

取第 1 个过零点为频带宽度，则 $B=2f_s$ 是不归零二进制序列的两倍；直流分量为 $\frac{1}{16}A^2\delta(f)$。离散频谱出现在 f_s 的奇数倍上，由于接收端的位同步信号从基波中提取，所以单极性归零码中有位同步信息。

例 4.4 求双极性归零码与不归零码序列的功率谱密度（设"1""0"码等概率出现）。

解：

将 $g_1(t)=-g_2(t)$、$G_1(f)=-G_2(f)$，和 $P=1/2$ 代入式（4.1）整理

双极性不归零码

$$P_{s\text{单}} = 2f_s|G_1(f)|^2 = 2A^2 T_s Sa^2 \pi f T_s, \quad f \geqslant 0 \quad (4.7)$$

双极性归零码

$$P_{s\text{单}} = 2f_s|G_1(f)|^2 = \frac{A^2 T_s}{2} Sa^2\left(\frac{\pi f T_s}{2}\right), \quad f \geqslant 0 \quad (4.8)$$

可见双极性码在 1、0 码等概率出现时，不论归零与否，都没有直流成分和离散谱。虽然它们的功率谱密度表达式中都没有基频，不含位同步信息，但是对于双极性归零码，只要在接收端加一个全波整流电路，将接收到的序列变换为单极性归零码序列，就可以提取出位同步信息；另外可以利用脉冲的前沿启动信号、后沿终止信号而无须另加位定时信号提取电路。

4.4 数字基带信号传输系统

4.4.1 数字基带信号传输系统模型

前面我们介绍了数字基带信号的常用码型，这些码型的形状常常画成矩形，而矩形脉冲的频谱在整个频域是无穷延伸的。由于实际信道的频带是有限的而且有噪声，用矩形脉冲作传输码型会使接收到的信号波形发生畸变，所以这一节我们寻找能使差错率最小的传输系统的传输特性。

图 4-5 示出了一个典型的数字基带传输系统模型。

图 4-5 数字基带传输系统模型

其中：

基带码型编码：该电路的输出是携带着基带传输的典型码型信息的 δ 脉冲或窄脉冲序列 $\{a_n\}$，我们仅仅关注取值 0、1 或 ±1。

发送滤波器 $G_T(\omega)$：又叫信道信号形成网络，它限制发送信号频带，同时将 $\{a_n\}$ 转换为适合在信道中传输的基带波形。

信道 $C(\omega)$：可以是电缆等狭义信道，也可以是带调制器的广义信道，信道中的窄带高

斯噪声会给传输波形造成随机畸变。

接收滤波器 $G_R(\omega)$：其作用是滤除混在接收信号中的带外噪声和由信道引入的噪声，对失真波形进行尽可能的补偿（均衡）。

抽样判决器：是一个识别电路，它把接收滤波器输出的信号波形 $y(t)$ 放大、限幅、整形后再加以识别，进一步提高信噪比。

基带码型译码：将抽样判决器送出的信号还原成原始信码。

4.4.2 基带传输中的码间串扰

数字通信的主要质量指标是传输速率和误码率，二者之间密切相关、互相影响。当信道一定时，传输速率越高，误码率越大。如果传输速率一定，那么误码率就成为数字信号传输中最主要的性能指标。从数字基带信号传输的物理过程看，误码是由接收机抽样判决器错误判决所致，而造成误判的主要原因是码间串扰和信道噪声，下面只讨论码间串扰对信号的影响，信道噪声将在下一节讨论。

顾名思义，码间串扰是传输过程中各码元间的相互干扰。由于系统的滤波作用或者信道不理想，当基带数字脉冲序列通过系统时，脉冲会被展宽，前面的码元对后面的若干码元都有影响，这样就产生了码间串扰。

图 4-6（a）示出了 $\{a_n\}$ 序列中的单个"1"码，经过发送滤波器后，变成正的升余弦波形，如图 4-6（b）所示，这种码型和波形变换更适合在信道中传输，此波形经信道传输产生了延迟和失真，如图 4-6（c）所示，可以看到这个"1"码的拖尾延伸到了下一码元时隙内，并且抽样判决时刻也应向后推移至波形出现最高峰处（设为 t_1）。

假如传输的一组码元是 1110、采用双极性码、经发送滤波器后变为升余弦波形，如图 4-7（a）所示。经过信道后产生码间串扰，前 3 个 "1" 码的拖尾相继侵入第 4 个 "0" 码的时隙中，如图 4-7（b）所示。

图 4-7 中 a_1、a_2、a_3 分别为第 1、2、3 个码元在 $t_1 = 3T_s$ 时刻对第 4 个码元产生的码间串扰值，a_4 为第 4 个码元在抽样判决时刻的幅度值。当 $a_1 + a_2 + a_3 < |a_4|$ 时，判决正确；当 $a_1 + a_2 + a_3 > |a_4|$ 时，发生错判，造成误码。

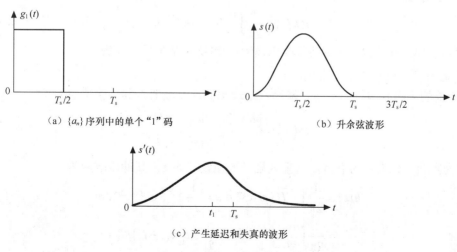

图 4-6 传输单个波形失真示意图

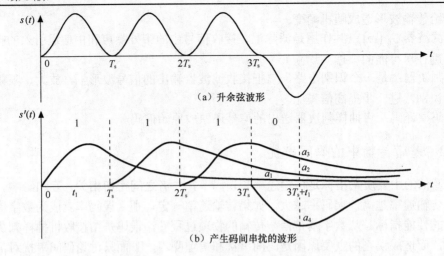

(a) 升余弦波形

(b) 产生码间串扰的波形

图 4-7 传输信息序列时波形失真示意图

4.4.3 无码间串扰的基带传输系统

1. 无码间串扰的基带传输特性

一个理想的基带传输系统应该在传输有用信号的同时能尽量抑制码间串扰和噪声。为便于讨论，先忽略信道噪声，同时把基带传输系统模型（图 4-5）进行简化，如图 4-8 所示。图 4-8 中 $H(\omega)=G_T(\omega)C(\omega)G_R(\omega)$，为发送滤波器、信道、接收滤波器之总和，是整个系统的基带传输特性。

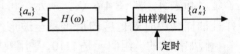

图 4-8 简化的基带传输系统模型图

如果无码间串扰，系统的冲激响应满足

$$h(kT_s) = \begin{cases} 1, & k=0 \\ 0, & k\text{为其他整数} \end{cases} \tag{4.9}$$

即抽样时刻（$k=0$）除当前码元有抽样值之外为 1，其他各抽样点上的取值均应为 0。

根据频谱分析，可以写出

$$h(kT_s) = \frac{1}{2\pi}\int_{-\infty}^{+\infty} H(\omega) e^{j\omega kT_s} d\omega \tag{4.10}$$

满足式（4.10）的 $H(\omega)$ 就是能实现无码间串扰的基带传输函数。

2. 无码间串扰的理想低通滤波器

最简单的无码间串扰的基带传输函数是理想低通滤波器，其传输特性如下。

$$H(\omega) = \begin{cases} Ke^{-j\omega t_0}, & |\omega| \leqslant \pi/T_s \\ 0, & |\omega| > \pi/T \end{cases} \tag{4.11}$$

其中 K 为常数，代表带内衰减，这里为推导方便设其为 1，其冲激响应为

$$\begin{aligned} h(t) &= \frac{1}{2\pi}\int_{-\infty}^{+\infty} H(\omega) e^{j\omega k} d\omega = \frac{1}{2\pi}\int_{-\pi/T_s}^{\pi/T_s} e^{-j\omega t_0} e^{j\omega t} d\omega \\ &= \frac{1}{2\pi}\int_{-\pi/T_s}^{\pi/T_s} e^{j\omega(t-t_0)} d\omega = \frac{1}{T_s} Sa\left[\pi(t-t_0)/T_s\right] \end{aligned} \tag{4.12}$$

抽样函数的最大值出现在 $t=t_0$ 时刻（t_0 反映了理想低通滤波器对信号的时间延迟）。变换坐标系统，令 $t'=t-t_0$，则

$$h(t') = \frac{1}{T_s} Sa(\pi t'/T_s) \tag{4.13}$$

波形如图 4-9（a）所示。

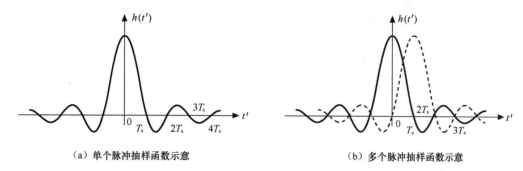

（a）单个脉冲抽样函数示意　　　　　（b）多个脉冲抽样函数示意

图 4-9　抽样函数示意图

通过图 4-9（a）我们可以看到在 t' 轴上，抽样函数出现最大值的时间仍在坐标原点。如果传输一个脉冲串，那么在 $t'=0$ 有最大抽样值的这个码元在其他码元抽样时刻 kT_s（$k=0,\pm 1,\pm 2\cdots$）为 0，如图 4-9（b）所示，说明它对其相邻码元的抽样值无干扰。这就是说，对于带宽为

$$B_N = W/2\pi = \frac{\pi/T_s}{2\pi} = \frac{1}{2T_s} (\text{Hz}) \tag{4.14}$$

的理想低通滤波器只要输入数据以 $R_B = \dfrac{1}{T_s} = 2B_N$ 波特的速率传输，那么接收信号在各抽样点上无码间串扰。数据若以高于 $2B_N$ 波特的速率传输，则码间串扰不可避免。这是抽样值无失真的条件，又叫奈奎斯特（Nyquist）第一准则。无串扰理想低通滤波器传输特性如图 4-10 所示。

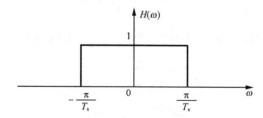

图 4-10　无串扰理想低通滤波器传输特性

无码间串扰的理想低通系统其频带利用率

$$\eta = R_B/B_N = 2(\text{Baud/Hz}) \tag{4.15}$$

这是所有无码间串扰传输系统的最高频带利用率。

归纳以上讨论，对于无码间串扰的理想低通滤波器，其带宽 $B_N = \dfrac{1}{2T_s}$ 被称为奈奎斯特带宽；抽样间隔 T_s 为奈奎斯特间隔；传输速率 $R_B=2B_N$ 为奈奎斯特速率，这是能实现无码间串扰的基带传输系统的最高传输速率。

虽然在用理想低通滤波器传输基带脉冲序列时，只要将传输速率设置成信号截止频率的

两倍就能消除码间串扰且达到极限性能,但是对理想低通滤波器的研究只有理论意义。原因有两个:其一,理想低通滤波器要求传递函数的过渡带无限陡峭,这是物理上无法实现的;其二,即使可以找到相当逼近的理想特性,但由于其冲激响应是抽样函数——拖尾振荡起伏较大、衰减又慢,因此对同步定时系统的要求非常严格,不允许有偏差(否则仍会引入码间串扰),而这几乎是不可能的,所以还需要寻找实用的、物理上可以实现的等效传输系统。

3. 无码间串扰的滚降系统

奈奎斯特在做了大量的研究后,导出了无码间串扰的基带传输特性的等效式。

$$H_{eq}(\omega) = \begin{cases} \sum_{i=-\infty}^{\infty} H(\omega + 2i\pi/T_s) = T_s, & |\omega| \leq \pi/T_s \\ 0, & |\omega| > \pi/T_s \end{cases} \quad (4.16)$$

从频域看,如果将该系统的传输特性 $H(\omega)$ 按 $2\pi/T_s$ 间隔分段,再搬回 $(-\pi/T_s, \pi/T_s)$ 区间叠加,叠加后的幅度值若为常数,则此基带传输系统可实现无码间串扰。

如图 4-11(a)所示,这是一个具有升余弦滚降特性传递函数的低通滤波器

$$H(\omega) = \begin{cases} \dfrac{T_s}{2}\left(1 + \cos\dfrac{\omega T_s}{2}\right), & |\omega| \leq 2\pi/T_s \\ 0, & |\omega| > 2\pi/T_s \end{cases} \quad (4.17)$$

若只取原点附近的 3 个时隙($i = -1$、0、1)代入式(4.16),则

$$H_{eq}(\omega) = H(\omega - 2\pi/T_s) + H(\omega) + H(\omega + 2\pi/T_s) = \begin{cases} T_s, & |\omega| \leq \pi/T_s \\ 0, & |\omega| > \pi/T_s \end{cases} \quad (4.18)$$

从图形上看,3 个相邻段 $H(\omega - 2\pi/T_s)$、$H(\omega)$、$H(\omega + 2\pi/T_s)$ 分别被移到 $(-\pi/T_s, \pi/T_s)$ 区间[把图 4-11(c)、图 4-11(d)移至图 4-11(b)中]叠加,得到的 $H_{eq}(\omega)$ 为一个矩形,如图 4-11(e)所示,此低通滤波器的带宽为

$$B = W/2\pi = \dfrac{1}{T_s}(\text{Hz}) \quad (4.19)$$

当传输速率 $R_B = \dfrac{1}{T_s}(\text{Baud})$ 时,此基带传输系统可以实现无码间串扰。

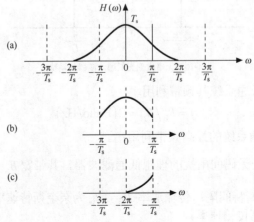

图 4-11　$H_{eq}(\omega)$ 特性的构成

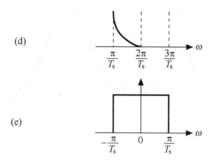

图 4-11 $H_{eq}(\omega)$ 特性的构成（续）

上述的这类滤波器在奈奎斯特带宽截止频率两侧以 π/T_s 为中心，其频谱特性具有奇对称升余弦形状过渡带，在实际中得到广泛应用。

$$H(\omega)=\begin{cases} T_s, & 0\leqslant|\omega|<\dfrac{(1-\alpha)\pi}{T_s} \\ \dfrac{T_s}{2}\left[1+\sin\dfrac{T_s}{2\alpha}\left(\dfrac{\pi}{T_s}-\omega\right)\right], & \dfrac{(1-\alpha)\pi}{T_s}\leqslant|\omega|<\dfrac{(1+\alpha)\pi}{T_s} \\ 0, & |\omega|\geqslant\dfrac{(1+\alpha)\pi}{T_s} \end{cases} \quad (4.20)$$

其中，α 为滚降系数（$0\leqslant\alpha\leqslant 1$），用以描述滚降程度

$$\alpha = 扩展量/奈奎斯特带宽 \quad (4.21)$$

奈奎斯特带宽 W_N 取奇对称点的值 $\dfrac{\pi}{T_s}$，扩展量为超出奈奎斯特带宽的部分，设为 W_1，那么

$$\alpha = \dfrac{W_1}{W_N} \quad (4.22)$$

若在频率域定义，则式（4.22）的分子分母需同时除以 2π，得到

$$\alpha = \dfrac{B_1}{B_N} \quad (4.23)$$

式中 B_1 和 B_N 的单位是 Hz。

α 取不同值时的传递函数图形如图 4-12（a）所示，其冲激响应为

$$h(t)=\dfrac{\sin\pi t/T_s}{\pi t/T_s}\cdot\dfrac{\cos\alpha\pi t/T_s}{1-4\alpha^2 t^2/T_s^2} \quad (4.24)$$

相应的波形如图 4-12（b）所示。

图 4-12 中 $\alpha=0$ 对应的是理想低通滤波器的曲线，α 越大，抽样函数的拖尾振荡起伏越小、衰减越快。$\alpha=1$ 时波形的拖尾按 t^{-3} 速率衰减，在第一个旁瓣中多了一个过零点，抑制码间串扰的效果最好，与理想低通滤波器相比，付出的代价是带宽增加了一倍。此时系统的最高传码率虽然没变，但频带宽度已被扩展，$B=(1+\alpha)B_N$，所以系统的频带利用率也要调整。

$$\eta = 2/(1+\alpha)\,(\text{Baud/Hz}) \quad (4.25)$$

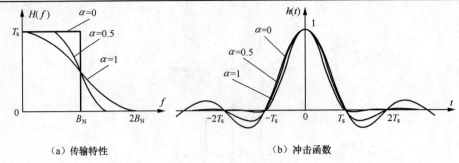

(a) 传输特性 (b) 冲击函数

图 4-12 余弦滚降特性示意图

把 $\alpha=1$ 代入式（4.20）中整理得到一个具有升余弦滚降特性传递函数的低通滤波器，即在图 4-11 中所举的例子。例中 3 个相邻段 $H(\omega-2\pi/T_s)$、$H(\omega)$、$H(\omega+2\pi/T_s)$ 在 $(-\pi/T_s, \pi/T_s)$ 区间叠加成的 $H_{eq}(\omega)$ 恰为矩形，如图 4-11（e）所示。可见，图示具有升余弦滚降传输特性的滤波器满足奈氏第一准则，其带宽为

$$B = (1+\alpha)B_N = 2B_N = \frac{1}{T_s}(\text{Hz}) \tag{4.26}$$

传输速率为

$$R_B = \frac{1}{T_S}(\text{Baud}) \tag{4.27}$$

频带利用率为

$$\eta = 2/(1+\alpha) = 1(\text{Baud/Hz}) \tag{4.28}$$

比理想低通滤波器的频带利用率低了 1/2。

4.5 数字基带传输系统的抗噪声性能

本节将在不考虑码间串扰的前提下讨论信道噪声可能对数字基带信号传输产生的影响。由于信道不理想，加性高斯白噪声总是存在，因此，当接收机接收单极性基带信号时，抽样判决器中的抽样值为

$$x(t) = \begin{cases} A + n_R(t), & \text{发 "1" 码} \\ n_R(t), & \text{发 "0" 码} \end{cases} \tag{4.29}$$

其中，$n_R(t)$ 为信道噪声，是均值为 0、方差为 σ_n^2 的加性高斯白噪声，噪声瞬时值 V 的一维概率密度分布为

$$f(V) = \frac{1}{\sqrt{2\pi}\sigma_n} \exp\left[-\frac{V^2}{2\sigma_n^2}\right] \tag{4.30}$$

它描述了噪声瞬时值的统计特性。

设判决门限为 V_d，则 $x(t)>V_d$，判接收信号为 "1" 码；$x(t)<V_d$，判接收信号为 "0" 码。发 "0" 码时，因其电平为 0，所以接收端收到的只是噪声，此时 $x(t)$ 的概率密度分布就是信道噪声的概率密度分布，如图 4-13 所示。

$$f_0(x) = \frac{1}{\sqrt{2\pi}\sigma_n} \exp\left[-\frac{x^2}{2\sigma_n^2}\right] \tag{4.31}$$

$x(t) = n_R(t) > V_d$ 时发生错判,发 0 码错判为 1 码的概率为

$$P(1/0) = \int_{V_d}^{\infty} f_0(x)\,\mathrm{d}x \tag{4.32}$$

对应图 4-13 中 V_d 右边的阴影面积。

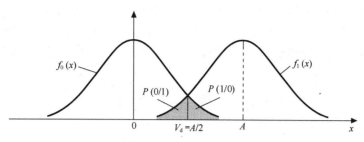

图 4-13 $x(t)$ 的概率密度分布曲线

发 "1" 码时,发送电平为 A,经过信道叠加上噪声,接收端收到的是 $A+n_R(t)$,虽然 $x(t)$ 的概率密度分布仍为高斯分布,但均值为 A。

$$f_1(x) = \frac{1}{\sqrt{2\pi}\sigma_n} \exp\left[-\frac{(x-A)^2}{2\sigma_n^2}\right] \tag{4.33}$$

$x(t) = A + n_R(t) > V_d$ 时发生错判,发 1 码错判为 0 码的概率为

$$P(0/1) = \int_{-\infty}^{V_d} f_1(x)\,\mathrm{d}x \tag{4.34}$$

对应图 4-13 中 $V_d(t)$ 左边的阴影面积。

当 $V_d=A/2$ 时,图中阴影部分的总面积最小,故最佳判决门限应取 "1" 码电平的一半。二进制基带传输系统的总误码率为

$$P_e(x) = P(0)P(1/0) + P(1)P(0/1) \tag{4.35}$$

假设发 "0" 码概率与发 "1" 码概率相等,则

$$P_e = \frac{1}{2}\left[P(1/0) + P(0/1)\right] \tag{4.36}$$

因为都是高斯分布,具有对称性,两个条件概率的阴影面积也对称相等,所以总差错率为

$$P_e = P(0/1) = P(1/0) = \int_{V_d}^{\infty} f_0(x)\,\mathrm{d}x = \frac{1}{2}\left[1 - \mathrm{erf}\left(\frac{A}{2\sqrt{2}\sigma_n}\right)\right] \tag{4.37}$$

或

$$P_e = \frac{1}{2}\mathrm{erf}\left(\frac{A}{2\sqrt{2}\sigma_n}\right) \tag{4.38}$$

其中,$\mathrm{erf}(x) = \frac{2}{\sqrt{\pi}}\int_0^x e^{-u^2}\,\mathrm{d}u$ 称为误差函数,$\mathrm{erfc}(x) = 1 - \mathrm{erf}(x)$ 称为互补误差函数。

利用式(4.37),通过查误差函数或互补误差函数表,就可求出总误码率 P_e。

当双极性二进制码的"1""0"码的电平分别取 $\pm A$ 时,误码率为

$$P_e = \frac{1}{2}\left[1 - \mathrm{erf}\left(\frac{A}{\sqrt{2}\sigma_n}\right)\right] \tag{4.39}$$

或

$$P_e = \frac{1}{2}\mathrm{erfc}\left(\frac{A}{\sqrt{2}\sigma_n}\right) \tag{4.40}$$

与单极性二进制码的抗噪声性能相比,双极性二进制码的抗噪声性能要优于单极性二进制码的;如果双极性二进制码的电平值分别取 $\pm A/2$,则其误码率与单极性二进制码的相同,但由于此时信号的功率仅为 $A^2/4$,因此双极性二进制码的抗噪声性能还是比单极性二进制码的抗噪声性能好。

4.6 眼图与均衡

4.6.1 基带传输系统测量工具——眼图

一个实际的数字基带传输系统是不可能完全消除码间串扰的,因为码间串扰与发送滤波器特性、信道特性、接收滤波器特性及定时抽样误差等因素有关,尤其是在信道不可能完全确知的情况下,要计算误码率非常困难。定性评价基带传输系统性能的一种方便而实用的方法是利用示波器观察接收信号的波形,分析码间串扰和噪声对系统性能的影响。传输二进制脉冲时,示波器显示的波形类似于人的眼睛,故称为眼图。

将示波器的水平扫描周期调整为所接收脉冲序列码元间隔 T_s 的整数倍,从示波器的 Y 轴输入接收码元序列,在荧光屏上就可以看到由码元重叠产生的类似人眼的图形。由于荧光屏的余辉作用,呈现的图形是若干个码元重叠后的图案。只要示波器扫描频率和信号同步,不存在码间串扰和噪声,每次重叠的迹线就会和原来的重合,这时的迹线既细又清晰,如图 4-14(b)所示;若存在码间串扰和噪声,序列波形变坏,就会造成眼图迹线杂乱,眼皮厚重,甚至部分闭合,如图 4-14(d)所示。

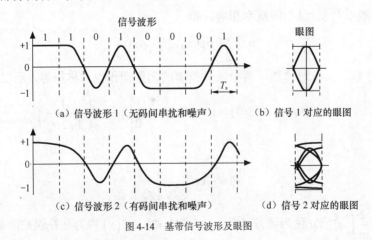

图 4-14 基带信号波形及眼图

为了进一步说明眼图和系统性能之间的关系,我们把眼图简化成一个模型,如图 4-15 所

示,模型中各个部分的含义如下。

(1) 最佳抽样判决时刻:对应于眼睛张开最大的时刻。

(2) 判决门限电平:对应于眼图的横轴。

(3) 最大信号失真量(信号畸变范围):眼皮厚度(图4-15中上下阴影的垂直厚度)。

(4) 噪声容限:在抽样时刻上、下两阴影区的中间,若噪声瞬时值超过这个容限就有可能发生错误判决,它体现了系统的抗噪声能力。

(5) 过零点畸变:压在横轴上的阴影长度,它会影响系统的定时标准(有些接收机的定时标准是由经过判决门限点的平均位置决定的)。

(6) 对定时误差的灵敏度:由斜边的斜率反映,斜率越大,灵敏度越高,对系统的影响越大。

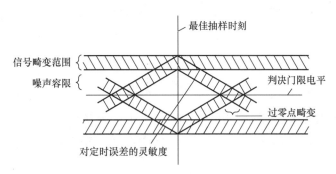

图4-15 眼图的模型

总之,掌握了眼图的各个指标后,在利用均衡器对接收信号波形进行均衡处理时,只需观察眼图就可以判断均衡效果,确定信号传输的基本质量。

4.6.2 时域均衡技术

我们已经知道在传输基带信号的过程中,除了信道会产生噪声外,码间串扰是影响传输质量的主要因素,所以在设计系统的传输特性时要求满足奈氏准则。但在实际通信中传输特性还会偏离理想特性,引起码间串扰。要克服这种偏离,一般是在基带传输系统中插入可调滤波器(均衡器)。

均衡分为频域均衡和时域均衡。时域均衡是在时间域内利用接收信号波形在均衡器中产生的响应波形去补偿各抽样点上已发生畸变的波形,使包括均衡器在内的整个系统的冲激响应满足无失真传输条件,是一种能将码间串扰减到最小的行之有效的技术;而频域均衡则是利用均衡器的频率特性去补偿传输系统的幅频和相频缺陷,使包括均衡器在内的整个系统的总传输函数满足无失真传输条件。

频域均衡属于网络设计的内容,比较直观且容易理解,下面只讨论时域均衡。时域均衡方法在数字通信中占有重要地位。

1. 时域均衡器的基本工作原理

以图4-5所示的数字基带信号传输模型为例,其总传输函数 $H(\omega)$ 是发送滤波器、信道和接收滤波器传输特性的总和。当 $H(\omega)$ 偏离了奈氏准则,即不满足式(4.16)时,就会出现码间串扰。

设在接收滤波器 $G_R(\omega)$ 后面插入一个称为横向滤波器的可调滤波器(这是时域均衡器的一个具体实现),其冲激响应为

$$h_T(t) = \sum_{n=-\infty}^{\infty} c_n \delta(t - nT_s) \quad (4.41)$$

如果式（4.41）中的 c_n 完全由 $H(\omega)$ 决定，就能够抵消由于 $H(\omega)$ 的偏离而产生的码间串扰。设此插入滤波器的频率特性为 $T(\omega)$，即 $h_T(t) \leftrightarrow T(\omega)$，那么包括此插入滤波器在内的总传输函数 $H'(\omega)$ 为

$$H'(\omega) = H(\omega)T(\omega) \quad (4.42)$$

只要 $H'(\omega)$ 满足式（4.16），就相当于包括均衡器在内的整个系统的冲激响应满足了无失真传输条件。式（4.42）中的 $T(\omega)$ 由 $H(\omega)$ 决定，可以证明其付氏展开式的系数就是可调滤波器的加权系数 c_n。

可调滤波器也称为横向滤波器，它是由 $2N$ 个横向排列的延时单元和 $2N+1$ 个可调增益放大器组成的，如图 4-16 所示。图中 T_S 方框为延迟一个码元宽度的延时电路，c_i 为可调增益放大器的抽头系数，可以用它产生的 $2N+1$ 个响应波形之和去抵消抽样时刻的码间串扰。时域均衡器的输出为

$$y(t) = x(t) * h_T(t) = \sum_{i=-N}^{N} c_i x(t - iT_s) \quad (4.43)$$

设图 4-17（a）为某接收机收到的单个脉冲信号 $x(t)$，此信号有拖尾，横向滤波器为其加上了补偿波形，如图中虚线所示，经校正后波形 $y(t)$ 不再有"尾巴"，如图 4-17（b）所示，达到了均衡目的。

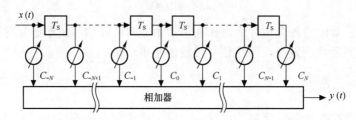

图 4-16 横向滤波器

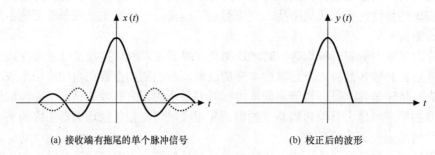

(a) 接收端有拖尾的单个脉冲信号　　　　(b) 校正后的波形

图 4-17 时域均衡的波形

2. 举例

设输入信号波形如图 4-18（a）所示，图中各样点值分别为 $x_{-2}=0.05$，$x_{-1}=-0.2$，$x_0=1$，$x_1=-0.3$，$x_2=0.1$（其他 $x_{k-i}=0$），送入一个三抽头的"迫零"均衡器，已知抽头系数 $c_{-1}=0.209$，$c_0=1.126$，$c_1=0.317$，计算相应的输出 y_k 值。

解：由式（4.41）列竖式计算

			0.05	−0.2	1	−0.3	0.1
×					0.209	1.126	0.317
			0.016	−0.063	0.317	−0.095	0.032
		0.056	−0.225	1.126	−0.338	0.113	
+	0.010	−0.042	0.209	−0.063	0.021		
	0.010	0.014	0	1	0	0.018	0.032

计算结果 $y_{-3}=0.010$、$y_{-2}=0.014$、$y_{-1}=0$、$y_0=1$、$y_1=0$、$y_2=0.018$、$y_3=0.032$，与我们的预期基本一致，即 $y_0=1$ 而 $y_1 \approx y_{-1}=0$，但 y_{-2}, y_2, y_{-3}, y_3 不为 0，这是滤波器抽头太少的缘故。相应的输出波形如图 4-18（b）所示。

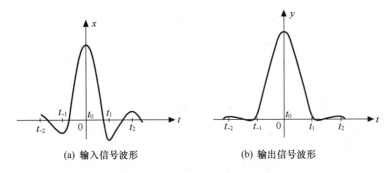

(a) 输入信号波形　　　　　　(b) 输出信号波形

图 4-18　均衡器的输入与输出波形

理论上，横向滤波器应有无限多节，但考虑到一个码元波形只是对邻近几个码元的干扰比较严重，故实际上滤波器只要有一二十个抽头就可以了，抽头太多会使设备复杂、成本增高、调整也变得困难，所以有时盲目地增加抽头对系统性能的改善并不明显。

最佳调整原则通常采用最小峰值畸变准则和最小均方畸变准则。峰值畸变的表达式如下，定义是 $k=0$ 点以外的所有抽样时刻码间串扰的绝对值之和 $\Sigma|y_k|$ 与 $k=0$ 点的抽样值 y_0 之比。分子 $\Sigma|y_k|$ 反映的是信息传输中某抽样时刻（$k=0$）所受前、后码元干扰的最大可能值（峰值），它正比于 D，故越小越好。

$$D = \frac{1}{y_0} \sum_{\substack{k=-\infty \\ k \ne 0}}^{\infty} |y_k| \tag{4.44}$$

均方畸变的表达式为

$$e^2 = \frac{1}{y_0^2} \sum_{\substack{k=-\infty \\ k \ne 0}}^{\infty} y_k^2 \tag{4.45}$$

其中，各参数的定义与式（4.44）同。

采用前面例题的参数，按峰值畸变的定义，把均衡前、后的失真情况进行对比。

均衡前

$$D_x = \frac{1}{x_0} \sum_{\substack{k=-2 \\ k \ne 0}}^{2} |x_k| = 0.05 + 0.2 + 0.3 + 0.1 = 0.65$$

均衡后

$$D = \frac{1}{y_0}\sum_{\substack{k=-2\\k\neq 0}}^{2}|y_k| = 0.014 + 0.018 = 0.032$$

均衡前后失真情况改善了近 20 倍。

4.7 典型数字基带传输系统

4.7.1 数字基带传输系统在电力系统中的应用

在电力系统中，数字光纤通信由于其本身的优点得到越来越广泛的应用。数字光纤通信系统中从电端机传输过来的电信号均要结合数字光纤通信传输的特点经过线路码型进行转换。通过线路码型转变平衡数字码流中的"0"和"1"码，从而避免码流中出现长"0"或者长"1"的现象。在数字光纤通信系统中比较常用的线路码型就是 $mBnB$ 码型，$mBnB$ 线路码型的最大优点就是最大相同码元连码很少、定时信息丰富，并且有简单、成熟的误码监测与码组同步的方法。

以 5B6B 码为例，编码时信息序列每 5 个 bit 为一组，共有 32（2^5）种组合，输出 6 个 bit，共有 64（2^6）种组合。它在 2^6 种可能的组合中选择 2^5 种作为输出（与输入序列一一对应）。此码的传输速率和频带宽度比原序列仅增加 20%，却换取了低频分量小、可实现在线误码检测、能迅速同步等优点。我国规定在 140Mbit/s 系统中采用 5B6B 码。

编码时先设权重 d："1"码权重为 1，"0"码权重为 -1，在这 64 个码字中，$d=0$（"1""0"个数相等）的有 $C_6^3=20$ 个；$d=\pm2$（4 个"1"、2 个"0"或 4 个"0"、2 个"1"）的各有 $C_6^2=C_6^4=15$ 个，二者之和已达到 50 个（多于 32），所以 $d=\pm4$ 和 $d=\pm6$ 的其余组合不用再考虑。

表 4-2 给出一种 5B6B 码的变换规则，有正、负两种变换模式。编码时如果前一码组的数字和 $d=0$，则保持原模式不变；遇到 $d=\pm2$ 时，为保持输出码流中的"1""0"码等概率出现，要正、负模式交替采用。按表 4-2 编制的 5B6B 码有如下特性。

表 4-2　　　　　　　　　　　5B6B 码表

输入二元码组（5B 码）	输出二元码组（6B 码）			
	正模式	数字和	负模式	数字和
00000	110010	0	110010	0
00001	110011	+2	100001	−2
00010	110110	+2	100010	−2
00011	100011	0	100011	0
00100	110101	+2	100100	−2
00101	100101	0	100101	0
00110	100110	0	100110	0
00111	100111	+2	000111	0
01000	101011	+2	101000	−2
01001	101001	0	101001	0

续表

输入二元码组（5B 码）	输出二元码组（6B 码）			
	正模式	数字和	负模式	数字和
01010	101010	0	101010	0
01011	001011	0	001011	0
01100	101100	0	101100	0
01101	101101	+2	000101	−2
01110	101110	+2	000110	−2
01111	001110	0	001110	0
10000	110001	0	110001	0
10001	111001	+2	010001	−2
10010	111010	+2	010010	−2
10011	010011	0	010011	0
10100	110100	0	110100	0
10101	010101	0	010101	0
10110	010110	0	010110	0
10111	010111	+2	010100	−2
11000	111000	0	011000	−2
11001	011001	0	011001	0
11010	011010	0	011010	0
11011	011011	+2	001010	−2
11100	011100	0	011100	0
11101	011101	+2	001001	−2
11110	011110	+2	001100	−2
11111	001101	0	001101	0

（1）输出码流中最长的连"0"或连"1"数为5。

（2）同步状态下每个码组结束时数字和的可能值为0或±2。利用每个输出码字结束时的累计数字和，可以建立正确的分组同步。

进行不中断通信业务的误码监测时码组是连起来的，运行数字应在−4～+4范围内变化，若超出此范围，就意味着发生了误码。

4.7.2 数字基带传输系统在电话传输系统中的应用

在电信网中，话音信号在交换机的用户单元中经抽样、量化、编码变为 PCM 数字信号，这种数字信号是单极性不归零（NRZ）码。在交换机内部交换的也是单极性不归零码。当进行局间通话时，需要交换机通过中继器将数字信号送到中继线上，这时，要将交换机内部的 NRZ 码通过中继器变换为 HDB_3 码，然后送到中继线上，而接收端要将中继线上的 HDB_3 码变换为 NRZ 码再送到对端的交换机，如图 4-19 所示。

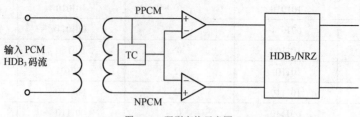

图 4-19 码型变换示意图

输入的 PCM 双极性码（HDB$_3$）先通过运放比较器变换为单极性码，输出分为正极性 PCM（PPCM-HDB$_3^+$）码和负极性 PCM（NPCM-HDB$_3^-$）码，经 NRZ/HDB$_3$ 变换，完成检出并去掉极性破坏点，再去掉 4 个连 "0" 中的第一位，将所添加的 B 脉冲还原为单极性码。中继线传送来 PCM 码流时，每一位码的定位时钟都是从 PCM 码流本身的脉冲激励的谐振电路中提取的。所传输的信号为 "1" 时，表示有脉冲；为 "0" 时，表示没有脉冲，如果传输码流中有多个 "0" 码相连，谐振电路就会因长时间无激励而衰减，从而影响定位时钟的提取，从而影响原来码流信号的恢复，因此需要对连 "0" 码进行抑制。

当 PCM 码流中有连零码出现时，应能进行某种变换，使连零码个数不超过某一个值，并能在接收端识别到这种变换，进行逆变换，恢复成原来的连零码。HDB$_3$ 码可以实现这种功能，使线路上的连零码不超过 4 个，这需要在数字中继接口电路中有 NRZ/HDB$_3$ 和 HDB$_3$/NRZ 码型变换电路。

4.8 通信系统仿真

4.8.1 基带传输系统仿真

1. 基带传输系统模型

图 4-5 给出的数字基带传输系统模型可简化为图 4-20 所示的模型。

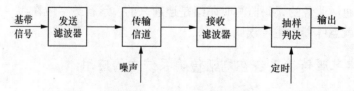

图 4-20 简化的数字基带传输系统模型

数字基带信号在传输过程中，由于系统的滤波作用或者信道不理想，当基带数字脉冲序列通过系统时，脉冲会变形且被展宽，前面的码元对后面的码元都有影响，这就会产生码间串扰。奈奎斯特第一准则指出了消除这种码间串扰的办法，并指出了信道带宽与码元速率的基本关系。即：对于带宽为 B_N 的理想低通滤波器，只要输入数据以 $R_B = \dfrac{1}{T_s} = 2B_N$ 波特速率传输,那么接收信号在各抽样点上无码间串扰。反之,数据若以高于$2B_N$波特速率传输,则码间串扰不可避免。实际上,具有理想低通特性的信道是难以实现的,实际采用的是具有滚降特性的信道。

2. 仿真分析内容及目标

以图 4-20 为模型搭建一个数字基带传输系统,设置相应参数,观察各部分波形,要求:

(1) 设置理想低通滤波器带宽为 B_N,输入数据速率为 R_B,并满足 $R_B=2B_N$,关闭噪声,观察波形。

(2) 设置理想低通滤波器带宽为 B_N 和输入数据速率为 R_B,加入一定幅度的噪声,观察波形。

(3) 改变输入数据速率,不满足 $R_B=2B_N$,观察波形。

(4) 改变输入数据速率,不满足 $R_B=2B_N$,且加大噪声幅度,观察波形。

熟悉 SystemView 软件的操作方法,通过观察各种参数设置下的时域波形,对奈奎斯特第一准则进行验证。

3. 系统仿真过程

(1) 进入 SystemView 系统视窗。

(2) 根据图 4-20 中的系统框图,调用图符搭建如图 4-21 所示的仿真分析系统,其中图符 0、1、2、3 是发送部分,图符 0 为输入信号、图符 1 和图符 3 为延迟器、图符 2 为发送滤波器;图符 4 为加法器,图符 5 为加入信道的高斯噪声;图符 6、图符 7、图符 8、图符 9 分别为接收滤波器、抽样器、保持器、判决器和整形输出,它们构成接收部分。

(3) 设置图符参数,系统中各图符的参数设置如表 4-3 所示。

表 4-3 系统中各图符的参数设置

编号	图符属性	信号选项	类型	参数设置
0	Source	Noise/PN	PN Seq	Amp=1V,Rate=100Hz,No.Levels=2 Offset=0V,Phase=0deg
1	Operator	Delays	τ	Interpolating,Delay=0s
2	Operator	Fitters/Systems	Communications	Raised Cosine,Roll-Off Factor=0.3
3	Operator	Delays	τ	Interpolating,Delay=0s
4	Adder	—	—	
5	Source	Noise/PN	Gauss Noise	Std Deviation,Std Deviation=1V
6	Operator	Fitters/Systems	Linear Sys Filters	FIR/Lowpass,截至频率=50Hz, 60Hz 处有–60dB 衰减
7	Operator	Sample/Hold	Sample	Sample Rate=100Hz,Aperture=0s,Jitter=0s Interpolating
8	Operator	Sample/Hold	Hold	Last Sample,Gain=1
9	Logic	Gates/Buffers	Buffer	Gate Delay=0s,Theshold=0.5V,True Output=1V, False Output=0V,Rise Time=0s,Fall Time=0s
10,11,12,13	Sink	Graphic	SystemView	—

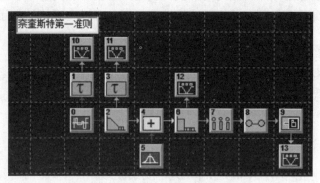

图 4-21 波形无失真传输条件的仿真原理图

系统的采样频率为 1kHz，电路中的信号源（图符 0）为幅度为 1V、码元速率为 100 波特的伪随机信号，用一个抽头为 259 的 FIR 低通滤波器（图符 6）来近似理想的传输信道，滤波器的截至频率为 50Hz，在 60Hz 处有 –60dB 衰减。因此信道的传输带宽可近似等效为 50Hz，该频率刚好是信号的奈奎斯特带宽。基带信号在输入信道前，先通过一个升余弦滚降滤波器（图符 2）整形，以保证信号有较高的功率而无码间干扰，滚降系数为 0.3，信道的噪声用高斯噪声（图符 5）表示，抽样器（图符 7）的抽样速率与数据信号的数码率一致，为 100Hz。为了比较发送端和接收端的波形，在发送端的接收器前（图符 10）和升余弦滚降滤波器（图符 2）后各加入一个延迟图符。

（4）设置时钟参数，其中时间参数：开始时间 Start Time 为 0s；终止时间 Stop Time 为 0.02s；采样参数：采样频率 Samples Rate 为 10000Hz。

（5）运行系统，观察时域波形。单击运行按钮，运行结束后按"分析窗"按钮，进入分析窗后，单击"绘制新图"按钮，则图符 10、图符 11、图符 12、图符 13 活动窗口分别显示出输入信号、发送滤波器信号、接收滤波器信号、输出信号波形，如图 4-22 所示。

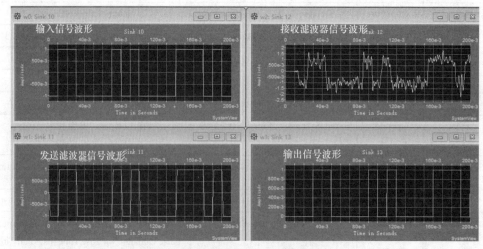

图 4-22 满足奈奎斯特第一准则的信号各点波形

（6）改变输入信号的频率，加大信道噪声幅度，再观察各点波形，如图 4-23 所示。

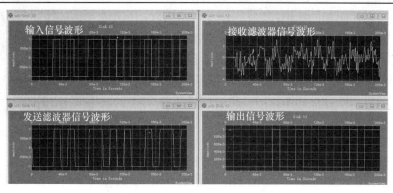

图 4-23 不满足奈奎斯特第一准则的信号各点波形

4. 系统仿真分析

开始,先关闭噪声信号,信号源的码元速率 R_B 设置为 100 波特,用截至频率 B_N 为 50Hz 的理想低通滤波器来传输,若满足 $R_B=2B_N$,接收信号在各抽样点上就无码间串扰,加入一定幅度的噪声仍然能够正常传输,如图 4-22 所示,奈奎斯特第一准则得以验证。将信号源的码元速率由 100 波特改为 110 波特,此时的条件已不满足奈奎斯特第一准则,重新运行系统可以观察到信号传输错误,改变噪声幅度,错误波形可能增多,如图 4-23 所示。

4.8.2 眼图及仿真

1. 眼图模型

在实际的数字基带传输系统中,是不可能完全消除码间串扰的,因为码间串扰与发送滤波器特性、信道特性、接收滤波器特性及定时抽样误差等因素有关,尤其是在信道不能完全确知的情况下,要计算误码率非常困难。为了衡量数字基带传输系统的性能优劣,在实验室中通常用示波器观察接收信号波形的方法来分析码间串扰和噪声对系统性能的影响,这就是眼图分析法。合理设置示波器 X 轴和 Y 轴的参数,在示波器上显示的图像很像人的眼睛,称为眼图。在无码间串扰和噪声干扰的理想情况下,波形无失真,"眼"开启的最大;当有码间串扰时,波形失真,引起"眼"部分闭合,再加入噪声,则使眼图的线条变得模糊,"眼"开启的更小,因此,"眼"张开的大小表示了信号失真的程度。

可见,眼图可以直观地表明码间串扰和噪声的影响,可以评价一个数字基带传输系统的优劣。通常眼图可以用图 4-24 所示的图形来描述。

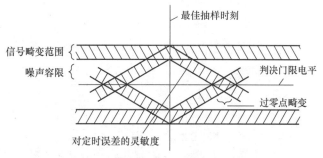

图 4-24 眼图的模型

2. 仿真分析内容及目标

为了研究噪声和信道带宽引起的信号失真与眼图的关系,搭建图 4-25 所示的仿真电路,观察各部分的波形和眼图，要求：

（1）观察无码间串扰且无噪声时的波形和眼图。

（2）观察有码间串扰并存在噪声时的波形和眼图。

熟悉 SystemView 软件的操作方法，尤其是观察眼图时参数的设置，通过观察波形和眼图，分析码间串扰和噪声对基带信号传输的影响。

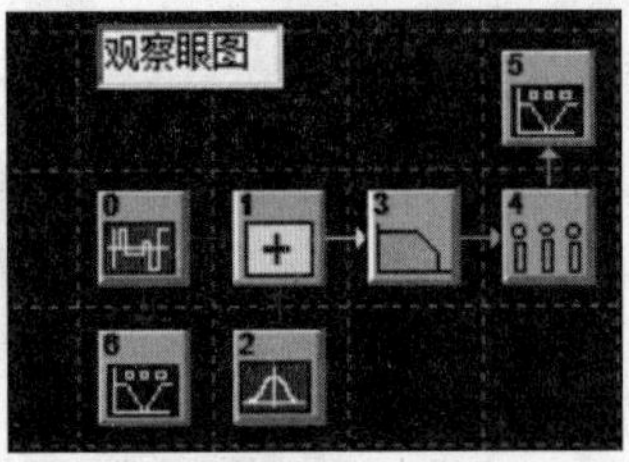

图 4-25 用于观察眼图模型的仿真原理图

3. 系统仿真过程

（1）进入 SystemView 系统视窗。

（2）调用图符搭建如图 4-25 所示的用于观察眼图的仿真分析系统。其中，伪随机信号的信号源（图符 0）幅度为 1V、码元速率为 100 波特，信道用一个 50Hz 的低通滤波器（图符 3）来模拟，并在信道中加入了噪声（图符 2），设幅度为 0.1V，在接收器图符前加入了一个抽样器（图符 4），用以调整输出采样率。

（3）正确设置图符参数，眼图模型的仿真系统参数设置如表 4-4 所示。

表 4-4 眼图模型的仿真系统参数设置

编号	图符属性	信号选项	类型	参数设置
0	Source	Noise/PN	PN Seq	Amp=1V, Rate=100Hz, No.Levels=2 Offset=0V, Phase=0deg
1	Adder	—	—	—
2	Source	Noise/PN	Gauss Noise	Std Deviation, Std Deviation=0.1V
3	Operator	Fitters/Systems	Linear Sys Filters	Butterworth LowpassⅡR, 3 Poles, F_c=50Hz
4	Operator	Sample/Hold	Sample	Sample Rate=100Hz, Aperture=0s, Jitter=0s Interpolating
5, 6	Sink	Graphic	SystemView	—

（4）合理设计输出采样器频率以配合 SystemView 接收计算器的时间切片绘图功能以观察眼图，时间切片功能可以把接收计算器在多个时间段内记录的数据重叠起来显示。时间切片的起始位置和长度都可以由计算器窗口设置。为了满足时间切片周期和码元速率同步且能够观察到一个眼图的要求，一般将时间切片的长度设置为当前采样率下采样周期的 2 倍时长。采样频率为 100Hz，采样周期为 10ms，则时间切片应设为 20ms。时间切片长度的设置如图 4-26 所示。在接收计算器窗口下选择菜单 Style，输入 Time Slice 的参数，单击 "OK" 按钮后即可看到生成的眼图。如图 4-27 所示。

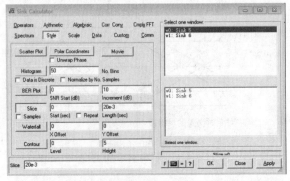

图 4-26 在接收计算器中设置时间切片参数以观察眼图

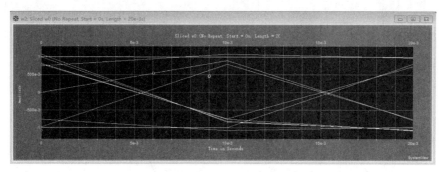

图 4-27　系统无码间串扰、无噪声观察到的眼图

（5）改变信道带宽为 40Hz，加入噪声为 0.5V，观察到的眼图如图 4-28 所示。

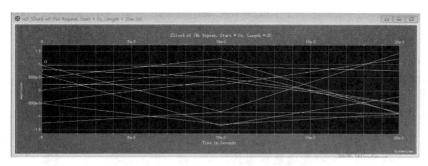

图 4-28　系统有码间串扰并加入噪声观察到的眼图

4. 系统仿真分析

在无码间串扰和噪声干扰的理想情况下，波形无失真，"眼"开启的最大；当有码间串扰时，波形失真，引起"眼"部分闭合，再加入噪声，则使眼图的线条变得模糊，"眼"开启的更小，因此，眼图可以定性地衡量数字基带传输系统码间串扰和噪声的影响。

习　　题

4-1　设二进制代码为 100110101110，以矩形脉冲为例，分别画出相应的单极性、单极性归零、双极性、双极性归零、差分、CMI、密勒码和数字双相码波形。

4-2　将二进制代码 100110000100001 编成 AMI 和 HDB_3 码（设该序列前面相邻 B 码的极性为负）。

4-3　将上题中的代码换成全"0"、全"1"序列，再按 AMI 和 HDB_3 编码规则画图。

4-4　设一单极性不归零随机脉冲序列码元速率为 1000 波特，"1"码为幅度为 A 的矩形脉冲，"0"码为 0，且"1"码出现的概率为 0.4，求该随机脉冲序列的带宽、直流功率；该序列有定时信号。

4-5　设随机二进制脉冲序列的码元间隔为 T_B，经过理想抽样后加到如图 4-29 所示的几种滤波器中，试指出哪些会引起码间串扰。

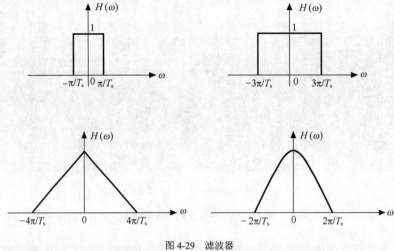

图 4-29 滤波器

4-6 某二进制数字基带传输系统所传送的是"1""0"等概率出现的单极性信息码流。

（1）设对应于"1"码时，接收滤波器输出信号在抽样判决时刻的值 $A=1\text{V}$，已知接收滤波器输出噪声是均值为 0、均方根值为 0.2V 的高斯噪声，求误码率 P_e。

（2）若要求误码率 P_e 不大于 10^{-5}，试确定 A 至少应该是多少。

4-7 设有一个具有升余弦传输特性 $\alpha=1$ 的无码间串扰传输系统，试求：

（1）该系统的最高无码间串扰的码元速率为多少？频带利用率为多少？

（2）若输入信号由单位冲激函数改为宽度为 T 的不归零脉冲，要保持输出波形不变，试求这时的传输特性表达式。

（3）试求升余弦特性 $\alpha=0.25$ 和 $\alpha=0.5$ 时，传输 PCM30/32 路的数字电话（数码率为 2048kbit/s）所需要的最小带宽。

4-8 已知某信道的截止频率为 1600Hz，其滚降特性为 $\alpha=1$。

（1）为了接收到无串扰的信息，系统最大传输速率应为多少？

（2）接收机采用什么样的时间间隔抽样，便可得到无串扰的信息。

4-9 已知某信道的截止频率为 100kHz，二元数据流码元持续时间为 10μs，若采用滚降因子 $\alpha=0.75$ 的余弦频谱的滤波器，能否在此信道中传输？

4-10 随机二进制序列为 10110001…，设符号"1"对应的基带波形为升余弦形，持续时间为 T_s；符号"0"对应的基带波形恰好与"1"时相反：

（1）当示波器扫描周期 $T_0=T_s$ 时，画出眼图；

（2）当 $T_0=2T_s$ 时，重画眼图；

（3）指出最佳抽样判决时刻、判决门限电平及噪声容限值。

4-11 有一个 3 抽头时域均衡器，各抽头系数分别为 $-1/3$、1、$1/4$。若输入信号 $x(t)$ 的抽样值 $x_{-2}=1/8$，$x_{-1}=1/3$，$x_0=1$，$x_1=-1/4$，$x_2=1/16$，求均衡器输入及输出波形的峰值畸变。

第 5 章　数字信号的频带传输系统

与模拟信号调制类比，调制信号是数字脉冲序列的调制就称为数字调制，或称数字载波调制。

在微波无线通信和光通信等通信系统中，信道是带通型的，所以需要把数字基带信号的频谱搬移到相应的频段再送入信道传输。因此，数字调制系统又称为数字频带传输系统。

5.1　概述

数字频带传输系统可以用图 5-1 来描述。

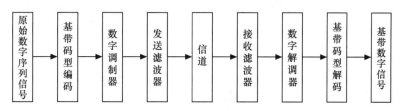

图 5-1　数字频带传输系统

原始数字序列信号经基带码型编码后变换为适合于在信道中传输的基带信号，送到数字调制器中去调制载波的幅度、频率和相位，形成数字已调信号，再经发送滤波器送到信道。在信道中传输时还会有各种干扰，接收滤波器把叠加了干扰和噪声的有用信号分离出来，经过相应的解调器，恢复出基带数字信号或数字序列。另外，数字传输时是按一定节拍传输数字信号的，因而接收端必须有一个与发送端相同的节拍，即同步。

数字调制解调技术是从最基本、最简单的二进制数字调制的基础上发展起来的。数字调制技术从开始的二元调制（包括 2ASK、2FSK、2PSK）发展到多元数字调制技术，极大地提高了数字信号传输的频带利用率，而且改善了误码控制性能。为适应通信领域的新发展，又出现了二进制调制的以下改进形式和新调制技术。

（1）基于 2ASK 由二进制向多元制方向发展，产生了正交振幅调制（QAM）、MQAM 调制；

（2）基于 2FSK 向多元制方向发展，产生了 MFSK 调制；

（3）基于 2PSK 向多元制方向发展，产生了 QPSK、OQPSK、MPSK、DPSK 和 DQPSK 调制等。

为了进一步改善移相中相位跃变带来的频谱扩展与幅度上的变化，又引入连续相位调制（CPM），其中最为典型的有最小频移键控（MSK）、高斯型最小频移键控（GMSK），以及性能更加优良的平滑调频（TFM）等。1982 年出现的网格编码调制（TCM）将编码技术与调制技术有机地结合在一起，依靠卷积码的良好抗干扰性能，即使在信噪比极差的条件下仍能改善误码性能，同时又保持了极高的频带利用率，目前这种数字调制技术已经得到实际应用。

5.2 二进制数字调制原理

5.2.1 二进制幅移键控（2ASK）系统

1. 2ASK 调制

2ASK 信号是利用二进制脉冲序列中的 1、0 码去控制载波输出的幅度（有或无）得到的。对单极性不归零的矩形脉冲序列而言，"1" 码作为 "电键" 打开通路，送出载波；"0" 码关闭通路，输出 0 电平。

调制信号是具有一定波形形状的二进制数字基带序列，即

$$m(t) = \sum_{n=-\infty}^{\infty} a_n g(t - nT_s) \tag{5.1}$$

其中，T_s 为码元间隔；设 $g(t)$ 是幅度为 A 的单极性矩形脉冲信号，为讨论方便，设其为单极性不归零的矩形脉冲；a_n 为二进制符号，服从式（5.2）。

$$a_n = \begin{cases} 1, & 概率为 P \\ 0, & 概率为 1-P \end{cases} \tag{5.2}$$

借助于模拟幅度调制原理，二进制序列幅移键控信号的一般表达式为

$$s_{2ASK}(t) = m(t)\cos \omega_c t = \left[\sum_{n=-\infty}^{\infty} a_n g(t - nT_s)\right]\cos \omega_c t \tag{5.3}$$

若只考虑在一个码元的持续时间内，则表达式为

$$s_{2ASK}(t) = \begin{cases} A\cos \omega_c t, & "1" \\ 0, & "0" \end{cases} \tag{5.4}$$

与输入序列 1001 相对应的输出波形如图 5-2 所示。

幅移键控调制器是一个相乘器，也可以用一个开关电路来实现。两种调制电路的框图如图 5-3 所示。

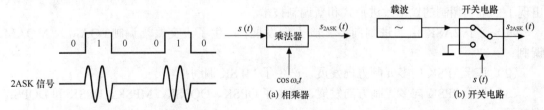

图 5-2 与输入序列 1001 相对应的输出波形　　　图 5-3 2ASK 信号的产生

2. 2ASK 解调

2ASK 信号的解调与模拟双边带 AM 信号的解调一样，也可以用相干解调或包络检波（非相干解调）实现，原理框图如图 5-4 所示。与模拟信号解调不同的是，在解调数字信号的电路中，要设置抽样判决电路。

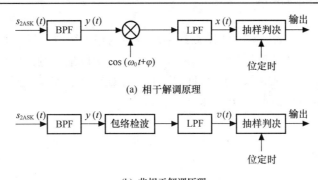

(a) 相干解调原理

(b) 非相干解调原理

图 5-4　2ASK 信号解调原理

5.2.2 二进制频移键控（2FSK）系统

1. 2FSK 调制

2FSK 信号是用二进制脉冲序列中的"1"或"0"去控制两个不同频率的载波信号得到的。已调信号的时域表达式为

$$s_{2\text{FSK}}(t) = \sum_{n=-\infty}^{\infty} a_n g(t-nT_s)\cos\omega_1 t + \sum_{n=-\infty}^{\infty} \bar{a}_n g(t-nT_s)\cos\omega_2 t \tag{5.5}$$

若只考虑在一个码元的持续时间内，则

$$s_{2\text{FSK}}(t) = \begin{cases} A\cos\omega_1 t, & \text{"1"} \\ A\cos\omega_2 t, & \text{"0"} \end{cases} \tag{5.6}$$

输入序列为 1001 时，已调 2FSK 的输出波形如图 5-5 所示，图中载波频率 f_1 代表"1"，载波频率 f_2 代表"0"。

频移键控调制器既可以采用模拟信号调频电路，又可以采用键控法，如图 5-6 所示。采用键控法时，二进制矩形脉冲序列中的"1"和"0"分别控制两个独立的载波发生器，"1"码时输出载波频率 f_1，"0"码时输出载波频率 f_2。

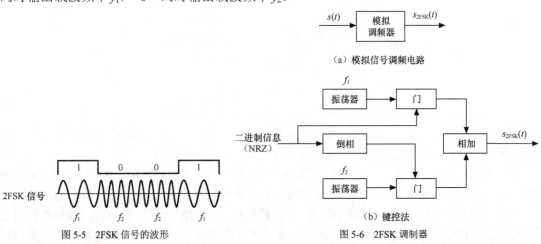

图 5-5　2FSK 信号的波形　　　　　图 5-6　2FSK 调制器

2. 2FSK 解调

2FSK 信号的解调借用了 2ASK 信号的解调电路，所以也有相干解调和非相干解调两种方

式,如图 5-7 所示。

考虑到成本等综合因素,在 2FSK 系统中很少使用相干解调,以图 5-7(b)的非相干解调原理框图为例画出的各点波形如图 5-7(c)所示。图中的抽样判决电路是一个比较器,在判决时刻对上下两支路低通滤波器送出的信号电平进行比较,如果上支路输出的信号大于下支路,判为"1"码,反之判为"0"码。

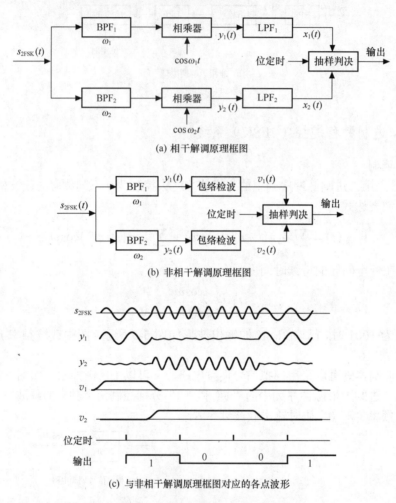

图 5-7 2FSK 系统解调原理框图及波形

解调 2FSK 信号还可以用鉴频法、过零检测法及差分检波法等。

过零检测法的基本思想是,利用不同频率的正弦波在一个码元间隔内过零点数目的不同来检测已调波中频率的变化,其原理框图及各点波形如图 5-8 所示。

图中限幅器将接收序列整形为矩形脉冲,送入微分电路和整流器,得到尖脉冲(尖脉冲的个数代表了过零点数)。在一个码元间隔内,尖脉冲数目直接反映了载波频率的高低,所以只要将其展宽为具有相同宽度的矩形脉冲,经低通滤波器滤除高次谐波后,两种不同的频率就转换成了两种不同幅度的信号(见图 5-8 中 f 点的波形),送入抽样判决器即可恢复原信息序列。

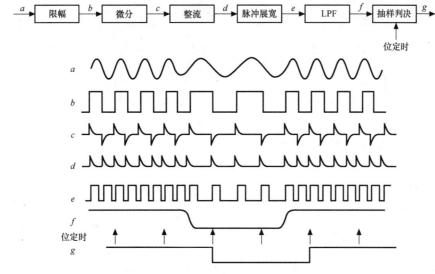

图 5-8 2FSK 信号的过零检测原理框图及波形

5.2.3 二进制相移键控（2PSK 和 2DPSK）系统

1. 2PSK 调制

相移键控是用载波的相位变化来传递信息的，它有两种工作方式：绝对相移键控（PSK）和相对相移键控（DPSK）。

（1）二进制绝对相移键控（2PSK）

在 2PSK 中，以载波的固定相位为参考，通常用与载波相同的 0 相位表示"1"码，π 相位表示"0"码。

2PSK 已调信号的时域表达式为

$$s_{2PSK}(t) = m(t)\cos\omega_c t = \left[\sum_{n=-\infty}^{\infty} a_n g(t-nT_s)\right]\cos\omega_c t \tag{5.7}$$

式中

$$a_n = \begin{cases} +1, & \text{概率为} P \\ -1, & \text{概率为} 1-P \end{cases} \tag{5.8}$$

仍设 $g(t)$ 是幅度为 A 的单极性矩形脉冲信号，则输出信号在每个码元间隔 T_s 内的值

$$s_{2PSK}(t) = \pm A\cos\omega_c t = \begin{cases} A\cos\omega_c t, & \text{"1"} \\ A\cos(\omega_c t + \pi), & \text{"0"} \end{cases} \tag{5.9}$$

若 1 个码元内只画 1 个载波周期（设载波初相位为 0），则对应于输入序列 1011001 的已调波形如图 5-9 所示。

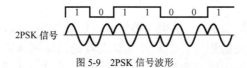

图 5-9 2PSK 信号波形

2PSK 调制波形的实现可以采用相乘器或相位选择器，分别示于图 5-10（a）、(b) 中。

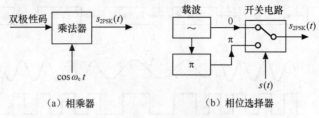

图 5-10　2PSK 信号的调制原理框图

（2）二进制相对相移键控（2DPSK）

2PSK 信号在接收端会产生倒π现象，这对于数据信号的传输是不允许的，所以有实用价值的是相对相移键控。2DPSK 信号能够克服相位倒置现象，实现起来也不困难，只需在 PSK 调制器的输入端加一级差分编码电路，因此 DPSK 又可称为差分相移。

2DPSK 对信息序列码元所取相位的定义如下：以前一码元的末相为参考，序列中出现"1"码时，输出载波相位变化 π，序列中出现"0"码时，输出载波相位不变。

设 $g(t)$ 为单极性不归零矩形脉冲信号，输入序列为 10010110，已调 2DPSK 的输出波形如图 5-11 所示。

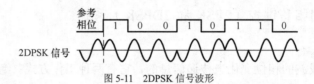

图 5-11　2DPSK 信号波形

调制电路模型及各点波形示于图 5-12 中，与按定义画出的调制波形（图 5-11）完全相同。

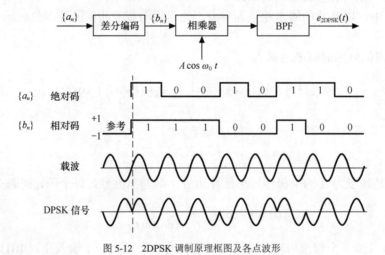

图 5-12　2DPSK 调制原理框图及各点波形

2. 2PSK 解调

（1）2PSK 信号

2PSK 信号的解调只能采用相干解调一种形式。解调电路及波形如图 5-13 所示。

解调器中本地参考载波的相位必须和发端调制器的载波同频同相。若本地参考载波偏移 π 相位，则解调得到的数据极性完全相反，这就是倒 π 现象。然而在实际通信中参考载波的基准相位很难固定，随时都会出现跳变且不易察觉，因此绝对相移键控很少被采用。

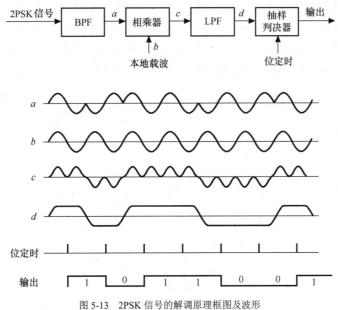

图 5-13　2PSK 信号的解调原理框图及波形

(2) 2DPSK 信号

2DPSK 信号的解调有两种方案，其一是在 2PSK 相干解调电路抽样判决器的后面加差分译码（以抵消在调制器输入端差分编码的影响），解调电路及各点波形如图 5-14 所示。由图可见，经差分译码后恢复的原数据序列中不存在倒π问题。

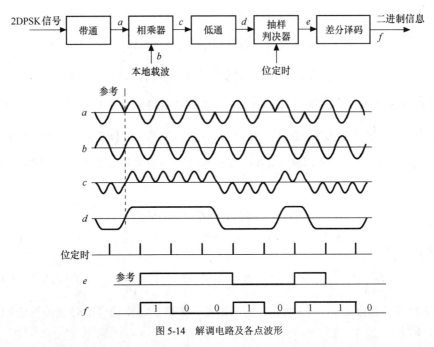

图 5-14　解调电路及各点波形

2DPSK 信号解调的另一方案是差分相干解调，它将 2DPSK 接收信号和自身延时一个码元间隔后的信号按位相乘，相乘结果反映了前后码元的相对相位关系，再经低通滤波和抽样判决后就可直接恢复出原信息序列。差分相干解调电路及各点波形如图 5-15 所示。图中抽样判决器的判决原则,抽样值大于 0 时、判 "0";抽样值小于 0 时,判 "1"。

比较这两种解调方案,它们的解调波形虽然一致,都不存在相位倒置问题,但差分相干解调电路中不需要本地参考载波和差分译码,是一种经济可靠的解调方案,得到了广泛的应用。要注意的是调制端的载波频率应设置成码元速率的整数倍。

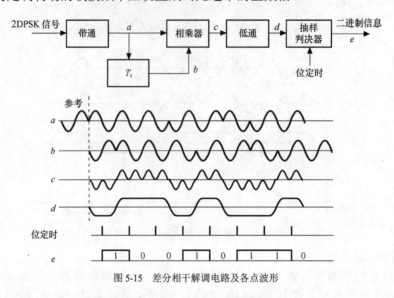

图 5-15　差分相干解调电路及各点波形

5.2.4　二进制数字调制信号的频谱特性

1. 2ASK 信号的功率谱

二进制序列幅移键控已调信号的时域表达式参见式（5.3）,它的功率谱密度表达式为

$$P_{2\text{ASK}}(f) = \frac{1}{4}\left[P_s(f+f_c) + P_s(f-f_c)\right] \tag{5.10}$$

其中,$P_s(f)$ 为矩形脉冲的频谱（双边）。在 4.3.2 节中我们讨论过 "1" "0" 码等概率的单极性不归零矩形脉冲序列的单边谱式（4.4）：$P_{s\text{单}}(f) = \frac{1}{2}A^2 T_s Sa^2(\pi f T_s) + \frac{1}{4}A^2 \delta(f)$。而式（5.10）中的 $P_s(f)$ 为双边功率谱,所以式（4.4）的连续谱部分要乘以 1/2 因子,另外为讨论方便,设幅度 $A = 1$,即

$$P_s(f) = \frac{1}{4}T_s Sa^2(\pi T_s f) + \frac{1}{4}\delta(f) \tag{5.11}$$

代入式（5.10）得到

$$P_{2\text{ASK}}(f) = \frac{T_s}{16}\left\{Sa^2\left[\pi(f+f_c)T_s\right] + Sa^2\left[\pi(f-f_c)T_s\right]\right\} + \frac{1}{16}\left[\delta(f+f_c) + \delta(f-f_c)\right] \tag{5.12}$$

与其对应的功率谱密度如图 5-16 所示。由图可见,传输 2ASK 信号的带宽是基带脉冲波形带宽的两倍,即

$$B_{2\text{ASK}} = 2B_\text{基} = 2f_s = 2R_B (\text{Hz}) \tag{5.13}$$

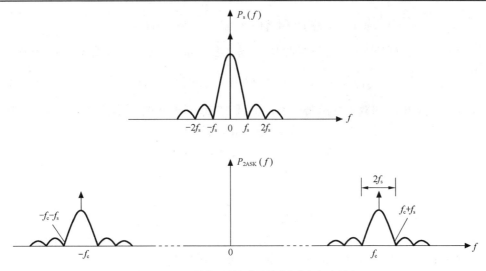

图 5-16 二进制幅移键控信号的功率谱密度示意图

2. 2FSK 信号的功率谱

二进制序列频移键控信号的时域表达式参见式 (5.5)。对于相位不连续的 2FSK 信号，可以将其假定为两个幅移键控信号的叠加，参照 2ASK 信号功率谱密度的推导及假设，可写出

$$P_{2\text{FSK}}(f) = P_{2\text{ASK}}(f_1) + P_{2\text{ASK}}(f_2)$$
$$= \frac{T_s}{16}\left[\left|Sa\pi(f+f_1)T_s\right|^2 + \left|Sa\pi(f-f_1)T_s\right|^2 + \left|Sa\pi(f+f_2)T_s\right|^2 + \left|Sa\pi(f-f_2)T_s\right|^2\right] \quad (5.14)$$
$$+ \frac{1}{16}\left[\delta(f+f_1) + \delta(f-f_1) + \delta(f+f_2) + \delta(f-f_2)\right]$$

当基带信号不含直流时，2FSK 信号的功率谱密度表达式中无冲激项。图 5-17 示出了两条功率谱密度曲线。图中两个连续谱的峰-峰距离由两个载频之差决定，若差值小于 f_s，则出现单峰（如波形 b）。波形 a 为差值等于 $2f_s$ 的情况，此时的两个载频 f_1、f_2 分别为 f_c+f_s 和 f_c-f_s。

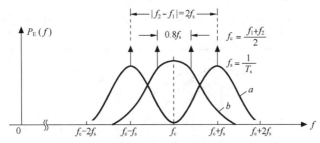

图 5-17 相位不连续 2FSK 信号的功率谱示意图（单边谱）

传输由单极性矩形脉冲序列调制产生的 2FSK 信号所需的带宽近似为

$$B_{2\text{FSK}} = |f_2 - f_1| + 2f_s \, (\text{Hz}) \quad (5.15)$$

3. 2PSK 信号的功率谱

2PSK 与 2ASK 已调信号的时域表达式在形式上完全相同，不同的仅仅是对 a_n 的定义。2PSK 中的 $g(t)$ 代表一个随机的双极性矩形脉冲序列，所以 a_n 的取值为 ± 1，其功率谱密度用 $P_s(f)$ 表示。如果与模拟调制类比，则 2ASK 相当于标准 AM，而 2PSK 相当于 DSB。

2PSK 信号的功率谱密度为

$$P_{2PSK}(f) = \frac{1}{4}\left[P_s(f+f_c) + P_s(f-f_c)\right] \quad (5.16)$$

其中，$P_s(f)$ 为随机双极性矩形脉冲序列的功率谱密度，可由式（4.7）除以 2 得到，代入上式得

$$P_{2PSK}(f) = \frac{T_s}{4}\left\{Sa^2\left[\pi(f+f_c)T_s\right] + Sa^2\left[\pi(f-f_c)T_s\right]\right\} \quad (5.17)$$

可见，对于等概率出现的双极性基带信号，已调 2PSK 信号的功率谱密度中不存在离散谱。连续谱形状与 2ASK 信号基本相同，所以具有相同的带宽

$$B_{2PSK} = B_{2ASK} = B_{基} = 2f_s \,(\text{Hz}) \quad (5.18)$$

5.2.5 二进制数字调制系统的抗噪声性能

数字信号载波传输系统的抗噪声性能是用误码率来衡量的。同第 4 章一样，计算误码率要在忽略码间串扰的前提下，只考虑加性噪声对接收机造成的影响。这里所说的加性噪声主要是指信道噪声，也包括接收设备噪声折算到信道中的等效噪声。

鉴于计算误码率的复杂性，表 5-1 中直接给出了各系统的误码率与接收机输入信噪比 r 的关系式。为便于比较，在图 5-18 中示出了误码率 P_e 与输入信噪比 r 的关系曲线。

表 5-1   二进制频带传输系统误码率公式表

调制方式	解调方式	误码率 P_e	近似 $P_e\ (r \gg 1)$
ASK	相干	$\frac{1}{2}erfc\left(\frac{\sqrt{r}}{2}\right)$	$\frac{1}{\sqrt{\pi r}}e^{-r/4}$
ASK	非相干		$\frac{1}{2}e^{-r/4}$
FSK	相干	$\frac{1}{2}erfc\left(\frac{\sqrt{r}}{2}\right)$	$\frac{1}{\sqrt{2\pi r}}e^{-r/2}$
FSK	非相干	$\frac{1}{2}e^{-r/2}$	
PSK	相干	$\frac{1}{2}erfc(\sqrt{r})$	$\frac{1}{2\sqrt{\pi r}}e^{-r}$
DPSK	差分相干	$\frac{1}{2}e^{-r}$	

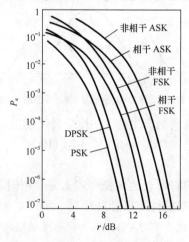

图 5-18   误码率 P_e 与信噪比 r 的关系曲线

5.2.6 二进制数字调制系统的性能比较

通过前面的讨论,我们已经得出了各种二进制数字调制系统的频带宽度、调制解调方法及与之对应的系统误码率,下面对不同二进制数字调制系统的基本性能进行比较。

1. 误码率

观察图 5-18 可知,当 r 增大时,P_e 下降。对于同一种调制方式,相干解调系统的误码率小于非相干解调系统,但随着 r 的增大,二者差别减小。

当解调方式相同而调制方式不同时,在相同误码率条件下,相干 PSK 系统要求的信噪比 r 比 FSK 系统小 3dB,FSK 系统比 ASK 系统要求的 r 也小 3dB,并且 PSK、DPSK、FSK 的抗衰落性能均优于 ASK 系统。

2. 判决门限

在 2FSK 系统中,不需要人为设置判决门限,仅根据两路解调信号的大小作出判决;2PSK 和 2DPSK 系统的最佳判决门限电平为 0,稳定性也好;ASK 系统的最佳门限电平与信号幅度有关,当信道特性发生变化时,最佳判决门限电平会相应地发生变化,不容易设置,还可能导致误码率增加。

3. 频带宽度

当传码率相同时,PSK、DPSK、ASK 系统具有相同的带宽,而 FSK 系统的频带利用率最低。

4. 设备复杂性

3 种调制方式的发送设备的复杂性相差不多。接收设备中采用相干解调的设备要比采用非相干解调时复杂,所以除在高质量传输系统中采用相干解调外,一般应尽量采用非相干解调方法。

综合以上,在选择调制解调方式时,就系统的抗噪声性能而言,2PSK 系统为最佳选择,但会出现倒相问题,所以 2DPSK 系统更实用;如果对数据传输率要求不高(1200 bit/s 或以下),特别是在衰落信道中传送数据,则 2FSK 系统又可作为首选。

5.3 多进制数字调制系统

用多进制($M>2$)数字基带信号去控制载波不同参数的调制,称为多进制数字调制。由于 $R_b = R_B \log_2 M$(bit/s),故采用多进制数字调制系统的优点首先是传信率高;其次,在传信率相同的情况下与二进制数字调制系统作比较,其节省了带宽。

采用多进制数字调制系统的缺点是设备复杂、判决电平增多、误码率高于二进制数字调制系统。

5.3.1 多进制幅移键控(MASK)

M 进制序列幅移键控信号的一般表达式为

$$s_{\text{MASK}}(t) = \left[\sum_{n=-\infty}^{\infty} a_n g(t - nT_s) \right] \cos \omega_c t \tag{5.19}$$

其中，$g(t)$是高为1、宽为T_s的矩形脉冲，

$$a_n = \begin{cases} 0, & \text{概率为} P_0 \\ 1, & \text{概率为} P_1 \\ \vdots & \vdots \\ M-1, & \text{概率为} P_{M-1} \end{cases} \quad (5.20)$$

满足$P_0 + P_1 + \cdots + P_{M-1} = 1$。

MASK调制波形示于图5-19中，图5-19（b）波形由图5-19（c）中诸波形的叠加构成，即MASK信号是由M个不同振幅的2ASK信号叠加而成。因此，MASK信号的功率谱也是这M个2ASK信号功率谱的叠加。MASK信号的功率谱结构虽然复杂，但所占带宽与每一个2ASK信号相同。

$$B_{\text{MASK}} = 2f_s \text{ (Hz)} \quad (5.21)$$

MASK信号与2ASK信号产生的方法相同，可利用乘法器实现，不过由发送端输入的k位二进制数字基带信号需要经过一个电平变换器，转换为M电平的基带脉冲后再送入调制器。

解调也与2ASK信号的解调相同，可采用相干解调和非相干解调两种方式。

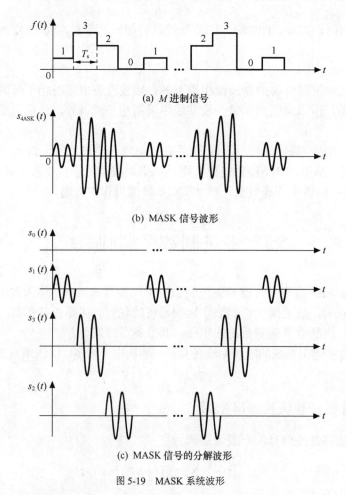

图5-19 MASK系统波形

5.3.2 多进制频移键控（MFSK）

多进制数字频率调制简称多频制，它基本上是二进制数字频移键控方式的直接推广。对于相位不连续的多频制系统，其原理框图如图 5-20 所示。

图中串/并变换和逻辑电路负责把 k 位二进制码转换成 M 进制码 $(2^k = M)$，然后由逻辑电路控制选通开关，在每一码元时隙内只输出与本码元对应的调制频率，经相加器衔接，送出 MFSK 已调波形。

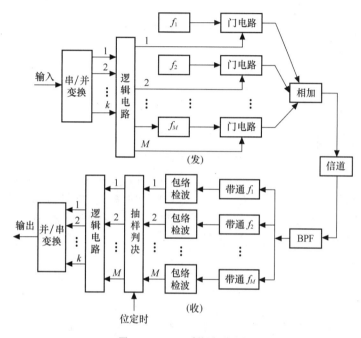

图 5-20 MFSK 系统原理框图

多频调制信号的解调器由多个带通滤波器、包络检波器、抽样判决器、逻辑电路和并/串变换器组成。M 个带通滤波器的中心频率与 M 个调制频率相对应，这样当某个调制频率到来时，只有一个 BPF 有信号加噪声通过，而其他的 BPF 中输出的只有噪声。所以抽样判决器在判决时刻，要比较各 BPF 送出的样值，选最大者作为输出，逻辑电路再将其转换成 k 位二进制并行码，最后由并/串变换器变换成串行的二进制信息序列。

MFSK 信号也可以采用分路滤波、相干解调方式。读者可参照 2FSK 相干解调原理自行分析。

相位不连续的 MFSK 已调信号带宽为

$$B_{\text{MFSK}} = f_h - f_i + 2f_s \, (\text{Hz}) \tag{5.22}$$

其中，f_h 为 M 个载波中的最高载频，f_i 为 M 个载波中的最低载频，f_s 为码元速率。

由式（5.22）可知，MFSK 系统的频带利用率较低，只能用于调制速率不高的传输系统中。

5.3.3 多进制相移键控（MPSK）

多进制数字相位调制简称多相制，它是用正弦波的 M 个相位状态来代表 M 组二进制信息码元的调制方式，因此 MPSK 信号可表示为

$$s_{\text{MPSK}}(t) = \sum_{k=-\infty}^{\infty} g(t-kT_s)\cos(\omega_c t + \phi_n) = \sum_{k=-\infty}^{\infty} a_k g(t-kT_s)\cos\omega_c t - \sum_{k=-\infty}^{\infty} b_k g(t-kT_s)\sin\omega_c t \quad (5.23)$$

其中,
$$a_k = \cos\phi_n$$
$$b_k = \sin\phi_n$$

ϕ_n 为受调相位,有 M 种取值。例如可以设 $\phi_n = 2n\pi/M$ ($n = 0, 1, 2, \ldots, M-1$),若取 $M = 4$,就得到表 5-2 所示的方式 A 中的 4 个相位。方式 A 称为 $\pi/2$ 系统,方式 B 称为 $\pi/4$ 系统,也可以用矢量表示,如图 5-21 所示。

表 5-2 双比特码元与载波相位的关系

双比特码元		载波相位	
a	b	方式 A	方式 B
0	0	0	$-3\pi/4$
1	0	$\pi/2$	$-\pi/4$
1	1	π	$\pi/4$
0	1	$-\pi/2$	$3\pi/4$

与 2PSK 一样,MPSK 也有绝对相移键控和相对相移键控两种调制方式。对绝对相移键控而言,基准相位是未调载波的初相,M 种码元的组合对应着载波的 M 个相位。对相对相移键控而言,基准相位是前一码元载波的末相。

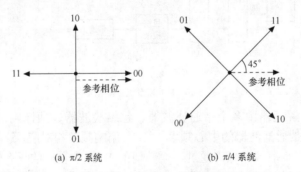

(a) $\pi/2$ 系统   (b) $\pi/4$ 系统

图 5-21 QPSK 信号的矢量图

这两种调制方式中的 ϕ_n 都是定值,a_k、b_k 均为常数。式(5.23)表明 MPSK 信号可以等效为两个正交载波进行多电平双边带调幅所产生的已调波之和,故多相调制的带宽计算与多电平振幅调制时相同。

$$B_{\text{MPSK}} = B_{\text{MASK}} = 2f_s\,(\text{Hz}) \quad (5.24)$$

又因为调相时并不改变载波的幅度,所以与 MASK 相比,MPSK 大大提高了信号的平均功率,是一种高效的调制方式。

一般来说,在 MPSK 中 $M = 4$、$M = 8$ 较为常见,若 M 增大,则误码率的影响不容忽视。下面讨论 $M = 4$ 的情况。按照表 5-2 首先将二进制信息序列分成双比特码组,设 a 为前一个信息比特,b 为后一个信息比特。若调制码元宽度仍为 T_s,载波周期取 T_0,且 $T_s = T_0$,那么两个相位系统、两种调制方式的已调波形如图 5-22 所示。

1. 四相绝对相移键控（QPSK 或 4PSK）信号的产生和解调

四相 PSK 调制波形可看作两路正交双边带信号的合成，因此可由图 5-23 所示框图产生。首先，串/并变换器将二进制信息序列分成双比特码组（A 路、B 路），再由单/双极性变换器将 0、1 码转换为 ±1 码送入调制器与载波相乘，形成正交的两路双边带信号，加法器完成信号合成。显然，按图示方框产生的已调信号属于 π/4 系统（如果需要产生 π/2 系统的 PSK 信号，应将载波移相 π/4）。

对应上述 π/4 系统的解调，可参照 2PSK 信号的解调方法，用两个正交的相干载波分别与 A、B 两路接收信号相乘，经低通滤波器滤除高次谐波、抽样判决之后，再由并/串变换器将两路信号恢复成串行的二进制信息序列。解调方案如图 5-24 所示，判决准则示于表 5-3 中。

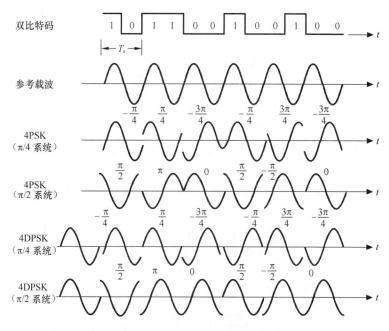

图 5-22 四相 PSK、DPSK 信号的调制波形

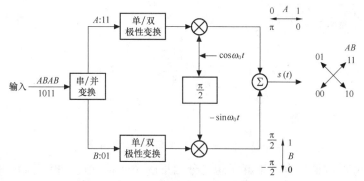

图 5-23 π/4 系统 QPSK 信号产生原理框图

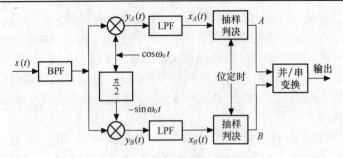

图 5-24 π/4 系统 QPSK 信号解调原理框图

表 5-3   π/4 系统判决器判决准则

符号相位 φ_n	$\cos\varphi_n$ 的极性	$\sin\varphi_n$ 的极性	判决器输出 A	判决器输出 B
$\pi/4$	+	+	1	1
$3\pi/4$	−	+	0	1
$5\pi/4$	−	−	0	0
$7\pi/4$	+	−	1	0

2. 四相相对相移键控（QDPSK 或 4DPSK）信号的产生和解调

与 2PSK 相干解调一样，对 QPSK 信号相干解调也会出现相位模糊现象，所以更实用的相移键控方式应为 QDPSK。

能够产生 π/2 系统的 QDPSK 信号的原理框图如图 5-25 所示，图中在串/并变换器的后面增加了一个码变换器，它负责把绝对码变换为相对码（差分码）。

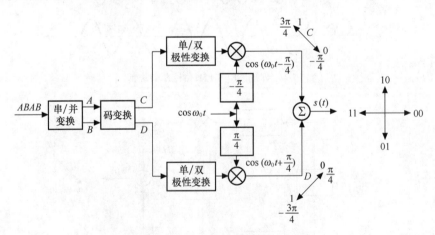

图 5-25 π/2 系统 QDPSK 信号产生原理框图

QDPSK 信号的解调也有相干解调和差分相干解调两种方式。相干解调时要加码反变换器，如图 5-26 所示，差分相干解调方案如图 5-27 所示。

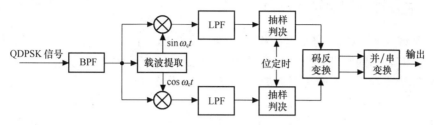

图 5-26　QDPSK 信号相干解调加码反变换器方式原理框图

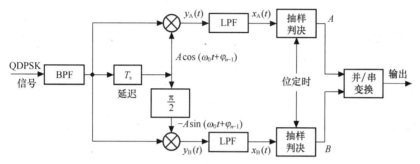

图 5-27　π/4 系统 QDPSK 信号差分相干解调原理框图

5.3.4　多进制数字调制系统的抗噪声性能

同二进制一样，M 进制数字调制系统的抗噪声性能也不作推导。就 MASK 调制而言，由于发送端产生的 M 个电平（振幅）之间的间隔小于二进制的间隔，故接收端取样判决时 M 进制 ASK 的误码率通常远大于二进制。当功率受限时，M 越大，误码越严重。图 5-28 中示出 $M = 2$，4，8，16 的情况，在满足相同 P_e 的前提下，4 电平系统比 2 电平系统所需信噪比要高出 5 倍（7dB）。

多进制移频键控系统的误码率与二进制系统相比增加不多，但是当 M 增加时，P_e 随之增加。多相调制与多电平调制相比虽然所占带宽、信息速率及频带利用率相同，但由于多相调制是恒包络调制，发信机的功率得到了充分利用，它的平均功率大于多电平调制。在相同误码率指标下，所需信噪比 $r_{PSK} < r_{ASK}$。目前在卫星、微波等领域广泛采用多相调制。

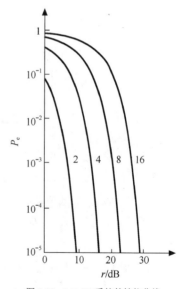

图 5-28　MASK 系统的性能曲线

5.4　现代数字调制技术

随着数字通信的迅速发展，人们对传输频带的限制和对传输质量的要求越来越高。为进一步减小信道带宽、减小带外辐射、提高功率利用率，研究人员在不断开发新技术。

5.4.1 正交幅度调制（QAM）

正交幅度调制（QAM）是幅度和相位联合键控 APK 的一种调制方式。它可以提高系统的可靠性，具有较高的频带利用率，是目前应用较为广泛的一种调制方式。

如果用矢量图表示单纯的幅度调制，其矢量端点分布在一条直线上；如果用矢量图表示单纯的相位调制，其矢量端点分布在一个圆上。随着 M 的增加，这些矢量端点之间的最小距离 d_0 也随之变小（d_0 表示系统的抗误码能力）。如果想充分利用整个平面，则需将各矢量端点重新布局，以争取在 d_0 损失不大的情况下，尽量增加信号矢量的端点数目，这时可以选择幅度与相位相结合的调制方式，即幅相键控（APK）。目前被建议用于数字通信系统中的一种 APK 是 16 进制和 64 进制的 QAM。

通常，把信号矢量端点的分布图称为星座图。以 16 进制为例，图 5-29 中所示的两个单位圆上分别画出了 16PSK 和 16QAM 的星座图。星座图上各端点之间的最小距离满足：

$$d_{\text{MPSK}} = 2\sin\left(\frac{\pi}{M}\right) \tag{5.25}$$

$$d_{\text{MQAM}} = \frac{\sqrt{2}}{L-1} = \frac{\sqrt{2}}{\sqrt{M}-1} \tag{5.26}$$

其中，M 为进制数，L 为星座图上信号点在 x 轴和 y 轴上的投影数目，$L = \sqrt{M}$。

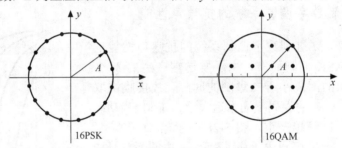

图 5-29　16PSK 和 16QAM 信号的星座图
图 5-29　16PSK 和 16QAM 信号的星座图

在 16PSK 信号的星座图上，各信号点之间的距离 $d_{16\text{PSK}} = 2\sin(\pi/16) = 0.39$；在 16QAM 信号的星座图上，$d_{16\text{QAM}} = \sqrt{2}/(L-1) = \sqrt{2}/(4-1) = 0.47$。只有在 $M = 4$ 时，PSK 和 QAM 的各信号点之间的距离一样（$d_{4\text{PSK}} = d_{4\text{QAM}} = \sqrt{2}$）。

QAM 信号的时域表达式可写成

$$s_{\text{QAM}}(t) = \left[\sum_{n=-\infty}^{\infty} A_n g(t - nT_s)\right] \cos(\omega_c t + \phi_n) \tag{5.27}$$

其中，A_n 为第 n 个码元的幅度；ϕ_n 为第 n 个码元的初始相位；$g(t)$ 是高为 1、宽为 T_s 的矩形基带脉冲。利用三角公式进一步展开

$$s_{\text{QAM}}(t) = \left[\sum_{n=-\infty}^{\infty} A_n g(t - nT_s)\cos\phi_n\right] \cos\omega_c t - \left[\sum_{n=-\infty}^{\infty} A_n g(t - nT_s)\sin\phi_n\right] \sin\omega_c t \tag{5.28}$$

令

$$A_n \cos\phi_n = X_n,\ -A_n \sin\phi_n = Y_n \tag{5.29}$$

X_n、Y_n 代表已调信号在信号空间中的坐标位置有 L 个幅度（$L^2=M$），代入式（5.28）

$$s_{QAM}(t) = \left[\sum_{n=-\infty}^{\infty} X_n g(t-nT_s)\right]\cos\omega_c t + \left[\sum_{n=-\infty}^{\infty} Y_n g(t-nT_s)\right]\sin\omega_c t \quad (5.30)$$
$$= m_I(t)\cos\omega_c(t) + m_Q(t)\sin\omega_c(t)$$

其中，$m_I(t) = \sum_{n=-\infty}^{\infty} X_n g(t-nT_s)$、$m_Q(t) = \sum_{n=-\infty}^{\infty} Y_n g(t-nT_s)$ 为两个通道的基带信号。所以上式可看作用两个独立的基带波形对两个正交的同频载波进行抑制载波双边带调制的结果。它在同一带宽内利用已调信号频谱正交的性质实现了两路并行的数字信息传输。

QAM 系统的组成框图如图 5-30 所示，图中低通滤波器的作用是对调制前的基带信号进行限带处理，四进制的 $I(t)$、$Q(t)$ 的波形与 QPSK 中的 $I(t)$、$Q(t)$ 相同，如图 5-33 所示。

由于 QAM 信号采用相干解调方式，故系统误码率性能与 4PSK 系统相同。

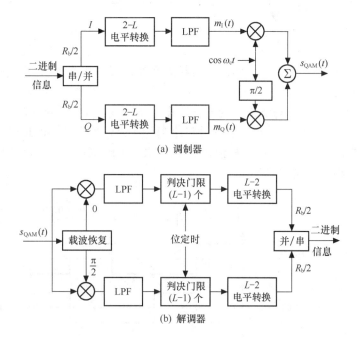

图 5-30 QAM 系统的组成框图

5.4.2 偏移四相相移键控(OQPSK)

在讨论 QPSK 调制信号时，曾假定每个符号的包络是矩形，并认为信号的振幅包络在调制中是恒定不变的。但是当它通过限带滤波器进入信道时，其功率谱的旁瓣（信号中的高频成分）会被滤除，所以限带后的 QPSK 信号已不能保持恒包络，如图 5-31 所示，特别是在相邻符号间发生 180° 相移（例如 10→01，00→11）时，限带后还会出现包络为 0 的现象。

为了减小包络起伏，进行改进：在对 QPSK 进行正交调制时，将正交路 $Q(t)$ 的基带信号相对于同相路 $I(t)$ 的基带信号延迟半个码元时隙 $T_s/2$。这种调制方法称为偏移四相相移键控（OQPSK），又称参差四相相移键控（SQPSK）。

将正交路 $Q(t)$ 的基带信号偏移 $T_s/2$ 后，相邻 1 比特信号的相位只可能发生 ±90° 的变化，故星座图中的信号点只能沿正方形四边移动，消除了已调信号中相位突变 180°的现象，如图 5-32 所示。经限带滤波器后，OQPSK 信号中包络的最大值与最小值之比约为 $\sqrt{2}$，不再出现比值无限大的现象。

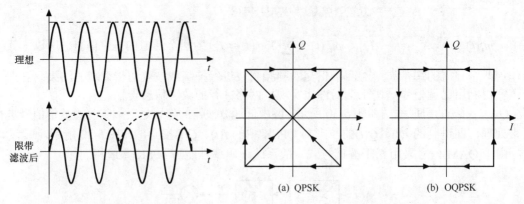

图 5-31 QPSK 信号限带前后的波形　　　图 5-32 相位转移图

OQPSK 信号的调制、解调方框图请参考相关文献，其同相路 $I(t)$、正交路 $Q(t)$ 的典型波形图分别如图 5-33 所示。

OQPSK 信号的功率谱与 QPSK 信号的功率谱形状相同，其主瓣包含功率的 92.5%，第一个零点在 $0.5f_s$ 处。频带受限的 OQPSK 信号包络起伏比频带受限的 QPSK 信号小，经限幅放大后频谱展宽得少，所以 OQPSK 的性能优于 QPSK。由于 OQPSK 信号采用相干解调方式，因此其误码性能同相干解调的 QPSK。

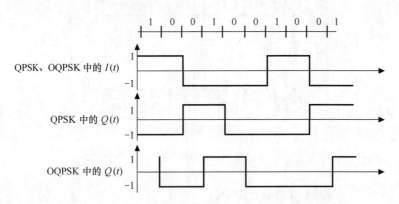

图 5-33 QPSK、OQPSK 信号中的同相和正交基带信号

5.4.3 π/4-QPSK

OQPSK 信号经窄带滤波后不再出现包络为 0 的情况；但仍要采用相干解调方式，这是我们所不希望的。现在北美和日本的数字蜂窝移动通信系统中采用了 π/4-QPSK 调制方式，它不但消除了倒 π 现象，还可以使用差分相干解调技术。

π/4-QPSK 调制系统把已调信号的相位等分为 8 个相位点，分成"。"和"·"两组，已调信号的相位只能在两组之间交替选择，这样就保证了它在码元转换时刻的相位突跳只可能出现±π/4 或±3π/4 这 4 种情况之一,其矢量状态转换如图 5-34 所示(为方便对比,图中还示出了 QPSK 的矢量状态转换)。

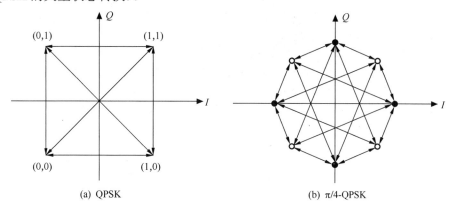

图 5-34 相位矢量状态转换

5.4.4 最小频移键控(MSK)

在前面介绍的 2FSK 调制方式中,不同频率的载波信号来自于两个独立的振荡源,已调信号在频率转换点上的相位可以不连续,因而功率谱中旁瓣分量很大,经带限后会引起包络起伏。为克服上述缺点,可采用连续相位的频移键控 CPFSK 技术。目前,移动通信系统中大量采用的最小频移键控 MSK 就是 CPFSK 技术中的一种。

1. MSK 数字调制技术的特点

它的调制指数 $h = 1/2$,具有正交信号的最小频差,在相邻符号交界处其相位路径的变化连续,能产生恒定包络。

MSK 的时域表达式为

$$s_{\text{MSK}}(t) = A\cos\theta(t) = A\cos\left[\omega_c t + \phi(t)\right] \tag{5.31}$$

其中,$\omega_c = (\omega_1 + \omega_2)/2$,$\omega_1$ 是发 "1" 时对应的角频率,ω_2 是发 "0" 时对应的角频率,$\phi(t)$ 是附加相位。

$$\phi(t) = \frac{a_i \pi t}{2T_s} + \phi_i, \qquad (i-1)T_s < t \leqslant iT_s \tag{5.32}$$

式(5.32)中第一项为频偏,a_i 取值±1,表示第 i 个输入码元;ϕ_i 是第 i 个输入码元的起始相位,在一个码元周期 T_s 内为定值,ϕ_i 的选取应能保证在 $t = iT_s$ 时刻信号相位变化的连续性。

为得到 MSK 数字调制所需要的两个频率值,现对总相角求微分

$$\frac{d\theta(t)}{dt} = \omega_c + \frac{a_i \pi}{2T_s} = \begin{cases} 2\pi(f_c + f_s/4) = 2\pi f_1, & a_i = +1 \\ 2\pi(f_c - f_s/4) = 2\pi f_2, & a_i = -1 \end{cases} \tag{5.33}$$

解出

$$\begin{aligned} f_1 &= f_c + f_s/4 \\ f_2 &= f_c - f_s/4 \end{aligned} \tag{5.34}$$

最小频差

$$\Delta f = |f_1 - f_2| = \frac{1}{2T_s} = \frac{f_s}{2} \qquad (5.35)$$

调制指数

$$h = \Delta f / f_s = \frac{1}{2} \qquad (5.36)$$

2. 满足正交性的条件

满足正交性的条件如下。

$$\text{载波频率} \ f_c = \frac{1}{2}(f_1 + f_2) \qquad (5.37)$$

$$\text{最小频差} \ \Delta f = \frac{f_s}{2} \qquad (5.38)$$

码元间隔 $T_s = \frac{nT_c}{4}$ 即每一码元周期内含四分之一载波周期的整数倍或 $f_c = \frac{n}{4T_s} = \frac{nf_s}{4}$ 载波频率应取四分之一码元速率的整数倍。

3. 相位常数

相位常数的选取应能保证在前后码元转换时的相位路径连续,即第 i 个码元的起始相位应等于第 $i-1$ 个码元的末相。换言之,在 $t = iT_s$ 时刻应保证两个相邻码元的附加相位 $\phi(t)$ 相等,即

$$\left(\frac{a_{i-1}\pi}{2T_s}\right)iT_s + \phi_{i-1} = \left(\frac{a_i\pi}{2T_s}\right)iT_s + \phi_i \qquad (5.39)$$

解出相位常数

$$\phi_i = \phi_{i-1} + (a_{i-1} - a_i)\frac{i\pi}{2} \qquad (\text{模} 2\pi) \qquad (5.40)$$

或

$$\phi_i = \begin{cases} \phi_{i-1} \pm i\pi, & a_{i-1} \neq a_i \\ \phi_{i-1}, & a_i = a_{i-1} \end{cases} \qquad (5.41)$$

此式说明两个相邻码元之间的相位存在着相关性,对相干解调来说,ϕ_i 的起始参考值若假定为 0,则

$$\phi_i = 0 \ \text{或} \ \pi \qquad (\text{模} \ 2\pi) \qquad (5.42)$$

4. 附加相位的变化轨迹

附加相位函数 $\phi(t)$ 在数值上等于由 MSK 调制的总相角 $\theta(t)$ 减去随时间线性增长的载波相位 $\omega_c t$ 得到的剩余相位,其表达式(5.32)本身是一个斜线方程,斜率为 $a_i\pi/2T_s$,截距是 ϕ_i。另外由于 a_i 的取值为 ±1,故 $(a_i\pi/2T_s)t$ 是一个以码元宽度 T_s 为段的分段线性的相位函数,在任意一个码元期间内 $\phi(t)$ 的变化量总是 $a_i\pi/2$,即 $a_i = +1$ 时线性增加 $\pi/2$,$a_i = -1$ 时线性减小 $\pi/2$。

图 5-35 给出了当输入二进制数据序列为 1101000 时,信号的初相角及附加相位的变化轨迹。

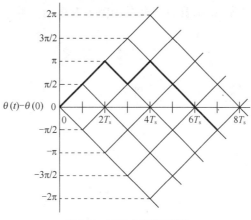

图 5-35 MSK 的相位网格图

5. MSK 信号的产生

展开式（5.31）得

$$s_{\text{MSK}}(t) = \cos\left[\omega_c t + \phi(t)\right] = \cos\phi(t)\cos\omega_c t - \sin\phi(t)\sin\omega_c t \qquad (5.43)$$

式中

$$\cos\phi(t) = \cos\left(\frac{a_i\pi t}{2T_s} + \phi_i\right) = \cos\left(\frac{a_i\pi t}{2T_s}\right)\cos\phi_i = \cos\left(\frac{\pi t}{2T_s}\right)\cos\phi_i \qquad (5.44)$$

$$-\sin\phi(t) = -\sin\left(\frac{a_i\pi t}{2T_s} + \phi_i\right) = -\sin\left(\frac{a_i\pi t}{2T_s}\right)\cos\phi_i = -a_i\sin\left(\frac{\pi t}{2T_s}\right)\cos\phi_i \qquad (5.45)$$

令 $\cos\phi_i = I_i$，$-a_i\cos\phi_i = Q_i$，则

$$s_{\text{MSK}}(t) = I_i\cos\left(\frac{\pi t}{2T_s}\right)\cos\omega_c t + Q_i\sin\left(\frac{\pi t}{2T_s}\right)\sin\omega_c t \qquad (i-1)T_s < t \leqslant iT_s \qquad (5.46)$$

式中 I_i 是同相分量基带信号的等效数据，Q_i 是正交分量基带信号的等效数据，参考式（5.46）可算出其值，它们与原始数据有关，可以由原始数据差分编码得到。

$\cos(\pi t/2T_s)$ 和 $\sin(\pi t/2T_s)$ 为加权函数（调制函数），是同相路和正交路基带信号的包络，表 5-4 给出了 MSK 信号的变换关系。

表 5-4　　　　　　　　　　　　　MSK 信号的变换关系

i	0	1	2	3	4	5	6	7	8	9	10	11	12	13	14	15	16	17	18	19	20
输入数据 a_i	1	1	1	−1	1	−1	−1	1	1	1	1	−1	1	−1	1	−1	1	−1	−1	1	1
差分编码	−1	1	−1	1	1	1	−1	−1	1	1	1	1	−1	1	1	−1	1	1	−1	1	1
同相数据 I_i		1		1	−1		1		−1		−1		1		−1		−1		1		−1
正交数据 Q_i			−1		1		1		1		1		−1		−1		1		1		1
ϕ_i（模 2π）	0	0	0	π	π	0	0	π	π	π	π	0	0	π	π	π	π	0	0	π	π
$I_i = \cos\phi_i$		1	1	−1	−1	1	1	−1	−1	−1	−1	1	1	−1	−1	−1	−1	1	1	−1	−1
$Q_i = a_i\cos\phi_i$			−1	−1	1	1	1	1	1	1	1	1	−1	−1	−1	−1	1	1	1	1	1
频率	f_2	f_2	f_2	f_1	f_2	f_1	f_1	f_2	f_2	f_2	f_2	f_1	f_2	f_1	f_2	f_1	f_2	f_1	f_1	f_2	f_2

按式（5.44）构成的 MSK 调制器原理框图如图 5-36 所示，各点波形如图 5-37 所示。

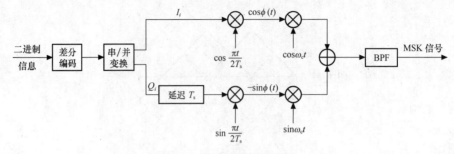

图 5-36　MSK 调制器原理框图

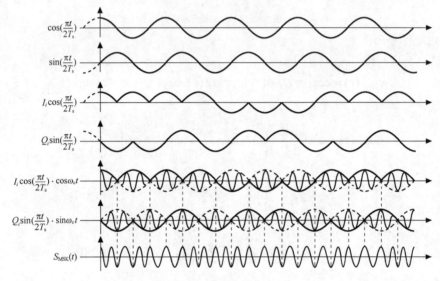

图 5-37　MSK 调制的信号波形

信号的解调与 FSK 相似，可采用相干或非相干解调。

5.4.5　其他恒包络调制

为了适合限带传输，调制信号的功率谱主瓣越窄、滚降速度越快、旁瓣所含的功率分量越小、相位路径越平滑越好。

MSK 信号相位路径的变化虽然连续，但是在符号转换时刻呈现尖角，即此时相位路径的斜率变化并不连续，因而影响了已调信号频谱的衰减速度，带外辐射较强。下面围绕怎样使符号转换时刻相位路径的斜率变化也连续，再介绍几种恒包络调制。

1. 正弦频移键控（SFSK）

SFSK 信号的相位路径是在 MSK 线性变化的直线段上叠加一个正弦变化，因此在符号转换时刻的相位路径轨迹圆滑、斜率变化连续，且一个符号内相位的变化量仍为 90°，其相位路径如图 5-38 所示。这一改进使得 SFSK 信号频谱在主瓣之外的衰减速度加快，减小了带外辐射。但由于 SFSK 信号把 MSK 信号在每个符号内的直线也改成了曲线，导致 SFSK 信号频谱的主瓣宽度比 MSK 的还宽，所以影响了 SFSK 信号的应用。

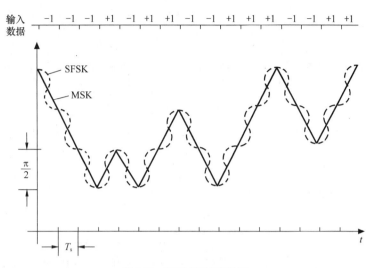

图 5-38 SFSK 信号相位轨迹

2. 高斯最小频移键控（GMSK）

在移动通信中，对信号带外辐射功率限制十分严格，必须衰减 70～80dB，甚至更高，MSK 不能满足要求，这样就推出了 MSK 的改进型——高斯最小频移键控（GMSK）。GMSK 以 MSK 为基础，在 MSK 调制之前增加一个高斯低通滤波器，其相位路径在符号转换时刻的轨迹比 SFSK 调制更加圆滑、流畅，如图 5-39 所示。GMSK 信号频谱的主瓣宽度由高斯低通滤波器的带宽决定，如果选择恰当，能使 GMSK 信号的带外辐射功率小到可以满足移动通信的要求。

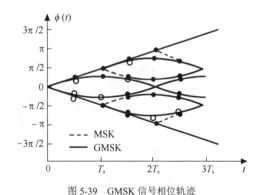

图 5-39 GMSK 信号相位轨迹

3. 平滑调频（TFM）

下面介绍一种被称为相关相位键控（Cor-PSK）的新调制方式。它采用部分响应技术，在一组码元之间引入一定的相关性，既保留了包络恒定、频谱主瓣窄的优点，还做到了相位连续、变化轨迹平滑，因此大大压低了带外辐射。

根据相关编码输入和输出的电平数不同，部分响应编码的规则也不一样，可以产生不同类型的 Cor-PSK。其中一种相关相位键控[2-5, $(1+D)^2$]，称为平滑调频（Tamed FM），其部分响应编码多项式为$(1+D)^2$，输入 a_i 有 2 种电平：±1，而编码输出 b_i 有 5 种电平。TFM 的相关编码表达式为

$$b_i = (a_{i-1} + 2a_i + a_{i+1})/2 \tag{5.47}$$

定义在一个符号间隔内的相移 $\Delta\phi_i$ 为

$$\Delta\phi_i = \phi[(i+1)T_s] - \phi(iT_s) = b_i(2\pi/n) \tag{5.48}$$

其中，n 为一个固定的正整数，它是信号选取的相位数，$2\pi/n$ 表示相位的最小增量。对 TFM，取 $n=8$，即

$$\Delta\phi_i = b_i(\pi/4) = (a_{i-1} + 2a_i + a_{i+1})\pi/8 \tag{5.49}$$

由于 a_i 是取值为 ±1 的双极性码，所以 TFM 信号在各码元内的相位变化是不均匀的，$\Delta\phi_i$ 的可能取值为 0、±π/4 和 ±π/2，如表 5-5 所示。

表 5-5 $\Delta\phi_i$ 的取值

码元组合	+++	- - -	+-+	-+-	++-	+- -	-++	- -+
$\Delta\phi_i$	+π/2	-π/2	0	0	+π/4	-π/4	+π/4	-π/4

从表 5-5 中可以看出，当连续 3 个数据 a_{i-1}、a_i、a_{i+1} 的极性相同时，TFM 信号相位变化 π/2；当连续 3 个数据极性交替时，TFM 信号相位不变；其余 4 种情况相位的变化是 π/4。

TFM 信号的相位路径轨迹变化情况如图 5-40 所示（作为比较，图中还画出了 SFSK 和 MSK 信号的相位变化轨迹），图中显示在码元转换点处，TFM 的相位变化相当平滑，因此 TFM 的频谱特性非常好。图 5-41 给出了 TFM、MSK、SFSK 和 OQPSK 的功率谱，由图可见，TFM 主瓣窄且带外衰减比 MSK 快得多，当 $|f-f_0| > f_s$ 时，TFM 的功率谱衰减可达 60dB 以上。

理论上已经证明，在理想情况下，TFM 的误码性能仅比 OQPSK 性能恶化 1dB 左右。所以 TFM 调制方式在有效性和可靠性两方面得到了兼顾。

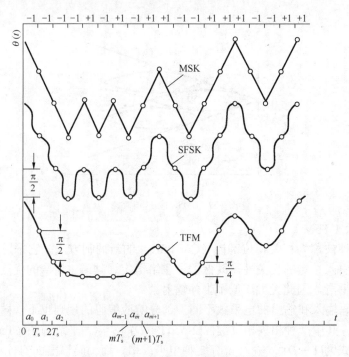

图 5-40 MSK、SFSK 和 TFM 相位路径轨迹

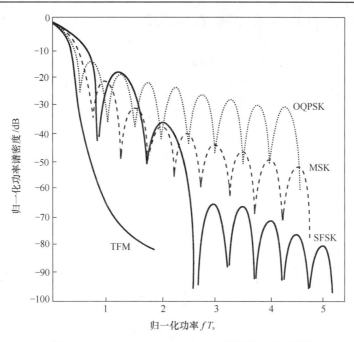

图 5-41 OQPSK、MSK、SFSK 和 TFM 信号的归一化功率谱

TFM 信号的产生可以采用直接调频的方法和正交调幅的方法实现。TFM 信号的解调一般采用正交相干解调方法,如果发送端采用差分编码,则在接收端应采用相应的译码方案。

5.4.6 扩展频谱通信

扩展频谱（扩频）通信是指其系统所占用的频带远远大于欲传输信号原始带宽的一种通信方式。设信号原始带宽为 B_i,则扩频通信的带宽 B_{if} 应该不小于 $100B_i$。

在恶劣的信道条件下,比如移动通信中,会遇到信号被噪声淹没的情况。根据香农信息论,信道容量一定时,带宽和信噪比可以互换。所以采用扩频通信对单一用户而言,就是以牺牲频谱利用率为代价来换取较高的输出信噪比。可以说移动通信的第三代,码分多址 CDMA 的核心技术就建立在扩频技术的基础上的。

扩频技术包括直接序列（DS）扩频、跳频（FH）扩频、线性调频（LFM）、跳时（TH）扩频等。其中直接序列扩频技术应用最为广泛,下面以它为例进行重点介绍。

DS 扩频采用传输速率极高的二进制数字序列调制载波,序列的带宽远大于信号带宽。图 5-42 中示出了有用信号和干扰信号在频域中的频谱变换示意图。图 5-42（a）为普通 PSK 已调信号的功率谱,图中 f_c 为载波频率；R_i 为信息速率,已调信号的带宽为 $2R_i$。图 5-42（b）表示用一个码速率为 R_{pn} 的伪随机码序列对窄带信号进行处理（模 2 加）之后再经过 PSK 调制时的情况。当选择 $R_{pn} \gg R_i$ 时,便得到一个带宽为 $2R_{pn}$ 的已调信号。这时信号能量已被均匀地分散在很宽的频带内,从而大大降低了传输信号的功率谱密度。图 5-42（c）假设了信道中存在一个频率比较集中的强干扰噪声的情况,其功率谱强度远大于有用信号。图 4-42（d）表示在接收端通过解扩处理,使有用信号能量重新集中起来,形成最大输出的情况；此时图 5-42（c）中的强干扰噪声能量被分散到很宽的频带（$2R_{pn}$）内,并且其功率谱强度已远低于有用信号的功率谱密度。最后,经过与原始已调信号带宽相同的窄带滤波器滤波就得到图 5-42（e）所示信号。

图中有用信号频谱能量远大于干扰噪声能量,如果用带宽比近似估算系统的处理增益,则

$$G_p = \frac{S_o/N_o}{S_i/N_i} \approx \frac{B_{pn}}{B_i} = \frac{R_{pn}}{R_i} \qquad (5.50)$$

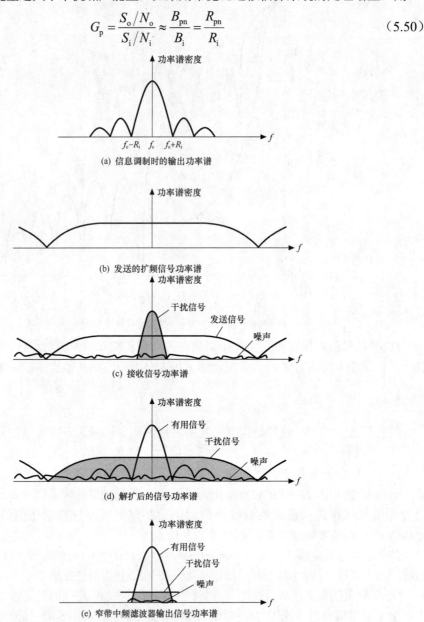

图 5-42 扩频系统频谱变换关系

1. 扩频信号的实现

图 5-43 所示为扩频通信系统模型,首先发送端的低速率单极性二进制信码与高速率的伪随机码作模 2 运算,这一步实现信码频谱的扩展,然后变换为双极性码对载波进行相位调制。

接收端收到的是混入了窄带噪声的相位调制信号,解扩之前可以先利用与发送端相同的本地载波将接收信号解调成高速率的 0、1 数字码流;再与发送端相同的本地伪随机码序列进行模 2 运算,恢复成低速率的二进制信码,此时即还原了信号频谱,使能量重新集中,实现了解扩,同时窄带噪声的频谱被扩散,能量变低;经过与原始信号带宽相同的窄带滤波器就能取出原二进制信码。

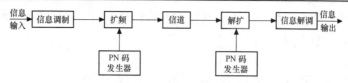

图 5-43 扩频通信系统模型

2. 多载波传输技术

以 OFDM 为例，它将欲传输的高速信息数据经串/并变换分割为 N 路低速数据，再分别调制到 N 个相互正交的载波上，然后叠加，一起发送；接收端用同样数量的载波进行相干接收，将其变为低速数据，再并/串变换为高速原数据。因每个载波上的调制速率很低（原高速数据的 $1/N$），调制符号的持续间隔远大于信道的时间扩散，从而能够在具有较大失真和突变性脉冲干扰的环境下为传输的数字信号提供有效的保护，同时 OFDM 因加大了码元周期而对多径时延扩散不敏感。

5.5 典型数字频带传输系统

相比于模拟频带传输技术，数字频带传输技术在实际通信系统中得到更加广泛的应用，下面就以与人们日常生活紧密相关的数字电视传输系统和数字移动通信系统为例进行介绍。

5.5.1 数字频带传输系统在数字电视传输系统中的应用

电视系统主要包括 3 种传输覆盖方式：卫星电视、地面有线电视和地面（无线）开路电视。相应地，数字电视（DTV）由国际标准化组织 DVB（数字视频广播）统一规定了 3 个标准：数字卫星电视（DVB-S）、数字有线电视（DVB-C）、数字开路电视（DVB-T）。此外，还有手持数字电视标准 DVB-H，它是在地面无线标准 DVB-T 的基础上增加的一个支持手机、掌上电脑等手持接收设备的标准。

如图 5-44 所示，DVB 传输主要由信源编码、码流复用、信道编码和调制、传输信道、接收机 5 个环节构成。

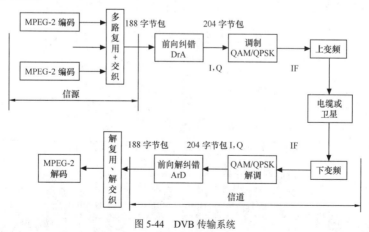

图 5-44 DVB 传输系统

1. 信源编码

信源编码的作用是将模拟电视信号转化成数字编码（模数转换）后进行压缩。数字电视的信号源分为 3 种：视频数据流、音频数据流和辅助数据流。辅助数据流包括管理数据、有条件接收数据及与节目有关的数据。

2. 码流复用

码流复用就是将上述 3 种数据流合成一路。一个视频数据流、一个音频数据流、一个辅助数据流合成一套节目流。之后，多套节目流再合成为传输流。

3. 信道编码和调制

信道编码的作用主要是误码的检错和纠错，DVB 系统一般采用基于 RS 编码或卷积编码后交织的前向纠错编码（FEC）技术。调制的作用是把基带数据流搬移到高频载波，从而在频分复用的模拟信道中传输。DVB-S 以 QPSK 作为调制技术，DVB-C 以 QAM 作为调制技术，DVB-T 采用 COFDM 技术。

4. 传输信道

根据 DVB 的 3 种标准分类，传输信道有光缆-同轴电缆混合网（HFC）、数字干线、卫星等。

5. 接收机

接收机即机顶盒，实现上述 4 个环节的逆过程，把从信道上接收的数据流还原成原始的模拟电视信号。

目前，我国正在大力推广普及 DVB-C。通过 DVB-C 也能收看卫星电视节目，这是因为各地有线电视台可以通过卫星接收到数字信号，再通过有线系统传送到用户家中。下面重点介绍 QAM 调制技术在 DVB-C 系统中的应用。

DVB-C 系统中的调制方式主要采用 64QAM，有时也可以采用 16QAM、32QAM 或更高的 128QAM、256QAM。它们之间的区别在于对应的业务码率和传输速率不同，抗干扰能力和系统复杂度等也不同。64QAM 可支持高清晰度电视和 10 套左右的标清数字电视。根据本章前述 QAM 调制技术原理，64QAM 调制后载波有 64 种状态，每个状态代表一个符号（一个符号是 6 位比特组成的码）。64QAM 星座图如图 5-45 所示。图中，I-Q 平面上的每个点对应一个 6bit 的二进制数据，在理想的传输条件下，64 个星座点的位置是固定不变的。随着噪声和干扰的加重，星座点的位置会发生偏离，甚至会偏移到相邻星座点的位置，从而导致误码。

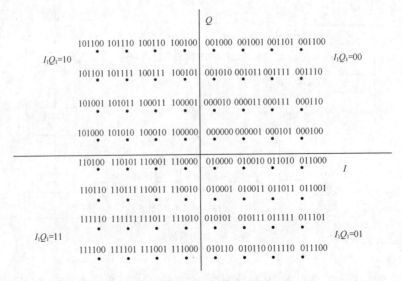

图 5-45　64QAM 星座图

目前，我国数字电视每个频道采用 8MHz 的带宽。64QAM 对应 8MHz 带宽的电视信号可以达到的信息速率在 40Mbit/s 以上，一般选用 38Mbit/s。按照每频道信号压缩到 4Mbit/s 计算，采用 64QAM 技术可以允许同时传送 9 套电视节目。

数字电视发展的未来是 IPTV，目前，上海、南京等地已经在试用或普及推广 IPTV。IPTV 若沿用原有线电视的传输线路，其调制技术也会沿用 QAM。在未来实现光纤入户和三网融合后，数字电视采用什么调制技术就未可知了。

5.5.2 数字频带传输系统在 5G 移动通信系统中的应用

到目前为止，投入应用的移动通信系统已经经历了五代。除第一代为模拟系统外，其他四代移动通信系统都是数字的。数字频带传输技术在这四代移动通信系统中起到了重要作用。

作为面向 2020 年以后移动通信需求的新系统，第五代移动通信系统（5G）面临数据流量的指数增长、海量设备的连接和多样化的业务需求等严峻挑战。与 4G 相比，5G 不仅要支持更高的传输速率，还要支持低功耗大连接、低时延高可靠等更加多样化的场景。

由于具有频谱利用率高、实现复杂度低和对抗频率选择性衰落能力强等优势，正交频分复用（OFDM）技术被广泛应用于各类移动通信系统，并成为 4G 的物理层核心调制技术。然而，一方面，OFDM 技术需要使用循环前缀来对抗多径衰落，造成了频谱资源的浪费；另一方面，OFDM 技术对同步要求很高，参数无法灵活配置，难以支持 5G 多样化的应用场景。在此背景下，国内外已经开展了一系列有关新型多载波调制技术的探索性研究，其中，基于交错正交幅度调制的正交频分复用（OQAM-OFDM）技术受到了学术界和工业界越来越广泛的重视。相比于 OFDM 技术，OQAM-OFDM 使用具有良好频域聚焦特性的原型滤波器，能有效克服由多径效应引起的符号间干扰和载波间干扰。此外，OQAM-OFDM 技术具有很低的带外干扰，各载波之间不需要严格同步，能够满足更多样化的业务需求。目前，OQAM-OFDM 技术已成为 5GNOW、PHYDAS 及 METIS 等欧盟项目的重点研究内容，并且被 IMT-2020（5G）推进组纳入 5G 物理层调制波形的主要候选方案。

OQAM-OFDM 技术以频分复用为基本原理，其结构的特别之处在于收发两端的滤波器组，二者都是原型滤波器经过频移后得到的。图 5-46 是 OQAM-OFDM 系统的一种快速实现架构，通过使用 FFT/IFFT 能够极大降低实现复杂度。与 OFDM 系统不同的是，OQAM-OFDM 的输入信号是原始复数信号经过取实部和取虚部操作后的两个实数符号，并且每个实数符号持续时间是原始复数符号的一半。将实数符号通过 OQAM 预调制，为每个实数符号加上一定的相位实现实虚交错的结构。实虚交错数据通过发送端的滤波器组后被分解为若干个并行的子载波信号。OQAM-OFDM 系统接收端同样有一组滤波器用于多载波信号解调，解调后的信号还需要进行相位解调以抵消发射端的预调制处理，然后通过信道均衡和取实部处理得到一组实数符号。最后，将实数符号对应上原始复数符号的实虚部，合成原始发送数据。

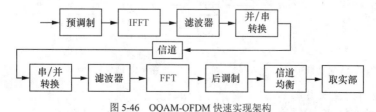

图 5-46 OQAM-OFDM 快速实现架构

随着移动通信业务不断拓展及用户体验要求的提升,5G 对吞吐量、连接数及时延 3 个维度下的需求提出了更严苛的要求。为了满足这一要求,5G 需要抛弃同步和正交,在高效利用频谱资源的情况下达到高速、实时,可靠的数据传输。在物理层技术上,主要体现在需要一种高频谱利用率、支持异步传输且参数可灵活配置的调制技术。

OQAM-OFDM 在 5G 方向的应用中有以下三大技术优势。

1. 高频谱利用率

为了对抗多径衰落,OFDM 系统需要引入循环前缀,这会导致频谱利用率下降。此外,OFDM 采用时域矩形窗,具有很高的带外泄漏。为了避免上述缺陷,OQAM-OFDM 采用了更为精细的滤波器设计。一方面,滤波器的良好频域聚焦特性能够有效对抗多径衰落,避免了循环前缀的使用,提升频谱利用率;另一方面,滤波器的良好频域聚焦特性使得 OQAM-OFDM 发送信号的带外泄漏非常微弱,极大降低了对邻近频谱其他用户造成的干扰。因此,OQAM-OFDM 可以有效地应用于非连续频谱通信中,提升 5G 频谱利用率。

2. 支持异步传输

传统的 OFDM 信号采用时域矩形窗,频域聚焦性差。为了保证载波之间的正交性,不同用户的多载波信号需要保证严格的同步,这导致 M2M 等大连接通信节点需要耗费大量的时间在信令开销和传输等待上,难以满足低时延要求。OQAM-OFDM 技术使用了性能良好的原型滤波器,带外泄漏低,因此对时间和频率的同步要求比 OFDM 技术低,更适合进行异步传输。

3. 参数可灵活配置

由于需要严格的正交,OFDM 系统载波必须设置相同的带宽,并且各载波之间需要保持完全同步与正交。不同于 OFDM 技术,OQAM-OFDM 采用的是非矩形原型滤波器,其良好的频域聚焦特性能够大幅度降低信号旁瓣和带外泄漏,使得用户之间不再需要严格的同步和正交。因此,OQAM-OFDM 各子载波带宽、子载波交叠程度等都可以灵活调控。这一良好特性不仅为异步传输创造了条件,也为 5G 多样化业务通信场景提供了灵活配置参数的可能。

5.6 通信系统仿真

5.6.1 二进制幅移键控(2ASK)系统仿真

1. 二进制幅移键控(2ASK)系统模型

二进制幅移键控(2ASK)系统数学模型如图 5-47、图 5-48 所示。

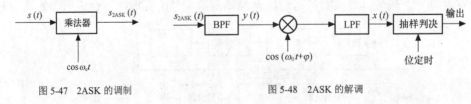

图 5-47 2ASK 的调制   图 5-48 2ASK 的解调

2. 仿真分析内容及目标

以 2ASK 为例搭建一个数字通信系统,以伪随机脉冲信号作为输入信号,正弦信号作为

载波信号,观察各部分的波形,要求:
(1)对比原始信号观察调制后的波形;
(2)对比原始信号观察解调后的波形。

熟悉 SystemView 软件的操作方法,通过观察时域波形,对 2ASK 原理进行验证。

3. 系统仿真过程

(1)进入 SystemView 系统视窗;

(2)根据图 5-47、图 5-48 系统框图,调用图符搭建如图 5-49 所示的仿真分析系统,其中图符 0、1、2 分别为载波、输入信号和相乘器,它们构成 ASK 发送部分,图符 4、5、6、8、9 分别是本地载波、相乘器、滤波器、比较器和直流信号源,它们构成接收部分;

(3)正确设置图符参数,系统中各图符的参数设置如表 5-6 所示。

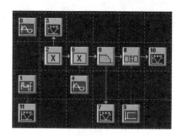

图 5-49 2ASK 仿真分析系统

表 5-6 二进制幅移键控(2ASK)系统仿真系统图符参数设置

编号	图符属性	信号选项	类型	参数设置
0、4	Source	Periodic	Sinusoid	Amp=1V,Freq=50Hz,Phase=0deg
1	Source	Noise/PN	PN Seq	Amplitude=0.5V,Offset=0.5V,Rate=10Hz,Levels=2,Phase=0
2、5	Multiplier	—	—	—
6	Operator	Fitters/Systems	Linear Sys Filters	Butterworth Lowpass IIR:3 Poles,F_c=20Hz
8	Operator	Logic	Compare	Comparison='>',Ture Output=1V,False Output=0V
9	Source	Aperiodic	Step Fct	Amplitude=0.3V,Start Time=0s,Offset=0V
3、7、10、11	Sink	Graphic	SystemView	—

(4)设置时钟参数,其中时间参数:开始时间 Start Time 为 0s;终止时间 Stop Time 为 1.998s;采样参数:采样点数 No. of Samples 为 1000,采样频率 Sample Rate 为 500Hz。

(5)运行系统,观察时域波形。单击"运行"按钮,运行结束后按"分析窗"按钮,进入分析窗后,单击"绘制新图"按钮,则图符 11、图符 3、图符 7、图符 10 活动窗口分别显示出原始信号、已调信号、经低通滤波处理后的信号、经解调还原的最终信号时域波形,如图 5-50 所示。

图 5-50 2ASK 仿真分析系统时域波形

4. 系统仿真分析

通过仿真，模拟法产生的 2ASK 信号和相干解调还原的原始信号被较好地展示出来，证实了模拟法和相干解调的可行性，直观而形象地描述了 2ASK 的工作原理。

5.6.2 二进制频移键控（2FSK）系统仿真

1. 二进制频移键控（2FSK）系统模型

二进制频移键控（2FSK）系统数学模型如图 5-51、图 5-52 所示。

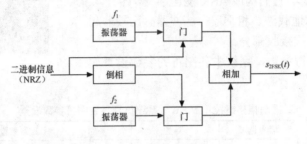

图 5-51　2FSK 的调制

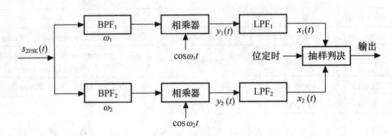

图 5-52　2FSK 的解调

2. 仿真分析内容及目标

以 2FSK 为例搭建一个数字通信系统，以伪随机脉冲信号作为输入信号，正弦信号作为载波信号，观察各部分的波形，要求：

（1）对比原始信号观察调制后的波形；

（2）对比原始信号观察解调后的波形。

熟悉 SystemView 软件的操作方法，通过观察时域波形，对 2FSK 原理进行验证。

3. 系统仿真过程

（1）进入 SystemView 系统视窗；

（2）根据图 5-51、图 5-52 系统框图，调用图符搭建如图 5-53 所示的仿真分析系统，其中图符 0～图符 6 分别为载波（0、2）、输入信号（1）、非信号（3）、相乘器（4、5）和相加器（6），它们构成 FSK 发送部分，图符 10～图符 18 分别是带通滤波器（10、11）、本地载波（12、13）、相乘器（14、15）、低通滤波器（16、17）和比较器（18），它们构成 FSK 接收部分；

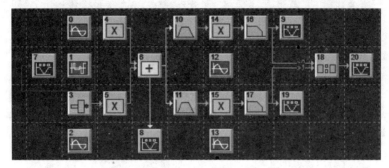

图 5-53 2FSK 仿真分析系统

(3) 正确设置图符参数，系统中各图符的参数设置如表 5-7 所示。

表 5-7   二进制频移键控（2FSK）系统仿真系统图符参数设置

编号	图符属性	信号选项	类型	参数设置
0、12	Source	Periodic	Sinusoid	Amp=1V，Freq=50Hz，Phase=0deg
2、13	Source	Periodic	Sinusoid	Amp=1V，Freq=100Hz，Phase=0deg
1	Source	Noise/PN	PN Seq	Amplitude=0.5V，Offset=0.5V，Rate=10Hz，Levels=2，Phase=0
3	Operator	Logic	Not	Threshold=500e-3，Ture Output=1V，False Output=0V
4、5、14、15	Multiplier	—	—	—
6	Adder			
10	Operator	Fitters/Systems	Linear Sys Filters	Butterworth Bandpass IIR，3 Poles，Low Cuttoff=25Hz，Hi Cuttoff=75Hz
11	Operator	Fitters/Systems	Linear Sys Filters	Butterworth Bandpass IIR，3 Poles，Low Cuttoff=75Hz，Hi Cuttoff=125Hz
16、17	Operator	Fitters/Systems	Linear Sys Filters	Butterworth Lowpass IIR，3 Poles，F_c=20Hz
18	Operator	Logic	Compare	Comparison='>',Ture Output=1V，False Output=0V
7、8、9、19、20	Sink	Graphic	SystemView	—

(4) 设置时钟参数，其中时间参数：开始时间 Start Time 为 0s；终止时间 Stop Time 为 1.998s；采样参数：采样点数 No. of Samples 为 1000，采样频率 Sample Rate 为 500Hz。

(5) 运行系统，观察时域波形。单击"运行"按钮，运行结束后按"分析窗"按钮，进入分析窗后，单击"绘制新图"按钮，则图符 7、图符 8、图符 9、图符 19、图符 20 活动窗口分别显示出原始信号、已调信号、经低通滤波处理后的信号 1、经低通滤波处理后的信号 2、经解调还原的最终信号时域波形，如图 5-54 所示。

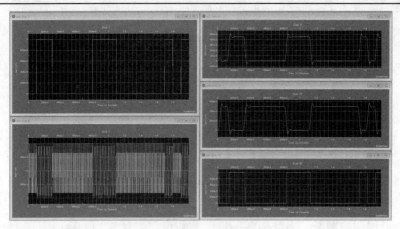

图 5-54 2FSK 仿真分析系统时域波形

4. 系统仿真分析

通过仿真，键控法产生的 2FSK 信号和相干解调还原的原始信号被较好地展示出来，证实了键控法和相干解调的可行性，直观而形象地描述了 2FSK 的工作原理。

习　　题

5-1　已知载波频率为 f_c，基带信号 $s(t)$ 是重复周期为 T 的方波，若 $f_c=2/T$，画出 2ASK 信号的波形，并求其带宽。

5-2　求传码率为 200Baud 的八进制 ASK 系统的带宽和传信率。如果采用二进制 ASK 系统，传码率不变，则带宽和传信率又为多少？

5-3　若传码率为 200Baud 的八进制 ASK 系统发生故障，改由二进制 ASK 系统传输，欲保持传信率不变，求 2ASK 系统的带宽和传码率？

5-4　已知八进制 PSK 系统的信息传输速率为 9600bit/s，求码元传输速率和带宽。

5-5　有相位不连续的二进制 FSK 信号，发 "1" 码时的波形为 $A\cos(2000\pi t+\theta)$，发 "0" 码时的波形为 $A\cos(4000\pi t+\Phi)$，码元速率为 1000Baud，求此系统的频带宽度并画出序列 1011001 相应的 2FSK 信号波形。

5-6　设四进制 FSK 系统的频率配置使得功率谱主瓣恰好不重叠，求传码率为 200Baud 时系统的传输带宽和信息速率。

5-7　已知数字基带信号为 1101001，如果码元宽度是载波周期的两倍，试画出绝对码、相对码、二进制 PSK 信号和 DPSK 信号的波形（假定起始参考码元为 1）。

5-8　已知数字信号 $\{a_n\}$ = 1011010，分别以下列两种情况画出二相 PSK、DPSK 及相对码 $\{b_n\}$ 的波形（假定起始参考码元为 1）：

（1）码元速率为 1200Baud，载波频率为 1200Hz；

（2）码元速率为 1200Baud，载波频率为 1800Hz。

5-9　已知传码率为 200Baud，求八进制 PSK 系统的带宽和传信率。

5-10　二进制 ASK 系统，相干解调时的接收机输入信噪比为 9dB，欲保持相同的误码率，包络解调时接收机输入信噪比为多少？

5-11 ASK 系统发送 "1" 码时的信号幅度为 5V，信道噪声的平均功率 $\sigma_n^2 = 3 \times 10^{-12}$W，在相干接收时要求误码率为 10^{-4}，求信道衰减为多少 dB（假定此时为最佳门限）。

5-12 已知接收机输入信噪比为 $r = 10$dB，试求四进制 FSK 相干解调和非相干解调系统的误码率。

5-13 已知接收机输入信噪比为 $r = 10$dB，试求二进制 PSK 相干解调系统和 DPSK 系统采用极性比较法和相位比较法解调的误码率。

5-14 已知双比特码元为 101100100100，未调载波周期等于码元周期，$\pi/4$ 移相系统的相位配置如图 5-55（a）所示，试画出 $\pi/4$ 移相系统的 4PSK 和 4DPSK 的信号波形。[参考码元波形如图 5-55（b）所示。]

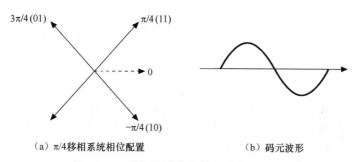

（a）$\pi/4$ 移相系统相位配置　　　　（b）码元波形

图 5-55　$\pi/4$ 移相系统相位的配置和参考码元波形

第 6 章 通信系统中的差错控制编码技术

6.1 纠错编码原理和方法

在数字通信中,数字信息交换和传输过程中遇到的主要问题就是可靠性问题,也就是数字信号在交换和传输过程中出现差错的问题。出现差错的主要原因,是信号在传输过程中受信道特性不理想、加性噪声和人为干扰的影响,导致接收端产生错误判决。不同的系统在信号传输的过程中会受到不同的干扰,产生不同的差错率,进而使传输的可靠性不同。随着传输速率的提高,可靠性问题更加突出。不同的通信系统对误码率的要求也不相同,例如,传输雷达数据时允许的误码率约为 10^{-5};数字话音传输系统允许的误码率为 $10^{-4} \sim 10^{-3}$;在计算机网络之间传输数据时要求的误码率应小于 10^{-9}。

提高系统传输的可靠性,降低误码率,常用的方法有两种:一种是降低数字信道本身引起的误码率,可采用的方法有选择高质量的传输线路、改善信道的传输特性、增加信号的发送能量、选择有较强抗干扰能力的调制解调方案等;另一种就是采用差错控制编码,即信道编码,它的基本思想是通过对信息序列作某种变换,使原来彼此独立、相关性极小的信息码元产生某种相关性,在接收端可以利用这种规律性来检查并纠正信息码元在信息传输中所造成的差错。在许多情况下,信道的改善是不可能的或者是不经济的,这时只能采用差错控制编码方法。

从差错控制角度看,按加性干扰引起的错码分布规律的不同,信道可以分为 3 类,即随机信道、突发信道和混合信道。在随机信道中,错码的出现是随机的,且错码之间是统计独立的。例如,由信道中的高斯白噪声引起的错码就具有这种性质,因此称这种信道为随机信道。在突发信道中,错码是成串集中出现的,也就是说,在一些短促的时间区间内会出现大量错码,而在这些短促的时间区间之间又存在较长的无错码区间,这种成串出现的错码称为突发错码。产生突发错码的主要原因是脉冲干扰和信道中的衰落现象。因此称这种信道为突发信道。把既存在随机错码又存在突发错码的信道称为混合信道,对于不同的信道应采用不同的差错控制技术。

6.1.1 差错控制方法

常用的差错控制方法有以下几种。

1. 自动重传请求(ARQ)

ARQ 方式指的是发送端发出有一定检错能力的码,接收端译码器根据编码规则,判断这些码在传输中是否有错误产生;如果有错误产生,就通过反馈信道告诉发送端,发送端将接收端认为错误的信息再次重新发送,直到接收端认为正确为止。

该方式的优点是只需要少量的多余码就能获得较低的误码率。由于检错码和纠错码的能力与信道的干扰情况基本无关，因此整个差错控制系统的适应性较强，特别适合于短波、有线等干扰情况非常复杂而又要求误码率较低的场合。该方式的主要缺点是必须有反馈信道，不能进行同播。当信道干扰较大时，整个系统可能处于重发循环中，因此信息传输的连贯性和实时性较差。

2. 前向纠错（FEC）

FEC方式是指发送端发送有纠错能力的码，接收端的纠错译码器收到这些码之后，按预先制定的规则，自动地纠正传输中的错误。

该方式的优点是不需要反馈信道，能够进行一个用户对多个用户的广播式通信。这种通信方式译码的实时性好，控制电路简单，特别适用于移动通信。该方式的缺点是译码设备比较复杂，所选用的纠错码必须与信道干扰情况相匹配，因而对信道变化的适应性差。为了获得较低的误码率，必须以最坏的信道条件来设计纠错码。

3. 混合纠错（HEC）

混合纠错方式是ARQ方式和FEC方式的结合。发送端发送的码不仅能够检测错误，还具有一定的纠错能力。接收端译码器收到信码后，如果检查出的错误是在码的纠错能力以内，则接收端自动进行纠错；如果错误很多，超过了码的纠错能力但尚能检测，接收端则通过反馈信道告知发送端必须重发这组码的信息。该方法不仅克服了FEC方式冗余度较大，需要复杂的译码电路的缺点，还增强了ARQ方式的连贯性，在卫星通信中得到了广泛的应用。

图6-1是上述3种差错控制方法的系统框图。

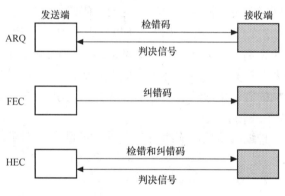

图6-1　3种差错控制方法框图

6.1.2　差错控制编码的基本概念

1. 编码效率

设编码后的码组长度、码组中所含信息码元以及监督码元的个数分别为n、k和r，三者间满足$n=k+r$，编码效率$R=k/n=1-r/n$。R越大，说明信息位所占的比重越大，码组传输信息的有效性越高。所以，R代表了分组码传输信息的有效性。

2. 编码分类

（1）根据已编码组中信息码元与监督码元之间的函数关系，差错控制编码可分为线性码和非线性码。若信息码元与监督码元的关系呈线性，即满足一组线性方程式，则为线性码。

（2）根据信息码元与监督码元之间的约束方式不同，差错控制编码可分为分组码和卷积码。分组码的监督码元仅与本码组的信息码元有关，卷积码的监督码元不仅与本码组的信息码元有关，还与前面码组的信息码元有约束关系。

（3）根据编码后信息码元是否保持原来的形式，差错控制编码可分为系统码和非系统码。在系统码中，编码后的信息码元保持原样，非系统码中的信息码元则改变了原来的信号形式。

（4）根据编码的不同功能，差错控制编码可分为检错码和纠错码。

（5）根据纠、检错误类型的不同，差错控制编码可分为纠、检随机性错误码和纠、检突发性错误码。

（6）根据码元取值的不同、差错控制编码可分为二进制码和多进制码。

本章只介绍二进制纠、检错码。

3. 编码增益

由于编码系统具有纠错能力，因此在满足同样误码率要求时，编码系统会使所要求的输入信噪比低于非编码系统，为此引入了编码增益的概念。其定义为，在给定误码率下，非编码系统与编码系统之间所需信噪比 S_0/N_0 之差（用 dB 表示）。采用不同的编码会得到不同的编码增益，但编码增益的提高要以增加系统带宽或复杂度来换取。

4. 码重和码距

对于二进制码组，码组中"1"码元的个数称为码组的重量，简称码重，用 W 表示。例如码组 10001，它的码重 $W=2$。

两个等长码组之间对应位不同的个数称为这两个码组的汉明距离，简称码距 d。例如码组 10001 和 01101，有 3 个位置的码元不同，所以码距 $d=3$。码组集合中各码组之间距离的最小值称为码组的最小距离，用 d_0 表示。最小码距 d_0 是信道编码的一个重要参数，它体现了该码组的纠、检错能力。d_0 越大，说明码字间最小差别越大，抗干扰能力越强。但 d_0 与所加的监督位数有关，所加的监督位数越多，d_0 就越大，这又引起了编码效率 R 的降低，所以编码效率 R 与码距 d_0 是互相矛盾的。

根据编码理论，一种编码的检错或纠错能力与码字间的最小距离有关。在一般情况下，对于分组码有以下结论。

（1）为检测 e 个错误，最小码距应满足

$$d_0 \geq e+1 \tag{6.1}$$

（2）为纠正 t 个错误，最小码距应满足

$$d_0 \geq 2t+1 \tag{6.2}$$

（3）为纠正 t 个错误，同时又能够检测 e 个错误，最小码距应满足

$$d_0 \geq e+t+1, (e>t) \tag{6.3}$$

6.2 常用的几种简单信道编码

在讨论较为复杂的纠错编码之前，我们先介绍几种简单的编码。这些编码属于分组编码，且编码电路简单，易于实现，有较强的检错能力，有些编码还具有一定的纠错能力，因此在

现实中得到了比较广泛的应用。

6.2.1 奇偶监督码

奇偶监督码可分为奇数监督码和偶数监督码两种，二者的原理相同。在偶数监督码中，无论信息位有多少，监督位只有一位，它使码组中"1"的数目为偶数，即满足条件：

$$a_{n-1} \oplus a_{n-2} \oplus \cdots \oplus a_1 \oplus a_0 = 0 \tag{6.4}$$

式中 a_0 为监督位，$a_{n-1}, a_{n-2}, \ldots, a_2, a_1$ 为信息位，"$\oplus$"表示模 2 加。这种码只能发现奇数个错误，不能发现偶数个错误。在接收端，译码器按照式（6.4）将码组中各码元进行模 2 加，若相加的结果为"1"，说明码组存在差错；若为"0"则认为无错。

奇监督码与偶监督码类似，只不过其码组中"1"的个数为奇数，即满足条件：

$$a_{n-1} \oplus a_{n-2} \oplus \cdots \oplus a_1 \oplus a_0 = 1 \tag{6.5}$$

且检错能力与偶监督码一样。

尽管奇偶监督码的检错能力有限，但是在信道干扰不太严重、码长不长的情况下仍很有用，因此其被广泛地应用于计算机内部的数据传送及输入、输出设备中。

6.2.2 二维奇偶监督码

二维奇偶监督码又称方阵码或行列监督码。它是把上述奇偶监督码的若干码组排列成矩阵，每一码组写成一行，然后按列的方向增加第二维监督位，如图 6-2 所示。图中 $a_0^1 a_0^2 \ldots a_0^m$ 为 m 行奇偶监督码中的 m 个监督位；$c_{n-1} c_{n-2} \ldots c_0$ 为按列进行第二次编码所增加的监督位，它们构成了一监督位行。

这种二维奇偶监督码适用于检测突发错码。因为这种突发错码常常成串出现，随后有较长一段无错区间，所以在某一行中出现多个奇数或偶数个错码的机会较多，而这种方阵码正适于检测这类错码。

a_{n-1}^1	a_{n-2}^1	$\cdots$	a_1^1	a_0^1
a_{n-1}^2	a_{n-2}^2	$\cdots$	a_1^2	a_0^2
		$\cdots$		
a_{n-1}^m	a_{n-2}^m	$\cdots$	a_1^m	a_0^m
c_{n-1}	c_{n-2}	$\cdots$	c_1	c_0

图 6-2 二维奇偶监督码

方阵码仅对方阵中同时构成矩形四角的错码无法检测。其检错能力较强，一些实验测量表明，这种码可使误码率降至原误码率的百分之一到万分之一。

二维奇偶监督码不仅可用来检错，还可用来纠正一些错码。例如，当码组中突发错码仅在一行中有奇数个错误时，则能够确定错码的位置，从而纠正它。

6.2.3 恒比码

在恒比码中，每个码组均含有相同数目的"1"和"0"。由于"1"的数目与"0"的数目之比保持恒定，因此称之为恒比码。这种码在接收端检测时，只需计算接收码组中"1"的数目是否正确，就可以知道有无错误。

目前我国电传通信中普遍采用 5 中取 3 恒比码，即每个码组长度为 5，"1"的个数为 3，"0"的个数为 2。该码组共有 $C_5^3 = 10$ 个许用码字，用来传送 10 个阿拉伯数字，如表 6-1 所示。实际使用经验表明，它能使差错减至原来的十分之一左右。

表 6-1　　　　　　　　　　5 中取 3 恒比码

数字	0	1	2	3	4	5	6	7	8	9
码字	01101	01011	11001	10110	11010	00111	10101	11100	01110	10011

在国际无线电报通信中，广泛采用的是"7 中取 3"恒比码，这种码组中规定"1"的个数恒为 3。因此，共有 $C_7^3 = 35$ 个许用码组，它们可用来表示 26 个英文字母及其他符号。

这种码除了不能检测"1"错成"0"和"0"错成"1"成对出现的差错外，能发现几乎任何形式的错码，因此恒比码的检错能力较强。恒比码的主要优点是简单，适合用来传输电传机或其他键盘设备产生的字母和符号。对于信源来的二进制随机数字序列，这种码就不适合使用了。

6.2.4 正反码

正反码是一种简单地能够纠正错码的编码。其中监督位数目与信息位数目相同，监督码元与信息码元是相同（是信息码的重复）还是相反（是信息码的反码）由信息码中"1"的个数来定。现以电报通信中常用的 5 单元电码为例来加以说明。

电报通信用的正反码的码长 $n=10$，其中信息位 $k=5$，监督位 $r=5$。其编码规则为：

（1）当信息位中有奇数个"1"时，监督位是信息位的简单重复；

（2）当信息位中有偶数个"1"时，监督位是信息位的反码。

例如，若信息位为 11001，则码组为 1100111001；若信息位为 10001，则码组为 1000101110。

接收端解码的方法为：先将接收码组中信息位和监督位按位模 2 相加，得到一个 5 位的合成码组，然后，由此合成码组产生一个校验码组。若接收码组的信息位中有奇数个"1"，则合成码组就是校验码组；若接收码组的信息位中有偶数个"1"，则取合成码组的反码作为校验码组。最后，观察校验码组中"1"的个数，按表 6-2 进行判决及纠正可能发现的错码。

表 6-2　　　　　　　　　　正反码的解码方法

校验码组的组成	错码情况
全为"0"	无错码
有 4 个"1"、1 个"0"	信息码中有一位错码，其位置对应校验码组中"0"的位置
有 4 个"0"、1 个"1"	监督码中有一位错码，其位置对应校验码组中"1"的位置
其他组成	错码多于一个

上述长度为 10 的正反码具有纠正一位错码的能力，并能检测全部两位以下的错码和大部分两位以上的错码。例如，发送码组为 1100111001，若接收码组中无错码，则合成码组应为 11001⊕11001=00000。由于接收码组信息位中有奇数个"1"，因此，校验码组就是 00000。按表 6-2 判决，结论是无错码。若传输中产生了差错，使接收码组变成 1000111001，则合成码组为 10001⊕11001=01000。由于接收码组中信息位有偶数个"1"，因此，校验码组应取合成码组的反码，即 10111。由于有 4 个"1"、1 个"0"，按表 6-2 判决，信息位中左边第二位为错码。若接收码组错成 1100101001，则合成码组变成 11001⊕01001=10000。由于接收码组中信息位有奇数个"1"，故校验码组就是 10000，按表 6-2 判决，监督位中第一位为错码。最后，若接收码组为 1001111001，则合成码组为 10011⊕11001=01010，校验码组为 01010，按表 6-2 判决，这时错码多于一个。

6.3 线性分组码

6.2 节介绍了奇偶监督码的编码原理。奇偶监督码的编码原理利用了代数关系式，如式（6.4），我们把这类建立在代数学基础上的编码称为代数码。在代数码中，常见的是线性分组码。线性分组码中的信息位和监督位是由一些线性代数方程联系着的。

6.3.1 监督矩阵 H 和生成矩阵 G

一个长为 n 的分组码，码字由两部分构成：信息码元（k 位）+ 监督码元（r 位）。监督码元是根据一定规则由信息码元变换得到的，不同的变换规则构成了不同的分组码。如果监督位为信息位的线性组合，就称其为线性分组码。

要从 k 个信息码元中求出 r 个监督码元，必须有 r 个独立的线性方程。根据不同的线性方程，可得到不同的 (n,k) 线性分组码。

例如，已知一 $(7,4)$ 线性分组码，4 个信息元 a_6、a_5、a_4、a_3 和 3 个监督元 a_2、a_1、a_0 之间符合以下规则：

$$\begin{cases} a_2 = a_6 \oplus a_5 \oplus a_4 \\ a_1 = a_6 \oplus a_5 \oplus a_3 \\ a_0 = a_6 \oplus a_4 \oplus a_3 \end{cases} \tag{6.6}$$

给定信息位后，可直接计算出监督位，得到的 16 个码组列于表 6-3 中。

表 6-3　　　　　　　　　　（7,4）分组码编码表

信息位	监督位	信息位	监督位
$a_6a_5a_4a_3$	$a_2a_1a_0$	$a_6a_5a_4a_3$	$a_2a_1a_0$
0000	000	1000	111
0001	011	1001	100
0010	101	1010	010
0011	110	1011	001
0100	110	1100	001
0101	101	1101	010
0110	011	1110	100
0111	000	1111	111

为了进一步讨论线性分组码的基本原理，我们将式（6.6）的汉明码信息位和监督位的线性关系改写如下：

$$\begin{cases} 1 \cdot a_6 + 1 \cdot a_5 + 1 \cdot a_4 + 0 \cdot a_3 + 1 \cdot a_2 + 0 \cdot a_1 + 0 \cdot a_0 = 0 \\ 1 \cdot a_6 + 1 \cdot a_5 + 0 \cdot a_4 + 1 \cdot a_3 + 0 \cdot a_2 + 1 \cdot a_1 + 0 \cdot a_0 = 0 \\ 1 \cdot a_6 + 0 \cdot a_5 + 1 \cdot a_4 + 1 \cdot a_3 + 0 \cdot a_2 + 0 \cdot a_1 + 1 \cdot a_0 = 0 \end{cases} \tag{6.7}$$

为了简便，我们将 ⊕ 简写成 "+"。后面除非特殊声明，这类式中的 "+" 均指模 2 相加。式（6.7）可以表示成矩阵形式。

$$\begin{bmatrix} 1110100 \\ 1101010 \\ 1011001 \end{bmatrix} \begin{bmatrix} a_6 \\ a_5 \\ a_4 \\ a_3 \\ a_2 \\ a_1 \\ a_0 \end{bmatrix} = \begin{bmatrix} 0 \\ 0 \\ 0 \end{bmatrix} \tag{6.8}$$

并简记为

$$\boldsymbol{H} \cdot \boldsymbol{A}^{\mathrm{T}} = \boldsymbol{O}^{\mathrm{T}} \quad \text{或} \quad \boldsymbol{A} \cdot \boldsymbol{H}^{\mathrm{T}} = \boldsymbol{O} \tag{6.9}$$

其中，$\boldsymbol{A}^{\mathrm{T}}$ 是 $\boldsymbol{A} = [a_6 a_5 a_4 a_3 a_2 a_1 a_0]$ 的转置，$\boldsymbol{O}^{\mathrm{T}}$、$\boldsymbol{H}^{\mathrm{T}}$ 分别是 $\boldsymbol{O}$ 和 $\boldsymbol{H}$ 的转置。

$$\boldsymbol{H} = \begin{bmatrix} 1 & 1 & 1 & 0 & 1 & 0 & 0 \\ 1 & 1 & 0 & 1 & 0 & 1 & 0 \\ 1 & 0 & 1 & 1 & 0 & 0 & 1 \end{bmatrix} \tag{6.10}$$

称 $\boldsymbol{H}$ 为监督矩阵，它由 r 个线性独立方程组的系数组成，其每一行都代表了监督位和信息位间的互相监督关系。上式中的 $\boldsymbol{H}$ 矩阵可分为两部分，即

$$\boldsymbol{H} = \begin{bmatrix} 1 & 1 & 1 & 0 & 1 & 0 & 0 \\ 1 & 1 & 0 & 1 & 0 & 1 & 0 \\ 1 & 0 & 1 & 1 & 0 & 0 & 1 \end{bmatrix} = [\boldsymbol{P}\boldsymbol{I}_r] \tag{6.11}$$

其中 $\boldsymbol{P}$ 是 $r \times k$ 阶矩阵，$\boldsymbol{I}_r$ 是 $r \times r$ 阶单位方阵。我们将具有 $[\boldsymbol{P}\boldsymbol{I}_r]$ 形式的监督矩阵 $\boldsymbol{H}$ 称为典型监督矩阵。由代数理论可知，$[\boldsymbol{I}_r]$ 的各行是线性无关的，故 $\boldsymbol{H} = [\boldsymbol{P}\boldsymbol{I}_r]$ 的各行也是线性无关的，因此可以得到 r 个线性无关的监督关系式，从而得到 r 个独立的监督位。

同样，可以将式（6.6）的编码方程写成如下形式。

$$\begin{cases} a_2 = 1 \cdot a_6 + 1 \cdot a_5 + 0 \cdot a_4 + 0 \cdot a_3 \\ a_1 = 1 \cdot a_6 + 0 \cdot a_5 + 1 \cdot a_4 + 0 \cdot a_3 \\ a_0 = 1 \cdot a_6 + 0 \cdot a_5 + 1 \cdot a_4 + 1 \cdot a_3 \end{cases} \tag{6.12}$$

用矩阵表示为

$$\begin{bmatrix} a_2 \\ a_1 \\ a_0 \end{bmatrix} = \begin{bmatrix} 1 & 1 & 1 & 0 \\ 1 & 1 & 0 & 1 \\ 1 & 0 & 1 & 1 \end{bmatrix} \begin{bmatrix} a_6 \\ a_5 \\ a_4 \\ a_3 \end{bmatrix} \tag{6.13}$$

经转置有

$$[a_2 a_1 a_0] = [a_6 a_5 a_4 a_3] \begin{bmatrix} 1 & 1 & 1 \\ 1 & 1 & 0 \\ 1 & 0 & 1 \\ 0 & 1 & 1 \end{bmatrix} = [a_6 a_5 a_4 a_3] \boldsymbol{Q} \tag{6.14}$$

其中，$\boldsymbol{Q}$ 为 $k \times r$ 阶矩阵，它为 $\boldsymbol{P}$ 的转置，即

$$Q = P^{\mathrm{T}} \tag{6.15}$$

式（6.14）表明，在给定信息位之后，用信息位的行矩阵乘以矩阵 Q，就可产生监督位，完成编码。

为此，我们引入生成矩阵 G，G 的功能是通过给定信息位产生整个的编码码组，即有

$$[a_6 a_5 a_4 a_3 a_2 a_1 a_0] = [a_6 a_5 a_4 a_3] G \tag{6.16}$$

或者

$$A = [a_6 a_5 a_4 a_3] G \tag{6.17}$$

如果找到了生成矩阵，我们就完全确定了编码方法。

根据式（6.14）由信息位确定监督位的方法和式（6.16）对生成矩阵的要求，我们很容易得到生成矩阵 G

$$G = [I_k Q] = \begin{bmatrix} 1 & 0 & 0 & 0 & \vdots & 1 & 1 & 1 \\ 0 & 1 & 0 & 0 & \vdots & 1 & 1 & 0 \\ 0 & 0 & 1 & 0 & \vdots & 1 & 0 & 1 \\ 0 & 0 & 0 & 1 & \vdots & 0 & 1 & 1 \end{bmatrix} \tag{6.18}$$

其中，I_k 为 $k \times k$ 阶单位方阵。具有 $[I_k Q]$ 形式的生成矩阵称为典型生成矩阵。

比较式（6.10）的典型监督矩阵和式（6.18）的典型生成矩阵，可以看到，典型监督矩阵和典型生成矩阵存在以下关系

$$H = [P \cdot I_r] = [Q^{\mathrm{T}} \cdot I_r] \tag{6.19}$$

$$G = [I_k \cdot Q] = [I_k \cdot P^{\mathrm{T}}] \tag{6.20}$$

6.3.2 错误图样 E 和校正子 S

发送码组 $A = [a_{n-1} \quad a_{n-2} \quad \cdots \quad a_0]$ 在传输过程中可能发生误码。设接收到的码组为 $B = [b_{n-1} \quad b_{n-2} \quad \cdots \quad b_0]$，则收、发码组之差为

$$B - A = E$$

或写成

$$B = A + E \tag{6.21}$$

其中，$E = [e_{n-1} \quad e_{n-2} \quad \cdots \quad e_0]$ 为错误图样。

令

$$S = BH^{\mathrm{T}} \tag{6.22}$$

为分组码的校正子（亦称伴随式）。

利用式（6.22），可以得到

$$S = (A + E)H^{\mathrm{T}} = AH^{\mathrm{T}} + EH^{\mathrm{T}} = EH^{\mathrm{T}} \tag{6.23}$$

这样就把校正子 S 与接收码组 B 的关系转换成了校正子 S 与错误图样 E 的关系。由此可知，若接收正确（$E = 0$），则 $S = 0$；若接收不正确（$E \neq 0$），则 $S \neq 0$。

下面来讨论如何利用校正子 S 进行纠错。

前述 (7,4) 线性分组码的监督矩阵为

$$H = \begin{bmatrix} 1 & 1 & 1 & 0 & 1 & 0 & 0 \\ 1 & 1 & 0 & 1 & 0 & 1 & 0 \\ 1 & 0 & 1 & 1 & 0 & 0 & 1 \end{bmatrix}$$

设接收码组的最高位有错,错误图样 $E = [1\ 0\ 0\ 0\ 0\ 0\ 0]$,则

$$S = EH^T = [1\ 0\ 0\ 0\ 0\ 0\ 0] \begin{bmatrix} 1 & 1 & 1 \\ 1 & 1 & 0 \\ 1 & 0 & 1 \\ 0 & 1 & 1 \\ 1 & 0 & 0 \\ 0 & 1 & 0 \\ 0 & 0 & 1 \end{bmatrix} = [1\ 1\ 1]$$

它的转置 $S^T = \begin{bmatrix} 1 \\ 1 \\ 1 \end{bmatrix}$ 恰好是典型形式 H 矩阵的第一列。

如果是接收码组 B 次高位有错,$E = [0\ 1\ 0\ 0\ 0\ 0\ 0]$,那么算出的 $S = [1\ 1\ 0]$,其转置 S^T 恰好是典型形式 H 阵的第二列。

例 6.1 已知前述(7,4)线性分组码某码组在传输过程中发生一位误码,设接收码组为 $B = [0\ 0\ 0\ 0\ 1\ 0\ 1]$,试将其恢复为正确码组。

解:已知前述(7,4)线性分组码的典型监督矩阵

$$H = \begin{bmatrix} 1 & 1 & 1 & 0 & 1 & 0 & 0 \\ 1 & 1 & 0 & 1 & 0 & 1 & 0 \\ 1 & 0 & 1 & 1 & 0 & 0 & 1 \end{bmatrix}$$

利用矩阵性质计算校正子的转置

$$S^T = HB^T = \begin{bmatrix} 1 & 1 & 1 & 0 & 1 & 0 & 0 \\ 1 & 1 & 0 & 1 & 0 & 1 & 0 \\ 1 & 0 & 1 & 1 & 0 & 0 & 1 \end{bmatrix} \begin{bmatrix} 0 \\ 0 \\ 0 \\ 0 \\ 1 \\ 0 \\ 1 \end{bmatrix} = \begin{bmatrix} 1 \\ 0 \\ 1 \end{bmatrix}$$

因为 S^T 与 H 矩阵中的第三列相同,相当于得到错误图样 $E = [0\ 0\ 1\ 0\ 0\ 0\ 0]$,所以正确的码组为

$$A = B + E = [0\ 0\ 0\ 0\ 1\ 0\ 1] + [0\ 0\ 1\ 0\ 0\ 0\ 0] = [0\ 0\ 1\ 0\ 1\ 0\ 1]$$

6.3.3 汉明码

汉明码是一种可以纠正单个随机错误的线性分组码。它的最小码距 $d_0 = 3$,监督码元位数 $r = n - k$(r 是一个 ≥ 2 的正整数),码长 $n = 2^r - 1$,信息码元位数 $k = 2^r - 1 - r$,编码效率

$R = k/n = (2^r - 1 - r)/(2^r - 1) = 1 - r/n$。当 n 很大时，这种码的编码效率接近 1，所以是一种高效码。

线性码有一种重要的性质——封闭性。封闭性是指一种线性码中的任意两个码组之和仍为这种码中的一个码组。这就是说，若 A_1 和 A_2 是一种线性码中的两个许用码组，则 $(A_1 + A_2)$ 仍为其中的一个码组。这一性质的证明很简单，若 A_1、A_2 为码组，则按式（6.9）有

$$A_1 \cdot H^T = 0, \quad A_2 \cdot H^T = 0$$

将以上两式相加，可得

$$A_1 \cdot H^T + A_2 \cdot H^T = (A_1 + A_2) \cdot H^T = 0 \tag{6.24}$$

所以 $(A_1 + A_2)$ 也是一码组。既然线性码具有封闭性，那么两个码组之间的距离必是另一码组的重量，故码的最小距离即是码的最小重量（全 0 码组除外）。

6.4 其他几种纠错编码

6.4.1 循环码

循环码是一类重要的线性分组码。它是在严密的代数理论基础上建立起来的，因而有助于按照所要求的纠错能力系统地构造，简化译码方法，使得编译码电路比较简单，因此，其得到了广泛的应用。

循环码除具有线性分组码的一般性质外，还具有循环性。循环性是指循环码中任一许用码组经过循环移位之后，所得到的码组仍为许用码组。表 6-4 给出了（7,3）循环码的全部码组。从表中可以直观地看出这种码的循环性。例如，表中的第 3 码组向右移一位即得到第 6 码组；第 5 码组向右移一位即得到第 3 码组。即若 $(a_{n-1}, a_{n-2}, ..., a_1, a_0)$ 是循环码的一个许用码组，则 $(a_{n-2}, a_{n-3}, ..., a_0, a_{n-1})$、$(a_{n-3}, a_{n-4}, ..., a_0, a_{n-1}, a_{n-2})$ 也是许用码组。图 6-3 是（7,3）循环码的循环圈。

表 6-4　　　　　　　　　（7,3）循环码码组

码组编号	1	2	3	4	5	6	7	8
码组	0000000	0011101	0100111	0111010	1001110	1010011	1101001	1110100

6.4.2 卷积码

卷积码是 1955 年由麻省理工学院的伊莱亚斯（Elias）等提出的一种非分组码。分组码编码是将输入的信息序列分成长度为 k 的分组，然后按照一定的编码规则，将长度为 k 的信息码元附加上长度为 r 的监督码元生成长为 $n = k + r$ 的码组。在一个码组中，r 个监督码元仅与本组的 k 个信息码元有关，而与其他各码组均无关。分组译码时，也仅从本码组的码元内提取有关译码信息，而与其他

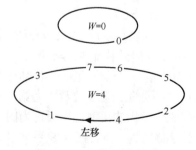

图 6-3　（7,3）循环码的循环圈

码组无关。卷积码则不同，它先将信息序列分成长度为 k 的子组，然后编成长为 n 的子码，其中长为 $n-k$ 的监督码元不仅与本子码的 k 个信息码元有关，还与前面 m 个子码的信息码元密切相关。换句话说，各子码内的监督码元不仅对本子码有监督作用，还对前面 m 个子码内的信息码元也有监督作用。因此常用 (n,k,m) 表示卷积码，其中 m 称为编码记忆，它反映了输入信息码元在编码器中需要存储的时间长短；$N=m+1$ 称为卷积码的约束度，单位是组，它是相互约束的子码的个数；$N \cdot n$ 被称为约束长度，单位是位，它是互相约束的二进制码元的个数。

在线性分组码中，单位时间内进入编码器的信息序列一般都比较长，k 可达 8～100。因此，编出的码字 n 也较长。对于卷积码，考虑到编、译码器设备的可实现性，单位时间内进入编码器的信息码元的个数 k 通常比较小，一般不超过 4，往往就取 $k=1$。

6.4.3 交织编码

前面所讨论的纠错编码是用来纠正随机错误的，但是在实际的通信系统中常常会出现突发性错误，例如在移动通信系统中存在多径衰落现象，信号经过信道要经过两个或多个不同的路径才能到达接收机，这使得信号到达的相位互不相同，累加起来使接收信号产生失真，如此产生的差错是突发的而非随机的。所谓突发性错误是指比特差错成串发生而非单个出现的错误，为了纠正这些成串发生的比特差错即突发性错误，可以运用交织编码技术来分散这些误差，使长串的比特差错变成短差错，即将成片出现的误码变为独立分散的误码，然后用纠正随机独立差错的纠错码来消除误码。

6.5　差错控制编码技术在通信系统中的应用举例

几乎所有的数字通信系统都采用了差错控制编码技术，尤其是传输数据的数字通信系统。这是因为相比于话音信号，数据信号对系统的误码率要求更高。例如，在 TD-SCDMA 系统中，话音业务仅要求误比特率（BER）在 10^{-3} 以下，而数据业务要求 BER 必须在 10^{-6} 以下。

6.5.1　国际标准书号（ISBN）中的差错控制编码技术

国际标准书号（ISBN）是国际通用的图书或独立的出版物（定期出版的期刊除外）代码。一个国际标准书号只有一个或一份相应的出版物与之对应。由于 ISBN 中采用了差错控制编码技术，出版社和读者可以通过一本书或者独立出版物上的 ISBN 识别出它是否为合法出版物。

早期的 ISBN 由 10 位十进制数字组成，2007 年起 ISBN 统一升级为 13 位，即"ISBN-13"。ISBN 编码结构如图 6-4 所示。由图可见，ISBN 由 5 个部分组成，各部分之间用连字符"-"分隔：前 3 位数字为第一部分，用来代表出版物的类型，出版物为图书时这 3 位数字固定为 978，在 978 系列号码用尽后，启用 979 作为新系列号码；中间 9 位数字分

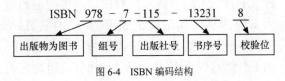

图 6-4　ISBN 编码结构

为 3 组，分别表示组号、出版社号和书序号；最后一位数字为第 5 部分，是校验码。组号，又称地区号，为 1～5 个数字，不同国家使用不同的编号和长度，例如，0 代表美国，7 代表中国，而不丹使用的是 99936；出版社号，由其隶属的国家或地区的 ISBN 中心分配，允许取值为 2～5 位数字。出版社的规模越大，出版的图书越多，其号码就越短。例如，中国的高等教育出版社号码为 04，人民邮电出版社号码为 115；书序号，由出版社自己给出，各出版社的书序号长度固定，为数字 9 减去组号位数和出版社号位数后的数值。例如，人民邮电出版社的书序号长度为 5 位。

第 5 部分，校验码取值范围为 0～9，校验码的具体算法包括以下几步。

（1）将除校验位以外的 12 位数字与对应权值（131313131313）逐位相乘，即这 12 位数字中从左边算起的所有奇数位和"1"相乘，所有偶数位和"3"相乘。

（2）把相乘得到的 12 个乘积相加。

（3）将这个加数对 10 求模（除以 10 后取余数）。

（4）用 10 减去上一步求得的模值，即得校验位。

也就是说，每个 ISBN 的前 12 位与最后一位校验位之间有通过固定算法形成的约束关系。若它们之间不满足这个约束关系，则该 ISBN 对应的图书必为非法出版物。

6.5.2 5G 移动通信系统中的差错控制编码技术

3GPP 围绕 5G 三大应用场景——增强型移动宽带（eMBB）、大连接物联网（mMTC）和低时延高可靠通信（URLLC），关于候选编码方案，采用美国主推的低密度奇偶校验码（LDPC）、还是中国主推的极化码（Polar 码），法国主推的 Turbo 码，人们展开了激烈讨论。在 2016 年 10 月的里斯本会议和 11 月的里诺会议上，LDPC 作为 eMBB 数据信道的编码方案，Polar 码作为 eMBB 控制信道的编码方案被列入了 5G 后续的标准化讨论中。虽然 Turbo 码在这次激烈的竞争中未能列入 5G 的后续讨论，但是 Turbo 码在 3G 和 4G 移动通信中的成功应用，以及在信道编码中里程碑式的意义奠定了其在移动通信中的重要地位。LDPC、Polar 码及 Turbo 码不仅是移动通信系统中信道编码的候选技术，也是卫星通信、军事通信、光通信等众多通信系统中信道编码的候选方案。

1. LDPC

LDPC 是一种具有稀疏校验矩阵的线性分组码，相对于行、列的长度，校验矩阵每行、每列中非零元素的数目（又称行重、列重）非常小。若校验矩阵 H 的行重、列重保持不变（或保持均匀），则称该 LDPC 为规则 LDPC，反之若行重、列重变化较大，则称其为非规则 LDPC。研究表明正确设计的非规则 LDPC 性能要优于规则 LDPC 的性能。

LDPC 错误平层低，译码性能逼近香农极限，译码算法可并行实现，是高速率大容量通信系统信道编码的首选方案。目前已经在 DVB-S 系列、CCSDS，以及 IEEE 802.16e 等很多通信标准中得到了广泛应用。另外，LDPC 自 1996 年发现以来，在编码构造和译码实现等方面都取得了显著成果，如校验矩阵的优化设计、码的性能分析方法，以及低复杂度的硬件实现等，这为 LDPC 在 5G 系统中的成功应用奠定了重要基础。

2. Polar

Polar 是第一个被证明可以达到香农容量极限的信道编码方法，且采用连续消除（SC）译码时复杂度仅为 $O(N\lg N)$，其中，N 为码长。

Polar 码的基本原理就是信道极化。信道极化（见图 6-5）由信道合并和信道分裂组成。任意一个二进制离散无记忆（B-DMC）信道 W 被重复使用 N 次，经线性变换合并成 W_N，W_N 经分裂转化为 N 个相互关联的极化信道 $W_N^{(i)}$，$1 \leqslant i \leqslant N$，其中定义 $W_N^{(i)}: X \to Y^N \times X^{i-1}$。当 N 足够大时，就会出现一种极化现象，即一部分极化信道 $W_N^{(i)}$ 的信道容量趋于 1，同时剩余极化信道的信道容量趋于 0。信道容量趋于 1 的极化信道被定义为无噪信道，信道容量趋于 0 的极化信道被定义为全噪信道。

Polar 码选取 K 个无噪信道来传输信息比特，在剩余 $N-K$ 个全噪信道中传输冻结比特（通常设置为 0），从而实现由 K 个信息比特到 N 个发送比特的一一对应关系，而这也是 K/N 码率 Polar 码的编码过程。

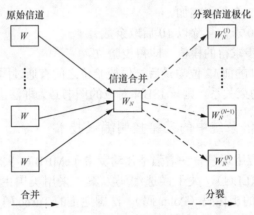

图 6-5 信道极化现象的形成过程

目前 Polar 码是 5G 中 eMBB 应用场景采用的控制信道的编码方式，码长较短，重点研究和解决的是码长、码率灵活性问题，以及编译码对信道的依赖性问题。

3. Turbo 码

Turbo 码的编码器由两个并行卷积码编码器组成（输出为输入和一段已知序列的卷积），每一个卷积编码器称为分量编码器。Turbo 码的编码器结构如图 6-6 所示，输入序列在进入第 2 个分量编码器之前需要经过交织器将输入序列随机化，两个编码器的输出共同作为冗余信息，根据码率要求，经过删余及信息序列复接一起作为编码器的输出。

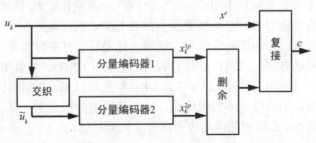

图 6-6 Turbo 码的编码器结构

Turbo 码因其性能优异，在 3G 系统中占有重要地位。为使 3G 标准逐渐实现全球统一，ITU 认可不同国家提出的采用不同技术体制的标准，即 3 个主要标准，分别代表不同技术体制,具有不同特点:WCDMA、cdma2000 和 TD-SCDMA。在这 3 种标准中,为提高数据传输可靠性,信道编码均采用 Turbo 码。第 4 代移动通信是基于 LTE 的新一代移动通信系统,其信道编码仍采用 Turbo 码,并在原来基础上对编码端的交织器进行改进,将大于 6144 的码块进行分割,归零结尾。

随着 Turbo 码在 3G 和 4G 系统中的广泛应用(以下称 LTE Turbo),人们发现 LTE Turbo 在某些码率和码长组合下(特别在短码情况下)会出现错误平层(Error Floor)。这在 5G 标准化中被认为是会影响 URLLC 传输业务的重要问题。

6.6　通信系统仿真

(7,4)线性分组码的编译码仿真

1.(7,4)线性分组码的编码器、译码器电路原理图

此处仿真基于 6.3 节中所描述的(7,4)线性分组码,根据其监督方程、校正子表达式、校正子与误码位置关系,可以得到以下编码器、译码器的电路原理图,如图 6-7、图 6-8 所示。

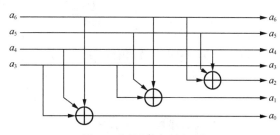

图 6-7　编码器的电路原理图

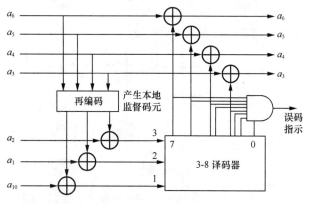

图 6-8　译码器的电路原理图

2. 仿真分析内容及目标

根据(7,4)线性分组码的编码器、译码器电路原理图可构建如图 6-9 所示的仿真分析系统,该仿真分析系统包含两个子系统,分别是(7,4)线性分组码的编码器和译码器,如图 6-10

和图 6-11 所示。仿真信号源采用一个 PROM（可编程只读存储器），由用户自定义数据内容，数据输出用计数器定时驱动，每 1s 输出 4 位数据，即生成信息 $a_6 \sim a_3$，编码子系统编为 7 位线性分组码，经并/串变换后传输。在接收端，经串/并变换恢复 $a_6 \sim a_3$，然后用译码子系统完成线性分组码译码，输出 $a_6 \sim a_3$ 和误码指示信息。要求：

（1）观察（7,4）线性分组码经过并/串变换后的波形；

（2）观察（7,4）线性分组码经过译码后输出 $a_6 \sim a_3$ 和误码指示信息的波形；

（3）熟悉 SystemView 软件的操作方法，通过观察时域波形，对线性分组码原理进行验证。

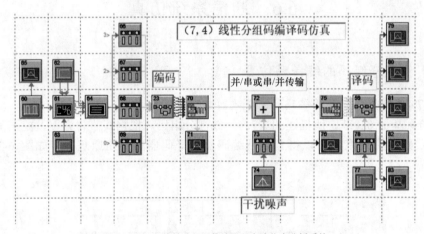

图 6-9 （7,4）线性分组码的编译码电路仿真分析系统

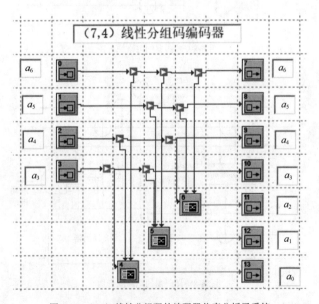

图 6-10 （7,4）线性分组码的编码器仿真分析子系统

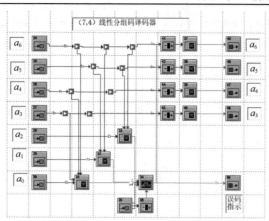

图 6-11 (7,4)线性分组码的译码器仿真分析子系统

3. 系统仿真过程

(1) 进入 SystemView 系统视窗。

(2) 根据图 6-7、图 6-8 所示的系统框图,调用图符搭建如图 6-9 所示的仿真分析系统,其中图符 23 是编码子系统,展开后如图 6-10 所示,图符 59 是译码子系统,展开后如图 6-11 所示,图符 23、图符 60~图符 71 构成(7,4)线性分组码发送部分,图符 72~图符 74 构成信道,图符 59、图符 75~图符 83 构成(7,4)线性分组码接收部分。

(3) 正确设置图符参数,系统中各图符参数设置如表 6-5~表 6-7 所示。

表 6-5　　(7,4)线性分组码的编译码电路仿真分析系统图符参数设置

编号	图符属性	信号选项	类型	参数设置
60	Source	Periodic	Pulse Train	Amplitude=1V,Freq=1Hz,Pulse Width=0.5s Offset=0.5V,Phase=0
62、77	Source	Aperiodic	Step Fct	Amplitude=0V,Start Time=0s,Offset=0V
63	Source	Aperiodic	Step Fct	Amplitude=1V,Start Time=0s,Offset=0V
74	Source	Noise/PN	Gauss Noise	Constant Parameter=Std Deviation, Std Deviation=0.2V,Mean=0V
61	Logic	Counters	Cntr-U/D	Gate Delay=0s,Threshold=0.5V,True Output=1, False Output=0V,Rise Time=0s,Fall Time=0s
64	Logic	FF/Latch/Reg	PROM	Gate Delay=0s,Threshold=0.5V,True Output=1, False Output=0V,D-0(Hex)=301,D-1(Hex)=204, D-2(Hex)=708,D-3(Hex)=60C,Rise Time=0s
66~69、78	Operator	Sample/Hold	ReSample	Sample Rate=10Hz
73	Operator	Sample/Hold	ReSample	Sample Rate=70Hz
72	Adder	—	—	—
70	Communication	Modulators	TD Mux	Number of Inputs=7,Time per Input=1s
75	Communication	Demodulators	TD Dmux	Number of Outputs=7,Time per Output=1s
23、59	Meta System	—	—	—
65、71、76、79~83	Sink	Analysis	Analysis	—

表 6-6　　　　　　（7,4）线性分组码的编码器仿真分析子系统图符参数设置

编号	图符属性	信号选项	类型	参数设置
0-3	Meta I/O	—	Meta In	—
7-13	Meta I/O	—	Meta Out	—
4-6	Logic	Gates/Buffers	XOR	Gate Delay=0s，Threshold=0.5V，True Output=1，False Output=0V，Rise Time=0s，Fall Time=0s

表 6-7　　　　　　（7,4）线性分组码的译码器仿真分析子系统图符参数设置

编号	图符属性	信号选项	类型	参数设置
24～30、35	Meta I/O	—	Meta In	—
45～48、58	Meta I/O	—	Meta Out	—
31～33、37～40	Logic	Gates/Buffers	XOR	Gate Delay=0s，Threshold=0.5V，True Output=1，False Output=0V，Rise Time=0s，Fall Time=0s
36、41～43	Logic	Gates/Buffers	Invert	Gate Delay=0s，Threshold=0.5V，True Output=1，False Output=0V，Rise Time=0s，Fall Time=0s
34	Logic	Mux/Demux	dMux-D-8	Gate Delay=0s，Threshold=0.5V，True Output=1，False Output=0V，Rise Time=0s，Fall Time=0s

（4）设置时钟参数，其中时间参数：开始时间 Start Time 为 0s；终止时间 Stop Time 为 4s；采样参数：采样点数 No. of Samples 为 561，采样频率 Sample Rate 为 140Hz。

（5）运行系统，观察时域波形。单击"运行"按钮，运行结束后按"分析窗"按钮，进入分析窗后，单击"绘制新图"按钮，则活动窗口分别显示出时钟信号的波形（图符 65）、线性分组码经过并/串转换后的波形（图符 71）、线性分组码经过译码后输出 a_6～a_3（图符 79～图符 82）和该码指示信息的波形（图符 83），如图 6-12 所示。

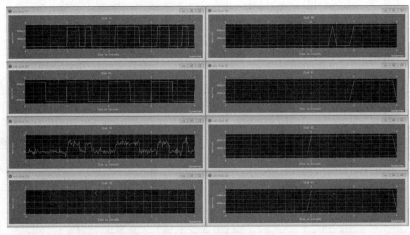

图 6-12　（7,4）线性分组码的编译码电路仿真分析系统时域波形

4. 系统仿真分析

通过仿真，（7,4）线性分组码的编译码过程被较好地展示出来，仿真证实了（7,4）线性分组码可纠正一位错码，不能纠正两位以上的错误，直观而形象地描述了线性分组码的工作原理。

习 题

6-1 已知 8 个码组分别为（000000）、（001110）、（010101）、（011011）、（100011）、（101101）、（110110）、（111000）：

（1）求以上码组的最小码距 d_0；

（2）若此 8 个码组用于检错，可检出几位错？

（3）若用于纠错，能纠正几位错码？

（4）若同时用于纠错和检错，纠错、检错性能如何？

6-2 已知两码组（0000）和（1111），若该码组用于检错，能检出几位错码？若用于纠错，能纠正几位错码？若同时用于纠错和检错，问各能纠、检几位错码？

6-3 一码长 $n=15$ 的汉明码，监督位 r 应为多少？编码效率为多少？试写出监督码元与信息码元之间的关系。

6-4 已知某（7,4）线性分组码的监督方程为

$$H = \begin{bmatrix} 1110100 \\ 1101010 \\ 1011001 \end{bmatrix}$$

试求其生成矩阵，并写出所有许用码组。

6-5 设一线性分组码的一致监督方程为

$$\begin{cases} a_4 + a_3 + a_2 + a_0 = 0 \\ a_5 + a_4 + a_1 + a_0 = 0 \\ a_5 + a_3 + a_0 = 0 \end{cases}$$

其中，a_5、a_4、a_3 为信息码元。

（1）试求其生成矩阵和监督矩阵。

（2）写出所有的码字。

（3）判断下列接收到的码字是否正确：$B_1 = $（011101），$B_2 = $（101011），$B_3 = $（110101）。若为非码字，则如何纠错和检错？

6-6 令 $g(x) = x^3 + x + 1$ 为（7,4）循环码的生成多项式：

（1）求出该循环码的生成矩阵和监督矩阵；

（2）若两个信息码组分别为（1001）和（0110），求出它们的循环码组；

（3）画出其编码器原理框图。

6-7 设汉明码的一致监督方程组为

$$\begin{cases} a_1 + a_2 + a_5 + a_6 = 0 \\ a_1 + a_3 + a_5 = 0 \\ a_2 + a_3 + a_4 + a_5 = 0 \end{cases}$$

试求一致监督矩阵的标准（典型）形式。

6-8 试将以下生成矩阵化为标准形式 $G = [I_k \cdot Q]$

(1) $G_1 = \begin{bmatrix} 0 & 0 & 0 & 1 & 1 & 0 & 1 \\ 0 & 0 & 1 & 1 & 0 & 1 & 0 \\ 0 & 1 & 1 & 0 & 1 & 0 & 0 \\ 1 & 1 & 0 & 1 & 0 & 0 & 0 \end{bmatrix}$ （2） $G_2 = \begin{bmatrix} 0 & 0 & 0 & 1 & 0 & 1 & 1 \\ 0 & 0 & 1 & 0 & 1 & 1 & 0 \\ 0 & 1 & 0 & 1 & 1 & 0 & 0 \\ 1 & 0 & 1 & 1 & 0 & 0 & 0 \end{bmatrix}$

6-9 （7,3）线性分组码得到的标准形式生成矩阵为

$$G = \begin{bmatrix} 1001011 \\ 0101110 \\ 0010111 \end{bmatrix}$$

（1）试写出 8 个许用码组；

（2）若给出其中一个码字为（0111001），并分别给出 1 位错误格式为 E_1=（0010000）及 E_2=（0000100），试分别求出伴随式，观察能否纠错。

6-10 下表列出了（7,3）线性分组码及其码多项式

码字	码多项式（模 x^7-1）
0010111	
0101110	
1011100	
0111001	
1100101	
1001011	
0000000	

（1）试写出相应的码多项式，并填在表中，说明该码是否循环码7，为什么？

（2）写出码生成多项式 $g(x)$，它有何特点？

（3）在给出 $g(x)$ 后，确定其生成矩阵 $G(x)$。

第 7 章 通信系统中的同步

在通信系统中,同步具有相当重要的地位。通信系统能否有效、可靠地工作,很大程度上依赖于有无良好的同步系统。

7.1 概述

数字通信系统中的数字信号,无论是二进制还是多进制,都是由一串码元构成的序列。这些码元在时间上按一定的顺序排列,代表不同的信息。要使数字信号在通信过程中能保持完整的信息,必须保持这些码元时间位置的准确性,也就是发送端与接收端都要有稳定和准确的定时脉冲,以保证各种电路始终处于定时状态,确保数字信息的可靠传输。为了使整个系统有序、准确、可靠地工作,收、发双方必须有一个统一的时间标准。这个时间标准就是靠定时系统实现收、发双方时间的一致性的,即同步。

同步的种类很多,按照同步的功用来分,通信系统中的同步可以分为载波同步、位同步(码元同步)、帧同步(群同步)和网同步几大类。

1. 载波同步

当采用同步解调或相干检测时,接收端需要提供一个与发射端调制载波同频同相的相干载波,这个相干载波的获取就称为载波同步(或载波提取)。

2. 位同步

位同步又称为码元同步。无论是基带传输,还是频带传输,都需要位同步。因为在数字通信系统中,信息是一串相继码元的序列,解调时常需要知道每个码元的起止时刻,以便判决。例如用取样判决器对信号进行取样判决时,均应对准每个码元最大值的位置。因此,需要在接收端产生一个"码元定时脉冲序列",这个脉冲序列的重复频率要与发射端的码元速率相同,相位(位置)要对准最佳取样判决位置(时刻)。这样的一个码元定时脉冲序列就被称为"位同步脉冲"(或"码元同步脉冲"),而把位同步脉冲的取得称为位同步提取。

3. 帧同步

数字通信系统中的信息数字流,总是用若干个码元组成一个"字",又用若干个"字"组成一"句"。因此,在接收这些数字流时,同样也必须知道这些"字""句"的起止时刻。而在接收端产生的与"字""句"起止时刻相一致的定时脉冲序列,就被称为"字"同步和"句"同步,统称为帧同步(或群同步)。

4. 网同步

现代通信需要在多点之间相互连接构成通信网。在一个通信网中,往往需要把各个方向传来的信息,按不同目的进行分路、合路和交换。为了有效地实现这些功能,必须实现网同步。随着数字通信的发展,特别是计算机通信的发展,多点(多用户)之间的通信和数据交换构成了数字通信网。为了保证数字通信网稳定可靠地进行通信和交换,整个数字通信网内交换必须有一个统一的时间标准,即整个网络必须同步工作,这就是位同步要解决的问题。

除了按照功用来区分同步外,还可以根据传输同步信息的方式不同,将同步方法分为外同步法(插入导频法)和自同步法(内同步法)两种。外同步法是指发送端发送专门的同步信息,接收端把这个同步信息检测出来作为同步信号;自同步法是指发送端不发送专门的同步信息,而在接收端设法从收到的信号中提取同步信息。

本章将对上述 4 类同步方式分别进行讨论,讲述各类同步系统的基本原理和性能。

7.2 载波同步

在采用相干解调的系统中,接收端必须提供一个与发送载波同频同相的相干载波,这就是载波同步。相干载波信息通常从接收到的信号中提取。若已调信号中存在载波分量,就可以从接收信号中直接提取载波同步信息;若已调信号中不存在载波分量,就需要采用在发端插入导频的方法,或者在接收端对信号进行适当的波形变换,以取得载波同步信息。前者称为插入导频法,又称外同步法;后者称为自同步法,又称内同步法,后面介绍的滤波法和同相正交法就是两种常用的自同步法。

7.2.1 插入导频法

在抑制载波系统中无法从接收信号中直接提取载波。例如 DSB、VSB、SSB 和 2PSK 本身都不含有载波分量,或即使含有一定的载波分量,也很难从已调信号中分离出来。为了获取载波同步信息,可以采取插入导频法。插入导频是在已调信号频谱中加入一个低功率的线状谱(其对应的正弦波形即称为导频信号)。在接收端可以利用窄带滤波器较容易地把它提取出来。经过适当的处理形成接收端的相干载波。显然,插入导频的频率应当与原载频有关或者就是载频。插入导频的方法有多种,它们的基本原理相似。这里仅介绍在抑制载波的双边带信号中插入导频的方法。

在 DSB 信号中插入导频时,导频的插入位置应该在信号频谱为零的位置,否则导频与已调信号频谱成分重叠,接收时不易提取。图 7-1 所示为 DSB 的导频插入。

插入的导频并不是加入调制器的载波,而是将该载波移相 π/2 的"正交载波"。其发送端方框图如图 7-2 所示。

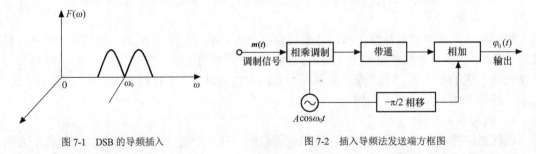

图 7-1 DSB 的导频插入   图 7-2 插入导频法发送端方框图

设调制信号为 $m(t)$,$m(t)$ 无直流分量,载波为 $A\cos\omega_0 t$,则发送端输出的信号为

$$\varphi_0(t) = A\,m(t)\cos\omega_0 t + a\sin\omega_0 t \tag{7.1}$$

插入导频法接收端方框图如图 7-3 所示。

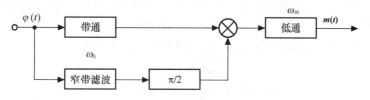

图 7-3 插入导频法接收端方框图

如果不考虑信道失真及噪声干扰，并设接收端收到的信号与发送端的信号完全相同，则此信号通过中心频率为 ω_0 的窄带滤波器可取得导频 $\alpha\sin\omega_0 t$，再将其移相 $\pi/2$，就可以得到与调制载波同频同相的相干载波 $\cos\omega_0 t$。

接收端的解调过程为

$$m(t) = \varphi(t)\cos\omega_0 t = \left[Am(t)\cos\omega_0 t + \alpha\sin\omega_0 t \right]\cos\omega_0 t$$
$$= \frac{A}{2}m(t) + \frac{A}{2}m(t)\cos 2\omega_0 t + \frac{\alpha}{2}\sin\omega_0 t \qquad (7.2)$$

式（7.2）表示的信号通过截止角频率为 ω_m 的低通滤波器就可得到基带信号 $\frac{A}{2}m(t)$。

如果在发送端导频不是正交插入的，而是同相插入的，则接收端解调信号为

$$m(t) = \varphi(t)\cos\omega_0 t = \left[Am(t)\cos\omega_0 t + \alpha\sin\omega_0 t \right]\cos\omega_0 t$$
$$= \frac{A}{2}m(t) + \frac{A}{2}m(t)\cos 2\omega_0 t + \frac{\alpha}{2} + \frac{\alpha}{2}\cos\omega_0 t \qquad (7.3)$$

从式（7.3）看出，虽然同样可以解调出 $\frac{A}{2}m(t)$ 项，但增加了一个直流项 $\frac{\alpha}{2}$，这个直流项通过低通滤波器后将对数字信号产生不良影响。这就是发送端导频应采用正交插入的原因。

SSB 和 2PSK 的插入导频方法与 DSB 相同，VSB 的插入导频较复杂，通常采用双导频法，基本原理与 DSB 类似。

7.2.2 非线性变换——滤波法

有些信号（如 DSB 信号）虽然本身不包含载波分量，但只要对接收波形进行适当的非线性变换，然后通过窄带滤波器，就可以从中提取载波的频率和相位信息，即可使接收端恢复相干载波，这种方法是自同步法的一种。

图 7-4 为 DSB 信号采用平方变换法和平方环法提取载波的框图。设输入信号 $S_{DSB}(t) = m(t)\cos(\omega_0 t + \theta_0)$ 经平方律部件后

$$e(t) = m^2(t)\cos^2(\omega_0 t + \theta_0) = \frac{1}{2}m^2(t) + \frac{1}{2}m^2(t)\cos(2\omega_0 t + 2\theta_0) \qquad (7.4)$$

经中心频率为 $2\omega_0$ 的带通滤波器后输出为

$$\frac{1}{2}m^2(t)\cos(2\omega_0 t + 2\theta_0) \qquad (7.5)$$

尽管假设 $m(t)$ 不含直流成分，但 $m^2(t)$ 含有直流分量，因此式（7.5）实际是一个载波为 $2\omega_0$ 的调幅波。如果带通滤波器（BPF）的带宽窄，则其输出只有 $2\omega_0$ 成分，然后经二次分频电

路可得到所需的载波 $\cos(\omega_0 t + \theta_0)$。应注意,二次分频电路将使载波有 180° 的相位模糊,这是由分频器引起的。一般的分频器都由触发器构成,由于触发器的初始状态是未知的,因此分频器末级输出的波形(方波)相位可能随机地取 "0" 和 "π"。它对模拟信号影响不大,而 2PSK 信号,由于载波相位的模糊,将会造成解调判决的失误。

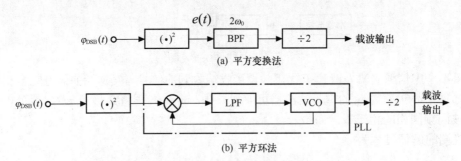

图 7-4 平方变换法和平方环法提取载波的框图

若图 7-4(a)中的窄带滤波器改用锁相环(PLL),即得到图 7-4(b)所示的平方环法。这将使系统的性能得到改善,因为锁相环不仅具有窄带滤波器的作用,在一定范围内还能自动跟踪输入频率的变化,当输入信号中断时,锁相环能自动地保持输入信号的频率和相位。

7.2.3 同相正交法(科斯塔斯环)

利用锁相环提取载波的另一种常用的方法是采用同相正交环,也称科斯塔斯环(Castas),如图 7-5 所示。它包括两个相干解调器,它们的输入信号相同,分别使用两个在相位上正交的本地载波信号,上支路为同相相干解调器,下支路为正交相干解调器。两个相干解调器的输出同时送入乘法器,并通过低通滤波器形成闭环系统,去控制压控振荡器(VCO),使本地载波自动跟踪发射载波的相位。在同步时,同相支路的输出即为所需的解调信号,这时正交支路的输出为 0。因此,这种方法叫作同相正交法。

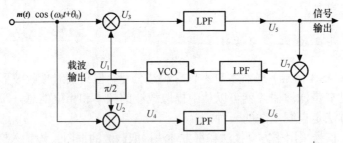

图 7-5 科斯塔斯环法提取载波

设 VCO 的输出为 $\cos(\omega_0 t + \phi)$,则

$$U_1 = \cos(\omega_0 t + \phi) \tag{7.6}$$

$$U_2 = \sin(\omega_0 t + \phi) \tag{7.7}$$

故

$$\begin{aligned} U_3 &= m(t)\cos(\omega_0 t + \theta_0)\cos(\omega_0 t + \phi) \\ &= \frac{1}{2}m(t)\left[\cos(\theta_0 - \phi) + \cos(2\omega_0 t + \theta_0 + \phi)\right] \end{aligned} \tag{7.8}$$

$$U_4 = m(t)\cos(\omega_0 t + \theta_0)\sin(\omega_0 t + \phi)$$
$$= \frac{1}{2}m(t)\left[-\sin(\theta_0 - \phi) + \sin(2\omega_0 t + \theta_0 + \phi)\right] \tag{7.9}$$

经过带宽为 W_m 的 LPF 后得

$$U_5 = m(t)\cos(\theta_0 - \phi) \tag{7.10}$$
$$U_6 = m(t)\sin(\theta_0 - \phi) \tag{7.11}$$

将 U_5 和 U_6 加入相乘器后，得

$$U_7 = \frac{1}{4}m^2(t)\cos(\theta_0 - \phi)\sin(\theta_0 - \phi) = -\frac{1}{8}m^2(t)\sin 2(\theta_0 - \phi) \tag{7.12}$$

如果 $(\theta_0 - \phi)$ 很小，则 $\sin 2(\theta_0 - \phi) \approx 2(\theta_0 - \phi)$。因此，乘法器的输出近似为

$$U_7 \approx -\frac{1}{4}m^2(t)(\theta_0 - \phi) \tag{7.13}$$

如果 U_7 经过一个相对于 W_m 很窄的低通滤波器，则此滤波器的作用相当于用时间平均 $\overline{m^2(t)}$ 代替 $m^2(t)$（滤波器输出直流分量）。最后，由环路误差信号 $-\frac{1}{4}\overline{m^2(t)}(\theta_0 - \phi)$ 自动控制振荡器相位，使相位差 $(\theta_0 - \phi)$ 趋于 0，在稳定条件下，$\theta_0 \approx \phi$。

科斯塔斯环的相位控制作用在调制信号消失时会中止。当再出现调制信号时，必须重新锁定。由于入锁过程一般很短，因此，语言传输不致引起感觉到的失真。这样 U_1 就是所需提取的载波，U_5 是解调信号的输出。

7.3 位同步

在数字通信系统中，发送端按照确定的时间顺序，逐个传输数码脉冲序列中的每个码元，在接收端必须有准确的抽样判决时刻才能正确判决所发送的码元。因此，接收端必须提供一个确定抽样判决时刻的定时脉冲序列。这个定时脉冲序列的重复频率和相位必须与发送的数码脉冲序列一致，我们把在接收端产生与接收码元的重复频率和相位一致的定时脉冲序列的过程称为码元同步，或称位同步。

实现位同步的方法和实现载波同步类似，有插入导频法和自同步法两类。

7.3.1 插入导频法

为了得到码元同步的定时信号，首先要确定接收到的信息数据流中是否有位定时的频率分量。如果存在此分量，就可以利用滤波器从信息数据流中把位定时时钟直接提取出来。

若基带信号为随机的二进制不归零码序列，则这种信号本身不包含位同步信号，为了获得位同步信号，需在基带信号中插入位同步的导频信号，或者对基带信号进行某种码型变换以得到位同步信息。

位同步的插入导频法与载波同步的插入导频法类似，它也要插在基带信号频谱的零点处，以便提取，如图 7-6（a）所示。如果信号经过相关编码，其频谱的第一个零点在 $f = 1/2T$，插入导频

也应在 1/2T 处，如图 7-6（b）所示。图 7-7 为插入位定时导频的接收方框图。对于图 7-6（a）所示信号，在接收端，经中心频率为 $f=1/T$ 的窄带滤波器就可从基带信号中提取位同步信号。而图 7.6（b）则需经过 $f=1/2T$ 的窄带滤波器将插入导频取出，再进行二倍频，得到位同步脉冲。

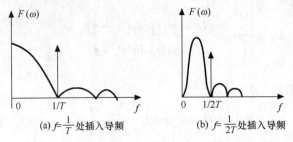

图 7-6　插入导频法频谱图

　　用插入导频法提取位同步信号要注意消除或减弱定时导频对原基带信号的影响。窄带滤波器从输入的基带信号中提取导频信号后，经过移相，分为两路，其中一路经定时形成电路，形成位同步信号，另一路经倒相后与输入信号相加，经调整使相加器的两个导频幅度相同，相位相反。这样相加器输出的基带信号就消除了导频信号的影响，再经抽样判决电路就可恢复出原始的数字信息。图 7-7 中的移相电路是为了纠正窄带滤波器引起导频相移而设置的。

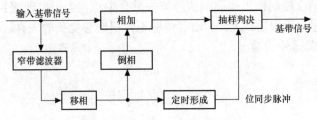

图 7-7　插入位定时导频的接收方框图

　　插入导频法的另一种形式是使某些恒定包络的数字信号的包络随位同步信号的某一波形而变化。例如 PSK 信号和 FSK 信号都是包络不变的等幅波。因此，可将导频信号调制在它们的包络上，接收端只要用普通的包络检波器就可恢复导频信号作为位同步信号。且对数字信号本身的恢复不造成影响。

　　以 PSK 为例，

$$S(t) = \cos[\omega_0 t + \theta(t)] \tag{7.14}$$

若用 $\cos\Omega t$ 进行附加调幅，得已调信号为

$$(1+\cos\Omega t)\cos[\omega_0 t + \theta(t)] \tag{7.15}$$

其中，$\Omega = \dfrac{2\pi}{T}$，T 为码元宽度。

　　接收端对它进行包络检波，得包络为 $(1+\cos\Omega t)$，滤除直流成分后，即可得到位同步分量 $\cos\Omega t$。

　　插入导频法的优点是接收端提取位同步的电路简单。但是，发送导频信号必然要占用部分发射功率，降低了传输的信噪比，减弱了抗干扰能力。

7.3.2 自同步法

自同步方法是数字通信中经常采用的一种方法。发送端不用专门发送位同步导频信号，而接收端可直接从接收到的数字信号中提取位同步信号。

1. 非线性变换——滤波法

由第 4 章可知，非归零的二进制随机脉冲序列的频谱中没有位同步的频率分量，不能用窄带滤波器直接提取位同步信息。但是通过适当的非线性变换就会出现离散的位同步分量，然后用窄带滤波器或用锁相环进行提取，便可得到所需的位同步信号。

（1）微分整流法

图 7-8（a）为微分整流滤波法提取位同步信息的电路原理框图。图 7-8（b）为该电路各点的波形图。

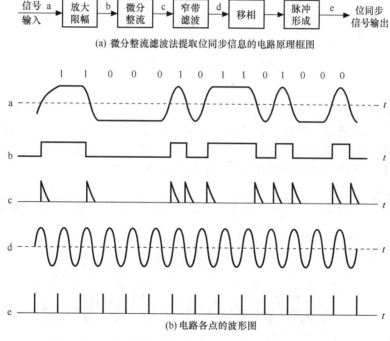

图 7-8 微分整流提取位同步信号

当非归零的脉冲序列通过微分和全波整流时，就可得到尖顶脉冲的归零码序列，它含有离散的位同步分量。然后用窄带滤波器（或锁相环）滤除连续波和噪声干扰，取出纯净稳定的位同步频率分量，经脉冲形成电路产生位同步脉冲。

（2）包络检波法

图 7-9 所示为包络检波法原理框图及波形图。由于信道的频带宽度总是有限的，PSK 信号的包络是不变的等幅波，它具有极宽的频带宽度。因此，经过频带有限的信道传输后，PSK 信号会在码元取值变化的时刻产生幅度"平滑陷落"。这对于传输的 PSK 信号而言是一种失真，但它正发生在码元取值变化或 PSK 信号相位变化的时刻，所以，它必然包含位同步信息。在解调 PSK 信号的同时，用包络检波器检出具有幅度平滑陷落的 PSK 信号的包络，去掉其中的直流分量后，即可得到归零的脉冲序列［图 7-9（b）中的波形 c］。其中含有位同步信息，

再通过窄带滤波器（或锁相环），经脉冲整形后，就可得到位同步信号。

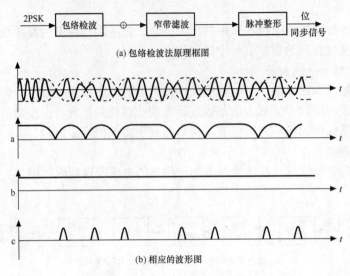

图 7-9 包络检波脉冲法提取位同步

（3）延迟相干法

图 7-10 为延迟相干法的原理框图和波形图。其工作过程与 DPSK 信号差分相干解调完全相同，只是延迟电路的延迟时间 $\tau<T_s$。PSK 信号一路经过移相器与另一路经延迟 τ 后的信号相乘，取出基带信号，得到脉冲宽度为 τ 的基带脉冲序列。因为 $\tau<T_s$，是归零脉冲，它含有位同步频率分量，所以通过窄带滤波器即可获得位同步信号。

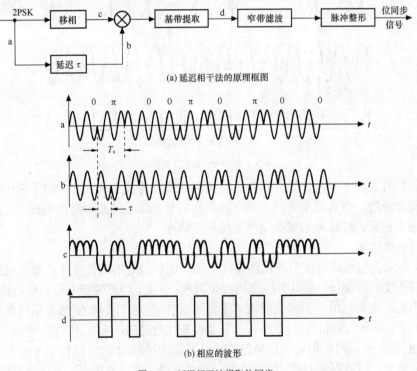

图 7-10 延迟相干法提取位同步

2. 数字锁相法

数字锁相法采用的是高稳定频率的振荡器(信号钟)。从鉴相器获得的与同步误差成比例的误差电压不用于直接调整振荡器,而是通过控制器在信号钟输出的脉冲序列中附加或扣除一个或几个脉冲,调整加到鉴相器上的位同步脉冲序列的相位以达到同步的目的。这种电路采用的是数字锁相环。数字锁相环原理如图 7-11 所示。

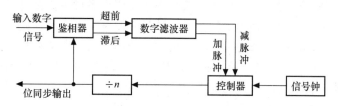

图 7-11 数字锁相环原理

(1) 信号钟。它包括一个高稳定的振荡器(晶振)和整形电路,若输入信号码元速率 $B = 1/T$,那么振荡器频率设计为 $f_0 = n/T = nB$,经整形电路之后,输出周期性序列,其周期 $T_0 = 1/f_0 = T/n_0$。

(2) 控制器与分频器。控制器根据数字滤波器输出的控制脉冲("加脉冲"或"减脉冲")对信号钟输出的序列实施加(或减)脉冲。分频器是一个计数器,每当控制器输出 n 个脉冲时,它就输出一个脉冲。控制器与分频器共同作用能够调整加至鉴相器的位同步信号的相位。若准确同步,滤波器无加或减脉冲输出,加至鉴相器的位同步信号的相位保持不变;若位同步信号滞后,滤波器输出加脉冲控制信号,控制器在信号钟输出序列中加一个脉冲,经分频后的位同步信号相位会前移;若位同步信号超前,滤波器输出减脉冲控制信号,位同步信号相位会后移。这种相位前后移动的调整量都取决于信号钟的周期。每次的时间阶跃量为 T_0。相应的相位最小调整单位则为 $\Delta\phi = 2\pi T_0/T = 2\pi/n$。

(3) 鉴相器。它将输入信号码与位同步信号进行相位比较,判别位同步信号究竟是超前还是滞后,若超前就输出超前脉冲,若滞后就输出滞后脉冲。判别位同步信号是超前还是滞后的鉴相器有两种形式:微分型和积分型。关于它们详细分析这里不再讨论,可参考有关数字锁相环的书籍。

7.4 帧同步

位同步的目的是确定数字通信中的各个码元的抽样时刻,即把每个码元加以区分,使接收端得到一连串的码元序列,这一连串的码元序列代表一定的信息。通常由若干个码元代表一个字母(符号、数字),而由若干个字母组成一个字,若干个字组成一个句。在传输数据时则把若干个码元组成一个个码组,即一个个"字"或"句",通常称之为群或帧。群同步又称帧同步。帧同步的任务是把字、句和码组区分开来。在时分多路传输系统中,信号是以帧的方式传送的。每一帧中包括许多路信号。接收端要把各路信号区分开来,就需要帧同步系统。

帧同步系统通常应满足下列要求。

(1) 帧同步的引入时间要短,设备开机后应能很快地进入同步。一旦系统失步,也能很快地恢复同步。

(2) 同步系统的工作要稳定可靠,具有较强的抗干扰能力,即同步系统应具有识别假失步和避免伪同步的能力。

(3) 在一定的同步引入时间要求下,同步码组的长度应最短。

同步系统的工作稳定可靠对于通信设备是十分重要的,但是数字信号在传输过程中总会出现误码。造成误码的原因有两种,一种是由信道噪声等引起的随机误码,此类误码造成帧同步码丢失,往往是一种假失步现象,在满足一定误码率条件下,此种假失步系统能自动地迅速恢复正常,同步系统此时并不动作;另一种是突发干扰造成的误码,当出现突发干扰或传输信道性能劣化时,往往会造成码元大量丢失,使同步系统因连续检不出帧同步码而处于真失步状态。此时,同步系统必须重新捕捉,从恢复的码流中捕捉真同步码,重新建立同步。为了使帧同步系统具有识别假失步的能力,特别引入了前方保护时间的概念,它指从第一个同步码丢失起到同步系统进入捕捉状态为止的一段时间。

当同步系统处于捕捉状态时,要从码流中重新检出同步码以完成帧同步。但是,无论选择何种同步码型,信息码流中都有可能出现与同步码图案相同的码组,而造成同步动作,这种码组称为伪同步码。若帧同步系统不能识别伪同步码,系统将进入误同步状态,整个通信系统将不稳定。为了避免进入伪同步,引入了后方保护时间的概念,它是指从同步系统捕捉到第一个真同步码到进入同步状态的一段时间。前方保护时间和后方保护时间的长短与同步码的插入方式有关。

帧同步信号的频率可很容易由位同步信号经分频得到,但是每帧的开头和结尾时刻无法由分频器的输出决定。为了确定帧同步中开头和结尾的时刻,即为了确定帧定时脉冲的相位,通常可采用两类方法:一类方法是在数字信息流中插入一些特殊码组作为每帧的头尾的标记,接收端根据这些特殊码组的位置就可以实现帧同步;另一类方法不需要外加特殊码组,用类似于载波同步和位同步中的自同步法,利用码组本身之间彼此不同的特性来实现自同步。这里主要讨论插入特殊码组实现帧同步。插入特殊码组实现帧同步的方法有两种:集中插入方式和分散插入方式。下面分别予以介绍。在此之前,首先简单介绍一种在电传机中广泛使用的起止式同步法。

7.4.1 起止式同步法

起止式同步法广泛应用于电传机中,如图 7-12 所示。电传报的一个字由 7.5 个码元组成,每个字的开始是一个码元宽度的起脉冲(负值),中间 5 个码元是消息,字的末尾是 1.5 个码元宽度的止脉冲(正值)。接收端根据 1.5 个码元宽度的正电平转到一个码元宽度的负电平这一特殊规律,就可以确定一个字的起始位置。从而实现帧同步。由于这种同步方式中的止脉冲宽度与码元宽度不一致,因此会给同步数字传输带来不便。另外,在这种同步方式中,7.5 个码元中只有 5 个码元用来传输消息,效率较低。

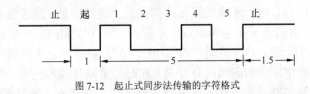

图 7-12 起止式同步法传输的字符格式

7.4.2 集中插入同步法

集中插入同步方式插入的帧同步码要求在接收端进行同步识别时出现伪同步的可能性尽

量小,并要求此码组具有尖锐的自相关函数,以便识别;另外,识别器也要尽量简单。目前用得最广泛的是性能良好的"巴克"(Barker)码。

1. 巴克码

巴克码是一种具有特殊规律的二进制码组。其特殊规律是:它是一个非周期序列,一个 n 位的巴克码 $\{x_1, x_2, x_3, \ldots, x_n\}$,每个码元只可能取值 +1 或 -1,它的局部自相关函数为

$$R(j) = \sum_{j=1}^{n-j} x_i x_{i+j} = \begin{cases} n, & \text{当 } j = 0 \\ 0、+1、-1, & \text{当 } 0 < j < n \\ 0, & \text{当 } j \geq n \end{cases} \quad (7.16)$$

目前已找到的所有巴克码组如表 7-1 所示。

表 7-1   巴克码组

n	巴克码组
2	+ +
3	+ + −
4	+ + + −,+ + − +
5	+ + + − +
7	+ + + − − + −
11	+ + + − − − + − − + −
13	+ + + + + − − + + − + − +

表中"+"表示 x_i 取值为 +1,"−"表示 x_i 取为 -1。以 7 位巴克码组 {+ + + − − + −} 为例,求出它的自相关函数如下。

当 $j = 0$ 时

$$R(j) = \sum_{i=1}^{7} x_i^2 = 1+1+1+1+1+1+1 = 7 \quad (j=0) \quad (7.17)$$

当 $j = 1$ 时

$$R(j) = \sum_{i=1}^{6} x_i x_{i+1} = 1+1-1+1-1-1 = 0 \quad (j=1) \quad (7.18)$$

同样可以求出 $j = 2、3、4、5、6、7$ 时 $R(j)$ 的值分别为 −1、0、−1、0、−1、0。另外,再求出 j 为负值的自相关函数值,二者合在一起所画出的 7 位巴克码的 $R(j)$ 与 j 的关系曲线如图 7-13 所示。由图可见,自相关函数在 $j = 0$ 时具有尖锐的单峰特性。

常用移位寄存器产生巴克码。7 位巴克码的产生器如图 7-14 所示。

图 7-14(a)是串行式产生器,移位寄存器的长度等于巴克码组的长度。7 位巴克码由 7 级移位寄存器单元组成。各寄存器的单元的初始状态由预置线预置成巴克码组相应的数字。7 位巴克码的二进制数为 1110010;移位寄存器的输出端反馈至输入端的第一级。因此,7 位巴克码输出后寄存器各单元均保持原预置状

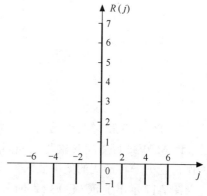

图 7-13 7 位巴克码的自相关函数

态。这种方式的移位寄存器的级数等于巴克码的位数，看起来有些浪费。另一种是采用反馈式产生器，它由 3 级移位寄存器单元和一个模 2 加法器组成，同样也可产生 7 位巴克码，这种方法也叫逻辑综合法，此结构节省部件。

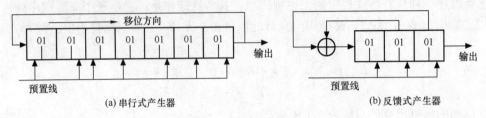

图 7-14　7 位巴克码的产生器

巴克码的识别仍以 7 位巴克码为例，用 7 级移位寄存器、相加器和判决器就可以组成一个巴克码识别器，如图 7-15 所示。各移位寄存器输出端的接法和巴克码的规律一致，即与巴克码产生器的预置状态相同。当输入数据的"1"进入移位寄存器时，"1"端的输出电平为 +1，而"0"端的输出电平为 -1；反之，输入数据"0"时，"0"端的输出电平为 +1，"1"端的输出电平为 -1。识别器实际是对输入的巴克码进行相关运算。

当 7 位巴克码在图 7-16（a）中的 t_1 时刻已全部进入 7 级移位寄存器时，7 个移位寄存器输出端都输出 +1，相加后得最大输出 +7。若判决器的判决门限电平定为 +6，那么，就在 7 位巴克码的最后一位"0"进入识别器后，识别器输出一个帧同步脉冲，表示一帧数字信号的开头，如图 7-16（b）所示。

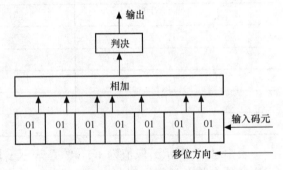

图 7-15　7 位巴克码识别器

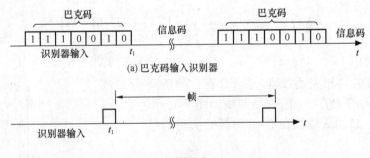

图 7-16　识别器的输出波形

2. PCM30/32 路的帧结构和基群设备定时脉冲及参数

PCM30/32 路数字传输时的帧同步通常采用集中插入方法。本书以 PCM30/32 路数字传输为例讨论另一种形式的集中插入帧同步方法。

图 7-17 示出了 PCM30/32 路时分多路时隙的分配。在两个相邻抽样值间隔中，分成 32 个时隙，其中 30 个时隙用来传送 30 路电话，一个时隙用来传送帧同步码，另一个时隙用来传送各话路的标识信号码。第 1～15 话路的码组依次安排在时隙 $TS_1 \sim TS_{15}$ 中传送，而第 16～30 话路的

码组依次在时隙 $TS_{17} \sim TS_{31}$ 中传送。TS_0 时隙传送帧同步码，TS_{16} 时隙传送标识信号码。

图 7-17　PCM30/32 经时分多路时隙的分配

集中插入同步码通常采用一个字长 r 比特的码组集中插入一帧中的一个时隙内。PCM30/32 路设备中，采用 $r = 7$ 比特的同步码组，集中插入偶帧的 TS_0 时隙。这种插入方式要占用信息时隙，但缩短了同步引入时间，有利于开发数据传输等多种业务。

帧同步码的分配情况如表 7-2 所示。为了使帧同步能较好地识别假失步和避免伪同步，帧同步码选为 0011011。此系统选择这种码型的理论依据不在此介绍，请读者参考有关书籍。

表 7-2　　　　　　　　　　　　帧同步码的分配情况

	比特编号							
	1	2	3	4	5	6	7	8
包含帧定位信号的时隙"0"	保留给国际使用（目前固定为1）	0	0	1	1	0	1	1
不包含帧定位信号的时隙"0"	保留给国际使用（目前固定为1）		帧定位信号					
		1	0/1（告警）	保留给国内使用（目前固定为1）				

从表 7-2 可以看出，帧同步码占有第 2~8 码位，插入在偶帧 TS_0 时隙。第 1 位码目前保留未用。

奇帧 TS_0 时隙插入码的分配：第 1 位保留给国际用，暂定为 1；第 2 位为监视码，用以检验帧定位码；第 3 位用作对告码，同步时为 0，一旦出现失步，即变为 1，并告诉对方，出现对告指示；第 4~8 位目前固定为 1，留给国内今后开发使用。

3. 集中插入同步码

PCM30/32 路的帧同步码采用集中插入方式。因此通常采用集中插入同步码的滑动法来恢复帧同步信号，如图 7-18 所示。其工作原理：此电路由 5 部分组成，即移位寄存器和识别门组成同步码检出电路；前后方保护时间计数器完成前方保护时间和后方保护时间计数，并通过 R-S 触发器发出同步、失步指令以及定时系统的起止信号 S；收定时系统产生接收端运用的各类定时脉冲。时标发生器产生与 PCM 码元中同步码的时间相一致的偶帧时标信号，作为比较脉冲将识别门和收到的同步码进行比较，并产生与 PCM 码流中奇帧监视码时间关系一致的奇帧时标信号，从而检出监视码；产生供保护时间计数使用的触发时钟。奇帧监视码检出电路用来检出奇帧 TS_0 中的第二位。

同步时，前后方保护时间计数器处于起始状态。$S = 1$，收定时系统工作，时标发生器产生 3 种时标信号：A 的周期为 125μs，脉冲为 1bit，出现 TS_0 时隙；B 的周期为 250μs，出现偶帧 TS_0；C 的周期为 250μs，出现在奇帧 TS_0；A、B、C 三路时标分别加到识别门、前后方保护时间计数器和监视码检出电路。PCM 码进入移位寄存器，当出现同步码组时，由于处于同步状态，收定时系统产生的各种定时脉冲与接收到的码流中的时序规律相同。同步码检出电路由 8 级移位寄存器和识别门组成。只有当 0011011 码组进入移位寄存器，且帧结构的时序状态保持对准关系时，A 时标出现 "1" 的时刻才有同步码检出。检出的同步码是周期为

250μs，脉宽为 1bit 的负脉冲。

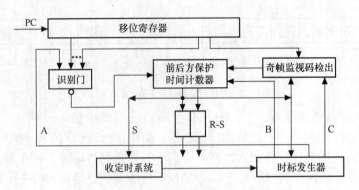

图 7-18 PCM30/32 路帧同步系统框图

当出现同步码错误时，识别门无同步码检出，其输出为高电平。在时标 B 的作用下，开始前方保护时间计数。如果连续丢失 3（或 4）个帧同步码，计数器计满，输出指令 S = 0，将收定时系统强迫置位到一个固定状态，系统进入同步捕捉状态。此时，收定时停止动作，使时标发生器输出的时标信号 A 为高电平状态，以便捕捉同步码。

当 PCM 码恢复正常时，同步系统从输入码流中捕捉到 0011011 码组。相当于第 N 帧有同步码，识别门输出一个检出脉冲用于帧同步。此时，后方保护时间计数开始，S = 1，收定时系统启动并使时标发生器产生各类时标 A、B、C。时标 C 加到奇监视码检出电路，如果 $N+1$ 帧的检出电路检出的是高电平"1"，则表示 $N+1$ 帧满足无同步码条件，应在 $N+2$ 帧由识别门再一次检出同步码，后方保护时间计数器动作，系统进入同步状态；如果 $N+1$ 帧出现的第二位码不是"1"而是"0"，则表示 $N+1$ 帧无同步码的要求不成立，奇帧监视码检出电路输出一个负脉冲，将计数器强制置位到起始状态。同步系统重新进入捕捉状态。

如果 N 帧和 $N+1$ 帧均符合规定，$N+2$ 帧无同步检出，则后方保护时间计数器所计的数无效，系统必须重新进行捕捉。

7.4.3 分散插入同步法

另一种帧同步方法是将帧同步码分散地插入到信息码元中，即每隔一定数量的信息码元插入一个帧同步码元，即分散插入同步法。这时为了便于提取，帧同步码不宜太复杂。PCM24 路数字电话系统的帧同步码就是采用的分散插入同步方式，下面以此为例进行讨论。

1. PCM24 路的帧结构

图 7-19 所示为 PCM24 路时分多路时隙的分配图。图中 b 为振铃码的位数，n 为 PCM 编码位数，F 为帧同步码的位数，K 为监视码的位数，CH_N 的 N 为路数。其中，$n = 7$，$b = 1$，$F = 1$，$N = 24$，$K = 0$。

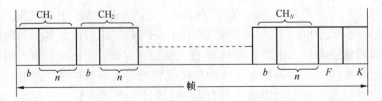

图 7-19 PCM24 路时分多路时隙的分配图

PCM24 路基群设备以及一些简单的 ΔM 同步通信系统通常采用等间隔分散插入方式。如图 7-20 所示。同步码采用 1、0 交替型，等距离地插入在每一帧的最后一个码位之后，即 PCM24 路设备是第 193 码位。这种插入方式的最大特点是同步码不占用信息时隙，同步系统结构较为简单，但是同步引入时间长。

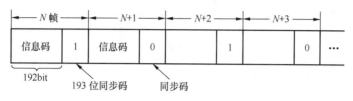

图 7-20 PCM24 路基群的同步码的分散插入方式

2. 1bit 移位方式

对于采用分散插入同步方式的 PCM24 路的帧同步信号的提取通常采用 1 比特移位方式，如图 7-21 所示。其工作原理是：接收端通过本地码发生器产生与发送端相同的帧同步码。将接收到的 PCM 码与本地帧同步码同时加到"不一致门"上。"不一致门"由"模 2 加"电路组成，其逻辑功能为 $A \oplus A = 0$，$A \oplus \bar{A} = 1$。

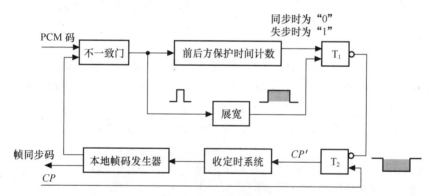

图 7-21 1bit 移位方式框图

当本地帧和收到码流中的帧对准时，"不一致门"无信号输出；当本地帧和收到码流中的帧对不上时，"不一致门"有错误脉冲输出。一方面输出的错误脉冲经展宽、延时后作为控制定时系统的移位脉冲；另一方面输出的错误脉冲经前后方保护时间计数后，计数电路输出高电平"1"。

此时移位脉冲经 T_1 门变为负脉冲，并通过 T_2 门将时钟脉冲扣除 1bit，如图 7-22 所示。

CP 为时钟脉冲，它被扣除一个脉冲后变为 CP'，使收定时电路停止动作一拍，相当于本地帧码时间后移 1bit。如果后移 1bit 后的本地帧码和 PCM 码中帧同步还未对准，又输出一个错误脉冲，再将 CP 扣除一个脉冲，使产生的帧码又后移 1bit。如此下去，直到对准为止。此时，同步系统进入后方保护时间计数。如果在后方保护时间内，本地帧码和 PCM 中的帧一直保持对准状态，则表明系统可以进入同步。保护电路的输出状态恢复到"0"，同步系统处于正常工作状态。

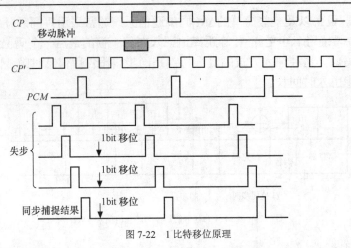

图 7-22　1 比特移位原理

7.5　网同步

当通信是在点对点之间进行时,完成了载波同步、位同步和帧同步之后,就可以进行可靠的通信了。但现代通信往往需要在许多通信点之间实现相互连接,而构成通信网。显然,为了保证通信网各点之间可靠地进行数字通信,必须在网内建立一个统一的时间标准,称为网同步。

图 7-23 为一复接系统。图中 A、B、C 等是各站送来的速率较低的数据流（A、B、C 本身又可以是多路复用信号),它们各自的时钟频率不一定相同。在总站的合群器里,A、B、C 等合并为路数更多的复用信号,当然这时数据流的速率更高了。高速数据流经信道传输到接收端,由收站分路器按需要将数据分配给 A'、B'、C'等各分站。如果只是 A 站与 A' 站的点对点之间的通信,那么它们之间完成载波同步、位同步和帧同步即可进行可靠的通信。但在通信网中是多点通信,A 站的用户也要与 B'站和 C'站通信,

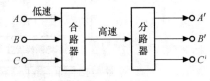

图 7-23　复接系统

若它们之间没有相同的时钟频率,则是不能进行通信的。保证通信网中各个站都有共同的时钟信号,是网同步的任务。

实现网同步的方法主要有两大类:一类是全网同步系统,即在通信网中使各站的时钟彼此同步,各站的时钟频率和相位都保持一致。建立这种网同步的主要方法有主从同步法和相互同步法;另一类是准同步系统,即在各站均采用高稳定性的时钟,相互独立,允许其速率偏差在一定的范围之内,在转接时设法把各处输入的数码速率变换成本站的数码速率,再传送出去。在变换过程中要采取一定措施使信息不致丢失。实现这种方式的方法有两种:码速调整法和水库法。

1. 全网同步系统

全网同步系统采用频率控制系统去控制各交换站的时钟,使它们都达到同步,即使得它们的频率和相位均保持一致,没有滑动。采用这种方法可用稳定度低而价廉的时钟,在经济上是有利的。

(1) 主从同步法

在通信网内设立一个主站，它备有一个高稳定的主时钟源，再将主时钟源产生的时钟逐站传输至网内的各个站去，如图 7-24 所示。这样各站的时钟频率（定时脉冲频率）都直接或间接来自主时钟源，所以网内各站的时钟频率相同。各从站的时钟频率通过各自的锁相环来保持和主站的时钟频率一致。由于主时钟到各站的传输线路长度不等，各站会引入不同的时延。因此，各站都需设置时延调整电路，以补偿不同的时延，使各站的时钟不仅频率相同，而且相位也一致。

这种主从同步方式比较容易实现，它依赖单一的时钟，设备比较简单。此法的主要缺点是：若主时钟源发生故障，全网各站都会因失步而不能工作；当某一中间站发生故障时，不仅该站不能工作，其后的各站都因失步而不能工作。

图 7-25 所示为另一种主从同步方式，称为等级主从同步方式，与主从同步方式所不同的是，全网所有的交换站都按等级分类，其时钟都按照其所处的地位水平分配一个等级。在主时钟源发生故障的情况下，主动选择具有最高等级的时钟作为新的主时钟源，即主时钟源发生故障时，则由副时钟源替代，通过图中虚线所示通路供给时钟。这种方式改善了可靠性，但较复杂。

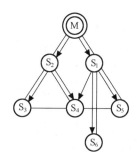

图 7-24　主从同步方式

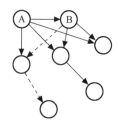

图 7-25　等级主从同步方式

(2) 互控同步法

为了克服主从同步法过分依赖主时钟源的缺点，采用互控同步法能够让网内各站都有自己的时钟，并将数字网高度互联实现同步，从而消除仅有一个时钟可靠性差的缺点。各站的时钟频率都锁定在各站固有频率的平均值上（这个平均值称为网频频率），从而实现网同步，这是一个相互控制的过程。当网中某一站发生故障时，网频频率将平滑地过渡到一个新的值。这样，除发生故障的站外，其余各站仍能正常工作，因此提高了通信网工作的可靠性。这种方法的缺点是每一站的设备都比较复杂。

2. 准同步系统

(1) 码速调整法

码速调整法的原理是：准同步系统各站各自采用高稳定时钟，不受其他站的控制，它们之间的钟频允许有一定的容差，这样各站送来的信码流首先进行码速调整，然后会变成相互同步的数码流，即对本来是异步的各种数码进行码速调整。

(2) 水库法

这种方法依靠在各交换站设置极高稳定度的时钟源和容量大的缓冲存储器，使得在很长的时间间隔内存储器不发生"取空"或"溢出"的现象。容量足够大的存储器就像水库一样，很难将水抽干，也很难将水库灌满。因而可用作水流量的自然调节。

下面计算存储器发生一次"取空"或"溢出"现象的时间间隔 T。设存储器的位数为 $2n$，起始为半满状态，存储器写入和读出的速率之差为 $\pm \Delta f$，则显然有

$$T = \frac{n}{\Delta f} \tag{7.19}$$

设数字码流的速率为 f，相对频率稳定度为 S，并令

$$S = |\pm \frac{\Delta f}{f}| \tag{7.20}$$

则由式（7.19）得

$$fT = \frac{n}{S} \tag{7.21}$$

式（7.21）是水库法进行计算的基本公式。设 $f = 512\text{kbit/s}$，并设

$$S = |\pm \frac{\Delta f}{f}| = 10^{-9} \tag{7.22}$$

需要使 T 不小于 24h，利用式（7.21）可求出 n，即

$$n = SfT = 10^{-9} \times 51200 \times 24 \times 3600 \approx 45$$

显然，这样的设备不难实现，若采用更高稳定度的振荡器，例如铯原子振荡器，其频率稳定度可达 5×10^{-11}。因此，可在更高速率的数字通信网中采用水库法进行网同步。但水库法每隔一个相当时间总会发生"取空"或"溢出"现象，所以每隔一定时间 T 要对同步系统校准一次。

上面我们简要介绍了数字通信网的网同步的几种主要方式。但是，目前世界各国仍在继续研究网同步方式，究竟采用哪一种方式，有待探索。此外，网同步方式的选择与许多因素有关，如通信网的构成形式、信道的种类、转接的要求、自动化的程度、同步码型和各种信道的码率的选择等。前面所介绍的方式，各有其优缺点。目前数字通信正在迅速发展，随着市场的需要和研究工作的进展，可以预期今后一定会有更加完善、性能良好的网同步方法被提出。

7.6 同步技术应用

通信在点对点之间完成了载波同步、位同步和帧同步之后，就可以进行可靠的通信了。下面通过一个具体的实例来说明 3 种同步在数字通信系统中的位置。图 7-26 给出了两路数字电话通信系统框图。

在发送部分，假设时钟为 192kHz，两路信号的抽样（图中的 SL_1，SL_2）频率均为 8kHz，每个抽样信号编码为 8bit/s（D_1，D_2）各占一个时隙（TS_1，TS_2）。为了保证帧同步，采用集中插入同步法在时隙 TS_0 处插入帧同步码（FS）：×1110010。经过复接后的 A_n 为一个时分复用基带 PCM 信号，帧长为 125μs，码元速率为 192kbit/s，此序列经差分编码、2PSK 调制，就可以得到 2DPSK 信号，经 BPF 进入传输信道。

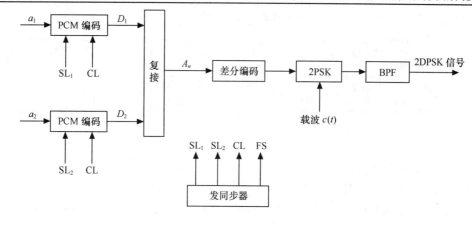

（a）发送部分

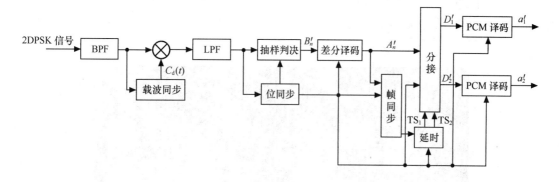

（b）接收部分

图 7-26 两路数字电话系统

在接收部分，来自信道的 2DPSK 信号先经过 BPF，然后进入载波同步器产生恢复的相干载波，并进行相干解调。经 LPF 输出一个基带信号，还需经抽样判决器整形。抽样判决用的位定时信号来自位同步器。抽样判决器输出的是相对码 B'_n，还需要进行差分译码来恢复成绝对码 A'_n。B'_n 与 A'_n 信号都是时分复用 PCM 信号，经分接器分为两路，这个过程需要帧同步。帧同步器从输入码流 A'_n 中识别，并输出帧同步脉冲。帧同步脉冲经延迟后产生两个时隙 TS_1 和 TS_2，并选通 A'_n 中的 D'_1 和 D'_2 实现分接。最后经 PCM 译码恢复成原来的模拟话音信号 a'_1 和 a'_2。由图 7-26 可知，接收部分的 3 个同步出现的次序为：载波同步、位同步、帧同步。

无论采取哪种同步的方式，对正常的信息传输来说，都是非常必要的，因为只有收发之间同步才能开始传输信息。因此，在通信系统中，通常都是要求同步信息传输的可靠性高于信号传输的可靠性。

7.7 载波同步系统仿真

本节讨论插入导频法载波同步仿真，由图 7-2 和图 7-3 组成的插入导频法发射接收原理图如图 7-27 所示，插入的导频并不是调制器的载波，而是该载波移相后的"正交载波"。

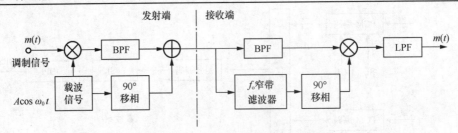

图 7-27 插入导频法发射接收原理图

插入导频法载波同步仿真原理图如图 7-28 所示。其中，图符 0 为调制信号，图符 2 为载波，频率为 1kHz，它的一个输出端（余弦端）与乘法器相连，另一个正交输出端（正弦端）直接经过一个反相器（图符 4）与加法器相连，而未使用移相 90° 电路。在接收端，带通滤波器和窄带滤波器分别使用了椭圆形滤波器（图符 6）和 FIR 滤波器（图符 7）。移相电路简单地使用一个延时电路（图符 8）替代，因为载波频率为 1kHz，因此移相 90° 等价为延时 250ns。由于未考虑两路滤波器间的延时误差，因此这一数值可能不十分精确，但可以近似认为延时后的信号与原信号正交。

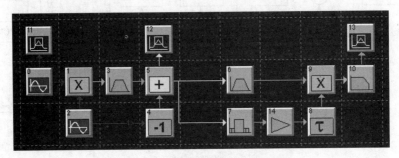

图 7-28 插入导频法载波同步仿真原理图

系统中各图符的详细参数如表 7-3 所示。

表 7-3 插入导频法同步仿真系统图符参数设置

编号	图符属性	信号选项	类型	参数设置
0	Source	Periodic	Sinusoid	Amp=1V, Freq=50Hz, Phase=0deg
1、9	Multiplier	—	—	—
2	Source	Periodic	Sinusoid	Amp=1V, Freq=1e+3Hz, Phase=0deg
3	Operator	Fitters/Systems	Linear Sys Filters	Butterworth Bandpass IIR, 3 poles, Low Fc=950Hz, Hi Fc=1.05e+3Hz
4	Operator	Gain/Scale	Negate	—
5	Adder	—	—	—
6	Operator	Fitters/Systems	Linear Sys Filters	Elliptic Bandpass, Order=7, Low Fc=900Hz, Hi Fc=1.1e+3Hz
7	Operator	Fitters/Systems	Linear Sys Filters	BandPass FIR, 999 to 1.111e+3Hz
8	Operator	Delays	Delay	Interpolation, Delay=250e-6
10	Operator	Fitters/Systems	Linear Sys Filters	Butterworth Lowpass IIR, 3 poles, Low Fc=100Hz

当发射端使用 90° 移相后的正交载波作为导频信号时，在接收端低通滤波器的输出中没

有直流分量,如图 7-29 所示;将载波频率的信号直接作为导频信号时,在接收端低通滤波器中可以观察到有直流分量存在,如图 7-30 所示。这个直流分量将通过低通滤波器对数字信号产生影响,这就是在发射端插入正交导频信号的原因。

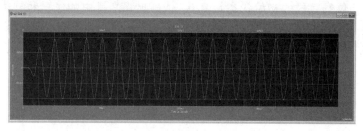

图 7-29　使用正交导频信号调制在接收端解调出的不含直流成分的调制信号波形

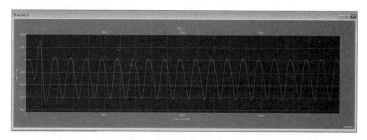

图 7-30　未使用正交导频信号调制在接收端解调出的包含直流成分的调制信号波形

习　　题

7-1　已知单边带信号 $S_{\mathrm{SSB}}(t) = m(t)\cos\omega_0 t + \hat{m}(t)\sin\omega_0 t$,试证明它不能用平方变换滤波法提取载波。

7-2　已知单边带信号 $S_{\mathrm{SSB}}(t) = m(t)\cos\omega_0 t + \hat{m}(t)\sin\omega_0 t$,若采用与 DSB 导频插入相同的方法,试证明接收端可正确解调信号,若发端插入的导频是调制载波,试证明解调输出中也含有直流分量。

7-3　设某基带信号如题 7-31 所示,它经过一带限滤波器后变为带限信号,试画出从带限基带信号中提取位同步信号的原理方框图和各点波形。

7-4　有两个相互正交的双边带信号 $A_1\cos\Omega_1 t\cos\omega_0 t$ 和 $A_2\cos\Omega_2 t\sin\omega_0 t$ 送入如图 7-32 所示的电路解调。当 $A_1 = 2A_2$、二路间的干扰和信号电压之比不超过 2%时,试确定 $\Delta\varphi$ 的最大值。

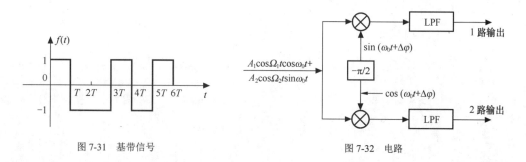

图 7-31　基带信号　　　　　　　　图 7-32　电路

7-5 若7位巴克码组的前后全为"1"序列,将它加入图7-15所示的7位巴克码识别器的输入端,且各移位寄存器的初始状态均为0,试画出识别器中加法器和判决器的输出波形。

7-6 若7位巴克码组的前后全为"0"序列,将它加入图7-15所示的7位巴克码识别器的输入端,且各移位寄存器的初始状态均为0,试画出识别器中加法器和判决器的输出波形。

7-7 设数字通信网采用水库法进行码速调整,已知数据速率为16kbit/s,寄存器容量为16位,起始为半满状态。当时钟的相对频率稳定度为$|\pm\Delta f/f| = 10^{-6}$时,试计算需要调整的时间间隔。

第 8 章 通信系统中的信道复用

在实际的通信系统中,为了降低通信信道建设成本,往往允许一个信道同时传输多路信号,例如,一路光缆可以传输多台电视信号,这就是信道复用技术。随着移动通信的发展,在不同地理位置的多个用户之间往往需要进行通信,多址技术可以使不同地方的用户同时建立各自的信道,从而实现各地用户相互之间进行通信。多址技术虽然与信道复用的概念不同,但两者都可解决信道复用问题,多址技术可以理解成是在多点通信系统内信道复用的一种方式。信道复用和多址技术在现代通信系统的中意义重大。

8.1 多路复用技术

将多路信号在发送端合并后通过信道进行传输,再在接收端分开,并恢复为原各路信号的过程称为复接和分接。常用的复用方式有频分复用(FDM)、时分复用(TDM),码分复用(CDM)等。

在通信过程中,多路信号在发送端复合,通过同一信道进行传输,并在接收端将接收的信号分离成原各路信号的过程如图 8-1 所示。

图 8-1 信号的复合和分离模型

8.2 频分复用

FDM 将用于传输信道的总带宽划分成若干个子频带(或称子信道),每一个子信道传输一路信号。为了保证各子信道中所传输的信号互不干扰,FDM 要求总频率宽度大于各个子信道频率之和,在各子信道之间设立隔离带以防止相邻频道频谱混叠,这就保证了各路信号互不干扰。

8.2.1 频分复用原理

频分复用系统原理框图如图 8-2 所示。设 N 路信号进行复用,各信号频谱范围均为 $0 \sim f_H$。各路输入信号先通过低通滤波器,变成带限信号,例如音频信号限制在 3.4kHz 左右。然后将滤波器输出的信号分别对不同频率的载波 ω_{01}, ω_{02}, ..., ω_{0n} 进行调制,调制方式可以是任意一种。为了节省边带,最常用的是单边带 SSB 调制。调制后经带通滤波器将各个已调波的频带限制到规定范围内,再把各个带通信号合并到一起形成总和信号。由于各路信号是对不同载波进行调制，结果是将各个信号的频谱分别搬到不同的载频位置。

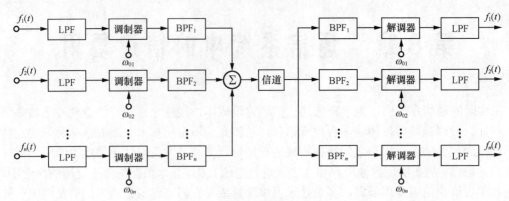

图 8-2　频分复用系统原理框图

频分复用后各路信号合并为一个总的复用信号 $f_s(t)$，其频谱结构（以 SSB 为例）如图 8-3 所示。

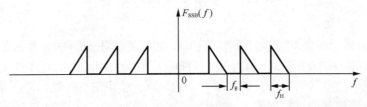

图 8-3　频率复用的频谱结构

各信号最高频率为 f_H，为了防止邻路信号之间相互干扰，相邻信道之间需加防护频带 f_g，N 路信号进行复用，总的复用信号的带宽为

$$B = Nf_H + (N-1)f_g \tag{8.1}$$

复用后的总和信号可以通过同一个信道直接进行传输。

在某些应用中，总和信号必须再去调制一个比 $\omega_{01}, \omega_{02}, ..., \omega_{0n}$ 载频高得多的主载频 ω_a，然后把载频为 ω_a 的已调波信号发射出去，这时载频 $\omega_{01}, \omega_{02}, ..., \omega_{0n}$ 称之为副载频。在接收端，先将总和信号从载波 ω_a 上解调下来，然后送入一组带通滤波器。各带通滤波器只允许通过不同中心频率的一路信号，再经过副载波解调器解调，就得到了各路的原始信号。

复用路数的多少主要取决于信道带宽和各路信号传输带宽，频分复用的主要优点是复用路数多，分路方便。因此，在模拟通信中是最主要的一种复用方式，如广播电台、广播电视等。缺点是设备庞大、复杂；不可避免地出现路间干扰（主要原因是系统中存在非线性）。

8.2.2　复合调制

在复用系统中采用两种或两种以上的调制方式时称为复合调制系统。复合调制通常分为两类，一类用于频分复用，属于连续波-连续波复合调制，例如 SSB/FM。另一类用于时分复用，属于脉冲-连续波调制，例如 PAM/AM、PCM/FM 等。

图 8-4 所示为 SSB/FM 复合调制系统，该系统第一次采用 SSB 调制，第二次采用 FM 调频，这可以提高系统抗干扰能力。复合调制的总带宽可按逐级调制进行计算。

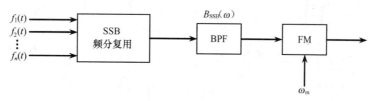

图 8-4　SSB/FM 复合调制系统

例 8.1　设 10 路话音信号采用 SSB/FM 复合调制，话音信号的最高频率为 4kHz，防护频带为 0.5kHz，调频指数 $\beta_{FM} = 5$，其复合调制的总带宽是多少？

解：
$$B_{SSB} = 10 \times 4 + 9 \times 0.5 = 44.5 \text{ (kHz)}$$
$$B_{FM} = 2(\beta_{FM} + 1)B_{SSB} = 2 \times 6 \times 44.5 = 534 \text{ (kHz)}$$

8.2.3　正交频分复用

频分复用技术的特点是所有子信道传输的信号同时并行传输，因而频分复用技术应用非常广泛。除上面介绍的传统意义上的频分复用（FDM）外，还有一种目前在现代通信中广泛使用的正交频分复用（OFDM）。

考虑实际的陆地电波传播路径时，最大的问题是多径衰落。一般来说，电波的反射、散射和衍射，接收机的移动，以及周围环境的变化是引起衰落的主要原因。如果信号频带很窄，则可认为频带内的衰落是单纯的衰落，处理比较容易。当信号的频道较宽时，在任意时刻信号的衰落是频率的函数，即存在频率选择性衰落，处理起来相对困难。

在数字通信中衰落的影响可产生码间串扰，增加误码。因此，如果采用传统的串行单载波调制方式克服码间串扰，就需要采用自适应均衡，自适应均衡实现起来比较复杂。另一种方法是将高速串行数据分解为多个并行的低速数据后，采用多载频频分复用方式传输，这样每路数据码元宽度加长，大于多径延迟，从而减少了码间干扰的影响。如果码元之间再增加一定宽度的保护间隔，则多径传输引起的码间干扰可基本消除。同时，由于每路采用窄带调制，可减少频率选择性衰落的影响。

如果使用正交函数序列作为副载波，可使载波间隔达到最小，从而提高频带利用率。OFDM 全部载波频率具有相等的频率间隔，是一个基本振荡频率的整数倍。多载波传输的另一个优点是可以将频率选择性衰落引起的突发性错误分散到不相关的子信道上，从而变为随机性误码，这样可以利用一般的前向纠错有效地恢复所传输的信息。OFDM 的载波是一组正交函数集，有效避免了子信道之间的串扰。同时，可以利用离散傅里叶变换（DFT）对并行数据进行调制、解调，大大降低了系统的复杂度。单载波调制和多载波调制的比较如图 8-5 所示，基于 FFT（快速傅里叶变换）的 OFDM 系统框图如图 8-6 所示。

可以证明 OFDM 系统比 FDM 系统要求的带宽要小，由于 OFDM 使用无干扰正交载波技术，单个载波间无须保护频带，这使得可用频谱的使用效率更高。另外，OFDM 技术可动态分配子信道中的数据，为获得最大的数据吞吐量，多载波调制器可以智能地分配更多的数据到噪声小的子信道上，OFDM 技术已被广泛应用于广播式的音频和视频领域以及移动通信系统中。

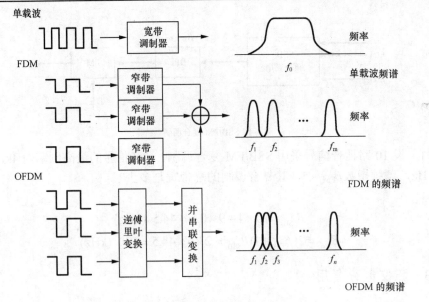

图 8-5 单载波调制和多载波调制的比较

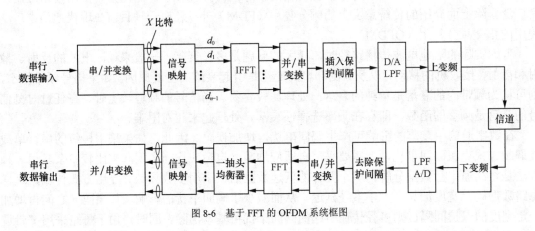

图 8-6 基于 FFT 的 OFDM 系统框图

8.3 时分复用

根据抽样定理,时域上两个抽样点之间是不需要传输任何信息的,此时在两个抽样点之间的信道是空置的,这样就可以插入其他路信号共同利用同一个信道进行多路信号的复用传输。时分复用(TDM)就是将提供给整个信道传输信息的时间划分成若干时间片段(又称时隙),并将这些时隙分配给每一个信号使用,每一路信号在自己的时隙内独占信道进行数据传输。

8.3.1 时分复用原理

假设有 N 路信号 $f_1(t)$、$f_2(t)$、…、$f_N(t)$ 进行时分多路复用,如图 8-7 所示。首先,各路信号通过相应的低通滤波器后变为带限信号,然后送到抽样开关(或转换开关)。转换开关(电子开关)每 T_S 间隔按顺序依次对各路信号分别抽样一遍,此时的抽样信号都是单极性 PAM

信号，这样 N 个抽样值可以按先后顺序错开纳入抽样间隔 T_S 之内。合成的复用信号是 N 个抽样信息 PAM 信号之和，由各个信息构成单一抽样的一组信号叫作一帧，一帧的时长为一个抽样周期 T_S。一帧中相邻两个抽样值之间的时间间隔叫作时隙，用 T_1 表示

$$T_1 = \tau + \tau_g = \frac{T_s}{N} \tag{8.2}$$

其中，τ 是抽样脉冲宽度，τ_g 是防护时隙，用来避免邻路抽样脉冲的相互重叠。合成的多路 PAM 信号按顺序送入信道。在送入信道之前，根据信道特性可先进行调制，将信号变换成适于信道传输的形式。在接收端，有一个与发送端转换开关严格同步的接收转换开关，顺序地将各路抽样信号分开并送入相应的低通滤波器，恢复出各路调制信号。

在时分复用中，发送端的转换开关和接收端的分路开关必须同步。实现同步的方法与脉冲调制有关，一种方法是在每帧中分配一个或多个时隙，发出一个预定的同步信号（有时也用无信号表示）。同步信号应与其他用户信号有明显区别，以便在接收机中易于识别。

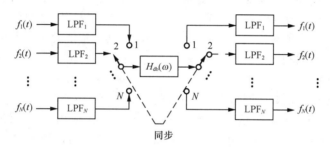

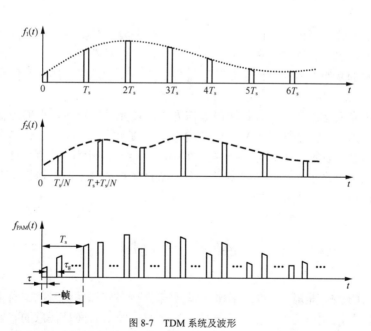

图 8-7 TDM 系统及波形

8.3.2 时分复用所需的信道带宽

由图 8-7 可知，PAM 信号为窄脉冲。所以要使每个 PAM 信号波形不失真，传输信道应

有无穷大的带宽。然而，在 PAM 系统中，我们感兴趣的不是脉冲的波形，而是脉冲的幅度，即 PAM 信号所携带的信息。只要抽样点脉冲的高度信息没有丢失，则脉冲波形的任何失真都是无关紧要的。这样在时分复用时传输 PAM 信号也就不需要无穷大信道带宽了。

若每路基带信号的频率范围为 $0 \sim f_H$，则 N 路时分复用的 PAM 信号由每秒 $2Nf_H$ 个脉冲组成。由抽样定理可知，频带限制在 f_H(Hz) 的连续信号可以由每秒 $2f_H$ 个抽样值来代替。因此每秒 $2Nf_H$ 个抽样值也就确定地对应着一个频带宽度为 Nf_H(Hz) 的连续信号。换句话说，可以认为这 $2Nf_H$ 个抽样值是由频带限制在 $0 \sim Nf_H$ 的连续信号经抽样得到的。所以传输 N 路时分复用 PAM 信号所需要的信道带宽 B 至少应该等于 Nf_H，即应满足

$$B \geqslant Nf_H \tag{8.3}$$

8.3.3 统计时分复用与波分复用

时分复用技术的特点是时隙事先规划分配好且固定不变，所以有时也叫同步时分复用（STDM）。其优点是时隙分配固定，便于调节控制，适于数字信息的传输；缺点是当某信号源没有数据传输时，它所对应的信道会出现空闲，而其他繁忙的信道无法占用这个空闲的信道，因此会降低线路的利用率。在数字通信中，为了提高信道利用率，还经常采用另一种时分复用方式，称作统计时分复用（ATDM），也叫异步时分多路复用或智能时分多路复用。统计时分复用是通过动态的分配时隙来进行数据传输的。

时分复用技术与频分复用技术一样，有着非常广泛的应用，电话通信就是其中最经典的例子，此外时分复用技术在广电也同样取得了广泛的应用，如 SDH、ATM、IP 和 HFC 网络中 CM（电缆调制解调器）与 CMTS（电缆调制解调系统）的通信都利用了时分复用技术。

把时分复用和频分复用加以比较就可以看出，频分复用是把各路信号的频谱安排在互不重叠的频率区间，虽然各路信号在时间域是重叠的，但在频率域中占据不同的频带。而时分复用则相反，它的复用信号在时间上是互不重叠的，而在频域里占用公共的频带，因此，频谱是重叠的。

光通信是由光来运载信号进行传输的通信方式。在光通信领域，人们习惯按波长而不是按频率来命名。因此，波分复用（WDM）其本质上也是频分复用。WDM 是在一根光纤上承载多个波长（信道）系统，将一根光纤转换为多条"子纤"，每条"子纤"独立工作在不同波长上，这样极大地提高了光纤的传输容量。由于 WDM 系统技术的经济性与有效性，其成为当前光纤通信网络扩容的主要手段。

8.4 码分复用

码分复用（CDM）是靠不同的码型进行编码来区分各路原始信号的一种复用方式，各路信号使用相同的载波频率范围，占用相同的射频带宽，发射时间是任意的。因此，各路信号发射的频率和时间可以相互重叠，划分各路信号是根据码型结构不同来实现的。一般选择伪随机（PN）码作为区分码，只能用与之相关的接收机才能检测出来特定码型的信号，对其他接收机表现为噪声。码分复用发展十分迅速，主要和各种多址技术结合产生了各种接入技术，

包括无线和有线接入，是目前广泛使用的一种复用方式，图 8-8 为 CDM/FH 系统框图。

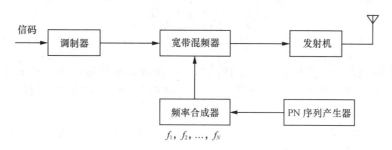

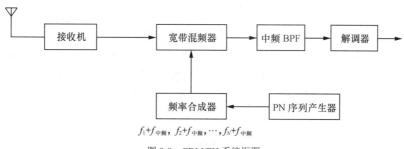

图 8-8 CDM/FH 系统框图

FDM 的特点是独占频谱子信道，而时间资源共享，每一子信道使用的频带互不重叠；TDM 的特点是独占时隙，而频谱信道资源共享，每一个子信道使用的时隙不重叠；CDM 的特点是所有子信道在同一时间可以使用整个频谱信道进行数据传输，它在频谱信道与时间资源上均为共享，因此，信道的效率高，系统的容量大。

8.5 其他复用技术

8.5.1 空分复用

空分复用（SDM）即根据空间不同来分割不同用户的复用方法，如多对电线或光纤共用 1 条缆等。

空分复用的另一种应用是将天线分布在不同空间来区分不同用户，如卫星地面接收天线朝向不同卫星可以区分不同卫星用户的信号；移动蜂窝天线放置在不同小区可以区分不同用户等。

8.5.2 极化复用

极化复用（PDM）是卫星系统中采用的复用技术，即一个馈源能同时接收两种极化方式的波束，如垂直极化和水平极化、左旋圆极化和右旋圆极化。卫星系统中通常采用两种方法来实现频率复用：一种是同一频带采用不同极化，如垂直极化和水平极化、左旋圆极化和右旋圆极化等；另一种是不同波束内重复使用同一频带，此方法广泛应用于多波束系统中。

8.6 多址技术

移动通信系统也是一个多信道同时工作的系统,在蜂窝移动通信系统中是以信道来区分通信对象的,一个信道只容纳一个用户进行通话,许多同时通话的用户互相以信道来区分,这就是多址技术。

在移动通信的电波覆盖区内,建立用户之间的无线信道连接,即无线多址接入,无线多址接入属于多址接入技术。中国联通 CDMA 就是码分复用的一种方式,称为码分多址,此外还有频分多址(FDMA)和时分多址(TDMA)。

8.6.1 FDMA

FDMA 将不同频段的业务信道分配给不同的用户,适合大量连续非突发性数据的接入,单纯采用 FDMA 作为多址接入方式很少见,如在 2G 通信中,中国联通、中国移动所使用的 GSM 移动电话网就是采用 FDMA 和 TDMA 两种方式的结合,FDMA 方式如图 8-9 所示。

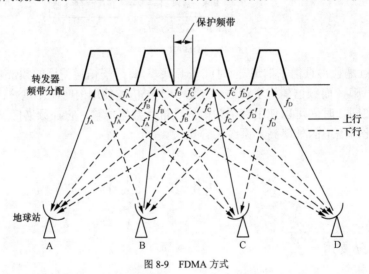

图 8-9 FDMA 方式

8.6.2 TDMA

TDMA 将不同的时间段的业务信道分配给不同的用户,频谱利用率高,适合支持多个突发性或低速率数据用户的接入。除中国联通、中国移动所使用的 GSM 移动电话网采用 FDMA 和 TDMA 两种方式的结合外,中国广电 HFC 网中的 CM 与 CMTS 的通信也采用了时分多址的接入方式。

ALOHA 是一种交互计算机数据传输按需分配时分多址方式,实质上是一种无规则的时分多址。ALOHA 有 3 种基本方法。

第一种,纯 ALOHA 是一种完全随机多址方式,特点是全网不需要定时和同步。每个地球站均设有一个发射控制单元,每次以分组形式高速发送数据。任何站只要有数据就发射,随时可以进行。数据发射后等待一段时间,如果在这段时间内收到对方的应答信号,就认为发射成功。如果用户发射的信号发生碰撞（两个以上用户同时发送信号），或信道噪声产生误码，接收端均不能正常接收信号，发送端收不到应答信号，则必须经过随机时延后重发。

第二种，时隙 ALOHA（S-ALOHA）是一种时分随机多址方式，它是将信道分成许多时隙，每个时隙正好传送一个分组，时隙的定时由系统时钟决定，各站控制单元必须与此时钟同步。各站只允许在时隙始端开始发射，因此一旦发生碰撞就是完全碰撞，避免了纯 ALOHA 部分碰撞不能正常接收信号的问题。

第三种，预约 ALOHA（R-ALOHA）。各站需要发长报文时，为了避免分成许多数据分组造成时延过长，可以申请预约分配一段时隙（连续多个时隙），让其一次发射一批数据。对于短报文，则可利用非预约 S-ALOHA 方式传输。

8.6.3 CDMA

CDMA 是采用数字技术的分支——扩频通信技术发展起来的一种成熟的无线通信技术，它是在 FDMA 和 TDMA 的基础上发展起来的。CDMA 的技术原理基于扩频技术，即将需传送的具有一定信号带宽的信息数据用一个带宽远大于信号带宽的高速伪随机码（PN）进行调制，使原数据信号的带宽被扩展，再经载波调制发送出去；接收端使用完全相同的伪随机码，与接收的带宽信号进行相关处理，把带宽信号换成原信息数据的窄带信号，即解扩，以实现信息通信，如图 8-10 所示。

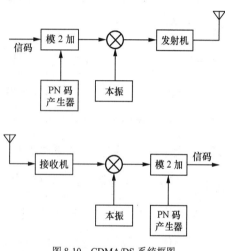

图 8-10 CDMA/DS 系统框图

CDMA 码分多址技术采用相关性检测技术区分不同用户信号，完全适合现代移动通信网所要求的大容量、高质量、综合业务、软切换等，正越来越多地被应用。

习　题

8-1 复用是为了解决什么问题？实际中有哪些复用方式？

8-2 什么是频分复用？频分复用有什么特点？

8-3 什么是时分复用？与频分复用相比其有什么特点？

8-4 有 12 路模拟话音信号采用频分复用方式传输，已知话音信号频带范围为 0～4kHz，副载波采用 SSB 调制，主载波采用 DSB 调制：

（1）试画出频谱结构示意图，并计算副载波调制合成信号带宽；

（2）试求主载波调制信号带宽。

参考文献

[1] 周炯槃,庞沁华. 通信原理[M]. 北京：北京邮电大学出版社,2008.

[2] 高明华. 通信原理[M]. 上海：上海交通大学出版社,2017

[3] 苗长云,沈保锁,窦晋江. 现代通信原理及应用[M]. 北京：电子工业出版社,2014

[4] 樊昌信,曹丽娜. 通信原理[M]. 北京：国防工业出版社,2018.

[5] 陈树新,尹玉富,石磊. 通信原理[M]. 北京：清华大学工业出版社,2020.

[6] 韩声栋,蒋铃鸽,刘伟,等. 通信原理[M]. 北京：机械工业出版社,2017.

[7] 赵新亚,胡国柱,王媛,等. 现代通信原理[M]. 北京：化学工业出版社,2017.

[8] 苗长云. 现代通信原理[M]. 北京：电子工业出版社,2022.

[9] 沈保锁,侯春萍. 现代通信原理[M]. 北京：国防工业出版社,2010.

[10] 李斯伟. 数字通信系统原理[M]. 北京：人民邮电出版社,2008.

[11] 徐文燕. 通信原理[M]. 北京：北京邮电大学出版社,2008.

[12] 崔雁松. 通信原理项目式教程[M]. 西安：西安电子科技大学出版社,2018.

[13] 樊昌信,曹丽娜. 通信原理同步辅导及习题全解[M]. 北京：国防工业出版社,2015.

[14] 沈保锁,侯春萍. 现代通信原理题解指南[M]. 北京：国防工业出版社,2005.

[15] 郭爱煌,陈睿. 通信原理学习指导与习题解答[M]. 北京：电子工业出版社,2007.

[16] 徐平平,宋铁成,叶芝慧译. Bernard Skar.数字通信——基础与应用[M]. 北京：电子工业出版社,2015.